云计算，冷相随

——云时代的数据处理环境与制冷方法

任华华　安　真　韩　玉　郝海仙
崔红实　刘水旺　钟杨帆　沈烨烨　编著

電子工業出版社
Publishing House of Electronics Industry
北京 • BEIJING

内 容 简 介

大数据与云计算时代已经到来，其背后的硬件支持是规模庞大的数据处理设备与不断增加的数据中心。数据处理设备昼夜不停地运行，散发大量的热量，积聚的热量过多会导致设备过热宕机，冷却过度则会导致能耗过高，那么如何为这些设备创造并维持稳定、合理的环境并尽量降低能耗是非常值得研究的课题。

本书从回顾数据中心发展历程开始，循序渐进地阐述了数据处理设备的环境要求，中心选址，热湿负荷的计算，数据中心可靠性与可用性，制冷空调系统架构，连续制冷，节能措施，制冷空调与自动控制一体化设计，施工验收与测试，运行维护，场地设施管理与制冷空调系统等内容。从数据处理设备的需求、计算的可靠性出发，推导出环境要求与制冷空调的系统架构，并从能耗优化的角度分析了节能措施的种类与适用场景，最后列举了两个行业内有名的工程案例。

本书可供数据中心行业规划师、设计师、建设工程师、运行维护工作者阅读参考。

图书在版编目（CIP）数据

云计算，冷相随：云时代的数据处理环境与制冷方法/任华华等编著. —北京：电子工业出版社，2017.1

ISBN 978-7-121-30607-5

Ⅰ. ①云… Ⅱ. ①任… Ⅲ. ①云计算－应用－采暖设备－设计 ②云计算－应用－通风设备－设计 ③云计算－应用－制冷装置－设计 Ⅳ. ①TU83-39②TB657-39

中国版本图书馆 CIP 数据核字（2016）第 303088 号

策划编辑：陈韦凯

责任编辑：万子芬　　特约编辑：徐　宏

印　　刷：三河市鑫金马印装有限公司

装　　订：三河市鑫金马印装有限公司

出版发行：电子工业出版社

北京市海淀区万寿路 173 信箱　邮编　100036

开　　本：787×1092　1/16　印张：13.75　字数：360 千字

版　　次：2017 年 1 月第 1 版

印　　次：2017 年 1 月第 1 次印刷

印　　数：3 500 册　　定价：66.00 元

凡所购买电子工业出版社图书有缺损问题，请向购买书店调换。若书店售缺，请与本社发行部联系，联系及邮购电话：（010）88254888，88258888。

质量投诉请发邮件至 zlts@phei.com.cn，盗版侵权举报请发邮件至 dbqq@phei.com.cn。

本书咨询联系方式：chenwk@phei.com.cn，（010）88254441。

序

随着云计算时代的到来，数据中心在各行各业，特别是互联网行业的不断进步，云计算数据中心如雨后春笋快速发展，为支撑业务发展起了关键作用。由于业务的飞速增长，数据中心的规模也在不断增长，其能耗成为影响数据中心发展的关键因素。国家统计局发布的数据显示，2015 年全国绝对发电量为 56 184 亿度，三峡水电站发电量为 870 亿度，据不完全统计，全国数据中心年耗电量约占全国发电量的 1.5%，即 2015 年全国数据中心年耗电量约 843 亿度，相当于消耗了三峡水电站全年的发电量，其能耗是比较大的。因此，节能对数据中心的持久发展至关重要。数据中心的耗能主要是 IT 设备和空调系统，本书着重讨论空调系统的可靠性和面临的节能问题。

2008 年，新版国家标准 GB50174—2008《电子信息系统机房设计规范》由住房和城乡建设部、国家质量监督检验检疫总局联合发布实施，标志着中国大规模建设数据中心的开始，在保证数据中心可靠性的前提下，规范对数据中心节能原则进行了阐述，推动了数据中心节能技术的发展。2016 年，新版国家标准《数据中心设计规范》将面世，其节能思想将进一步推动数据中心节能技术的发展。美国采暖制冷与空调工程师协会 2011 年发布了《数据设备环境指南》，提出了数据设备对环境的要求，对数据中心节能具有重要的参考作用。

本书从回顾数据中心发展历程开始，循序渐进地阐述了数据中心可靠性和空调系统节能的思路，内容主要包括数据处理设备的发展及环境要求、数据中心选址、热湿负荷的计算、可靠性与可用性、制冷空调系统架构、制冷空调系统与节能、制冷空调与自控一体化设计、施工验收与测试、运行维护、场地设施管理与制冷空调系统、工程实例等内容，是一本值得数据中心空调专业和其他专业人员好好学习的参考书。

本书凝聚了阿里人及其编写团队对数据中心的热爱和孜孜以求的科学精神，感谢为本书出版付出辛勤劳动的编写团队，希望大家能从书中得到启迪和帮助。

钟景华

前　言

随着 IT 技术不断的创新、发展及人民群众物质文化需求的日益提高，各行各业的经营、运行维护、管理水平不断提高，越来越多的企业逐渐意识到数据处理、存储、交换和分析对企业的价值影响巨大，数据已经逐渐成为企业最重要的核心资产，数据中心也处于快速发展时期。

数据中心支持的业务类别不同，对其功能要求自然不同，数据处理环境及制冷空调设计的架构会有所区别，投资费用也会有很大差别。例如，金融行业对数据的安全性要求较高，则其数据中心往往投资巨大；而云计算业务的数据中心，其信息系统自身的可靠性就很高，部分服务器的宕机不致引起 IT 业务的中断，则云计算数据中心的环境要求和制冷空调设计就没有必要盲目攀高。因此，根据数据处理设备的特性、数据处理的功能、数据处理的业务等级选择适当的数据处理环境并进行合理的制冷空调设计，对数据中心的选择和建设意义重大。环境要求过于苛刻、制冷空调设计可靠性过高，则会造成初始投资巨大、运行费用高昂、能源消耗过高；环境要求过于宽松、制冷空调设计可靠性过低，又可能无法满足业务需求，容易造成数据处理设备宕机，对企业造成巨大的经济损失。

本书编写的主要目的是明晰数据处理设备的环境要求，并根据环境要求、计算业务可靠性等级提出合理的制冷空调设计方案，帮助有数据处理业务需求的企业选择、规划、建设适合自己业务需求的数据中心。本书参考了国内外数据处理设备的环境标准，针对不同业务可靠性级别的数据中心，详解数据处理设备的环境要求，制冷空调系统的规划、设计、实施、验证方法，做到技术先进、安全可靠、经济合理、运行节能，并提出制冷空调、自动控制一体化设计的需求，为新建、扩建和改建数据中心的工程设计、设备容量、施工安装、竣工验收、运行和维护管理等工作提供技术依据。

本书编写单位阿里巴巴集团技术保障部近几年一直在从事数据处理环境的选择、分析、测试、竣工验收等，积累了丰富的经验，也参与过多项国家规范的编写工作，现在，阿里人本着一颗开放感恩的心，聚集公司内专家任华华、韩玉、刘水旺、钟杨帆、沈烨烨和业内资深专家安真、郝海仙、崔红实，分享经验，共同完成了本书的编写，希望能抛砖引玉，给大家的工作和学习带来帮助。

编著者

目录 CONTENTS

第 1 章　数据中心概述

在百度引擎搜索框内输入“数据中心”一词，会搜到 88 800 000 多条结果，可见“数据中心”的受关注程度。

那么什么是“数据中心”？维基百科给出的定义是“数据中心是一整套复杂的设施，它不仅仅包括计算机系统及与之配套的设备（如通信和存储设施），还包含冗余的数据通信路径、环境设施、监控设施及各种安全设施”。谷歌在其发布的《The Datacenter as a Computer》一书中，将数据中心解释为“多功能的建筑物，能容纳多个服务器及通信设施，这些设施被放置在一起是因为它们具有相同的环境要求、物理安全上的需求，且这样放置便于设施的维护”，而“并不仅仅是一些服务器的集合”。从功能角度看，数据中心是企业的业务系统与数据资源进行集中、集成、存储、共享、传递、分析、展示的场地、工具、流程等的有机组合；从应用层面看，数据中心包括业务系统、基于数据仓库的分析系统；从数据层面看，数据中心包括操作型数据和分析型数据以及数据与数据的集成/整合流程；从基础设施层面看，数据中心包括服务器、网络、存储、整体 IT 运行维护、风火水电设施、风火水电运行维护等。

数据中心的逻辑架构包括应用架构、数据架构、执行架构、基础架构（物理架构）、安全架构、运行维护架构。

应用架构：应用架构是指数据中心所支撑的所有应用系统部署和它们之间的关系。

数据架构：数据架构是指每个应用系统模块的数据构成、相互关系和存储方式，还包括数据标准和数据的管控手段等。

执行架构：执行架构是指数据仓库在运行时的关键功能及服务流程，主要包括数据的获取、整合架构和数据访问架构。

基础架构（物理架构）：为上层的应用系统提供硬件支撑的平台（主要包括服务器、网络、存储等硬件设施）。

安全架构：覆盖数据中心各个部分，包括运行维护、应用、数据、硬件支撑、风火水电基础设施等，是提供系统软硬件方面整体安全性的所有服务和技术工具的总和。

运行维护架构：运行维护架构面向企业的信息系统管理人员，为整个信息系统搭建一个统一的管理平台，并提供相关的管理维护工具，如系统管理平台、数据备份工具和相关的管理流程。

从数据中心规划看，往往是 IT 需求决定应用架构，应用架构决定软件架构，软件架构决定服务器、网络等 IT 基础设施，进而决定风火水电等场地基础设施；从数据中心的建设顺序看，则是先从风火水电等场地基础设施入手，接着建设服务器、网络等 IT 基础设施，最后搭建软件架构形成应用。因此，数据中心的规划者、建设者、运行维护者应密切关注 IT 需求和 IT 基础设施的变化，关注软件应用、服务器等对数据中心的影响。

随着信息膨胀、数据激增、大数据时代的来临，数据中心也面临着诸多变化。

1.1 信息化、大数据、云计算与数据中心

信息化是指培养、发展以计算机为主的智能化工具为代表的新生产力，并使之造福于社会的历史过程。信息化是以现代通信、网络、数据库技术为基础，将所研究对象各要素汇总至数据库，供特定人群生活、工作、学习、辅助决策等，是和人类息息相关的各种行为相结合的一种技术，使用该技术后，可以极大提高各种行为的效率。信息化工具一般必须具备信息获取、信息传递、信息处理、信息再生、信息利用的功能，它不是一件孤立分散的东西，而是一个具有庞大规模的、自上而下的、有组织的信息网络体系。

信息化正在深刻改变着人们的生产方式、工作方式、学习方式、交往方式、生活方式、思维方式等。现如今，人们遇到不懂的问题时，用计算机或手机客户端打开“百度搜索”；生活中缺少用品时，用计算机或手机客户端打开“淘宝”；需要跟朋友聊天沟通时，用计算机或手机客户端打开“微信”；想了解时事新闻时，用计算机或手机客户端打开“今日头条”等，人们的生活正在被“信息化”重新塑造。

信息与数据激增带来了大数据。研究机构 Gartner 给出了这样的定义：大数据是需要新处理模式才能具有更强的决策力、洞察发现力和流程优化能力的海量、高增长率和多样化的信息资产。麦肯锡全球研究所给出的定义是：一种规模大到在获取、存储、管理、分析方面大大超出了传统数据库软件工具能力范围的数据集合，具有海量的数据规模、快速的数据流转、多样的数据类型和价值密度低四大特征。大数据技术的战略意义不在于掌握庞大的数据信息，而在于对这些含有意义的数据进行专业化处理。换言之，如果把大数据比作一种产业，那么这种产业实现盈利的关键在于提高对数据的加工能力，通过“加工”实现数据的“增值”。

从技术上看，大数据与云计算的关系就像一枚硬币的正反面一样密不可分，大数据必然无法用单台的计算机进行处理，必须采用分布式架构，它的特色在于对海量数据进行分布式数据挖掘，但它必须依托云计算的分布式处理、分布式数据库和云存储、虚拟化技术。有分析师认为，大数据通常用来形容一个公司创造的大量非结构化数据和半结构化数据，这些数据在下载到关系型数据库用于分析时会花费大量时间和金钱；大数据分析常和云计算联系到一起，因为实时的大型数据集分析需要向数十、数百或甚至数千台计算机分配工作，这意味着 IT 服务器、存储等设施的数量不断增多、规模不断扩大。大数据需要特殊的技术，包括大规模并行处理数据库、数据挖掘网、分布式文件系统、分布式数据库、云计算平台、互联网和可扩展的存储系统。

不管是信息化、大数据，还是云计算，都需要安全可靠的数据中心来承载服务器、存储设备、网络设施、数据计算、业务应用等。因此，数据中心是信息化、大数据、云计算必备的基础设施，数据中心的建设质量直接影响着 IT（Information Technology）、DT（Data Technology）应用的可靠性、可用性，是 IT、DT 建设的重要支撑，数据中心正在成为信息化建设的新热点与核心内容。

1.2　数据中心的发展历程

从阶段性层面看，数据中心经历过三个发展阶段；从功能角度看，数据中心经历了四个发展阶段。以下详述之。

1.2.1　数据中心阶段性发展介绍

1945 年，由美国生产了第一台全自动电子数字计算机“埃尼阿克”（英文缩写词是 ENIAC，Electronic Numerical Integrator and Calculator，中文意思是电子数字积分器和计算器）。它是美国奥伯丁武器试验场为了满足计算弹道需要而研制的。这台计算机 1946 年 2 月交付使用，共服役 9 年。它采用电子管作为计算机的基本元件，每秒可进行 5000 次加减运算。它使用了 18 000 只电子管，10 000 只电容，7000 只电阻，体积 3000 ft^3，占地 170m^2，质量 30t，耗电 140～150kW，是一个名副其实的庞然大物。在革命性地开启了人类计算新时代的同时，也开启了与之配套的数据中心的演进。

事实上，从发明计算机到目前网络盛行横跨 70 余年的大时间尺度来看，人类社会的计算方式经历了从集中主机到分散运算到再次集中的过程，这个过程当然不是简单的往复过程，具体如表 1-1 所示。

表 1-1　计算机房演进路线示意图

时　间	1945—1971 年	1971—1995 年	1995—2005 年	2005—目前
技术推动因素	计算机技术	服务器、网络、摩尔定律	互联网、宽带、高速链路	高密度
机房环境	大型机	个人计算机、局域网、广域网	网络互联带来 IDC、服务器等几种处理	中小数据中心向大型数据中心合并
对供电、散热和开关等产品应用的影响	催生了第一代大型 UPS 和空调	推动中小 UPS、空调技术的发展	推动大型 UPS 和空调的发展，2001 年网络泡沫到达巅峰	对更大容量系统和更高系统可靠性提出要求

数据中心建设的理念在发展的过程中也更加成熟和理性，不断超越原来“机房”的范畴，日益演进为组织内部的支撑平台及对外营运的业务平台。数据中心在这个阶段呈现出了一种新的形态——数据中心。数据中心通过实现统一的数据定义与命名规范集中的数据环境，从而达到数据共享与利用的目标。数据中心按规模划分为部门级数据中心、企业级数据中心、互联网数据中心以及主机托管数据中心等。一个典型的数据中心常常跨多个供应商和多个产品的组件，包括主机设备、数据备份设备、数据存储设备、高可用系统、数据安全系统、数据库系统、基础设施平台等，这些组件需要放在一起，确保它们能作为一个整体运行。

1.2.2 数据中心功能演进

从功能特征看，随着技术的发展和应用及机构对 IT 认识的深入，数据中心的内涵已经发生了巨大的变化。从功能的内涵看，可将数据中心分为四个大的阶段：数据存储中心阶段、数据处理中心阶段、数据应用中心阶段、数据运营服务中心阶段。

在数据存储中心阶段，数据中心主要承担的功能是数据存储和管理，在信息化建设早期，用来作为数据或电子文档的集中管理场所，此阶段的典型特征如下：

- 数据中心仅仅是便于数据的集中存放和管理；
- 数据单向存储和应用；
- 救火式的维护；
- 关注新技术的应用；
- 由于数据中心的功能比较单一，对整体可用性需求也很低。

在数据处理中心阶段，基于局域网的 MRPII、ERP，以及其他的行业应用系统开始普遍应用，数据中心开始承担核心计算的功能，此阶段的典型特征如下：

- 面向核心计算；
- 数据单项应用；
- 机构开始组织专门的人员进行集中维护；
- 对计算的效率及对机构运营效率的提高开始关注；
- 整体上可用性较低。

在数据应用中心阶段，随着大型基于机构广域网或互联网的应用开始普及，信息资源日益丰富，人们开始关注挖掘和利用信息资源。组件化技术及平台化技术广泛应用，数据中心承担着核心计算和核心的业务运营支撑，进入数据应用中心阶段。需求的变化和满足成为数据中心的核心特征之一，这一阶段典型数据中心成为“信息中心”，此阶段的特征如下：

- 面向业务需求，数据中心提供可靠的业务支撑；
- 数据中心提供单向的信息资源服务；
- 对系统维护上升到管理的高度，从事后处理到事前预防；
- 开始关注 IT 的绩效；
- 数据中心要求较高的可用性。

从现代技术发展趋势分析，基于互联网技术的组件化、平台化的技术将在各组织更加广泛应用，数据中心基础设施的智能化使得组织运营借助 IT 技术实现高度自动化，组织对 IT 系统依赖性加强。数据中心将承担着组织的核心运营支撑、信息资源服务、核心计算、数据存储和备份，并确保业务可持续性计划实施等，业务运营对数据中心的要求将不仅仅是支持，而是提供持续可靠的服务。在这个阶段，数据中心演进成为机构的数据运营服务中心。数据运营服务中心的含义包括以下几个方面：

- 机构数据中心不仅管理和维护各种信息资源，而且运营信息资源，确保价值最大化。
- IT 应用随需应变，系统更加柔性，与业务运营融合在一起，实时互动，很难将业务与 IT 独立分开。
- IT 服务管理成为一种标准化的工作，并借助 IT 技术实现集中的自动化管理。

- IT 绩效成为 IT 服务管理工作的一部分。
- 不仅仅关注 IT 服务的效率，IT 服务质量成为关注重点。
- 数据中心要求具有高可用性。

1.2.3　新一代数据中心与云计算中心

所谓“新一代数据中心”的定义，就是通过自动化、资源整合与管理、虚拟化、安全及能源管理等新技术的采用，解决目前数据中心普遍存在的成本快速增加、资源管理日益复杂、信息安全等方面的严峻挑战，以及能源危机等尖锐的问题，从而打造与行业/企业业务动态发展相适应的新一代企业基础设施。新一代数据中心所倡导的“节能、高效、简化管理、智能化运行维护、模块化、可扩展”也已经成为众多数据中心建设时的参考标准。

“云计算”是近年来异常火爆的概念，那么什么是“云计算”？美国国家标准与技术研究院（NIST）将“云计算”定义为一种按使用量付费的模式，这种模式提供可用的、便捷的、按需的网络访问，进入可配置的计算资源共享池（资源包括网络，服务器，存储，应用软件，服务），这些资源能够被快速提供，只需投入很少的管理工作，或与服务供应商进行很少的交互。云计算是通过使计算分布在大量的分布式计算机上，而非本地计算机或远程服务器中，企业数据中心的运行将与互联网更相似，这使得企业能够将资源切换到需要的应用上，根据需求访问计算机和存储系统。好比是从古老的单台发电机模式转向电厂集中供电的模式，它意味着计算能力也可以作为一种商品进行流通，就像煤气、水电一样，取用方便，费用低廉。最大的不同在于，它是通过互联网进行传输的。

因此，从服务角度看，云计算是基于互联网的相关服务的增加、使用和交付模式，通常涉及通过互联网来提供动态易扩展且经常是虚拟化的资源。由于云计算应用的不断深入，以及对大数据处理需求的不断扩大，用户对性能强大、可用性高的服务器需求大幅提升，相应的数据中心规模也相应扩大，数据中心基础设施可靠性、可用性要求也随之变化。云计算正在重新塑造数据中心。

软件即时服务实现了基础架构带来的计算资源的需求向按需定购模式的转变，该商业模式借助了网络基础架构和数据中心运营商，共同向用户提供大规模增长的数据带宽资源，通过这些资源，可以为用户提供各种 IT 资源服务。云服务提供商如亚马逊、阿里巴巴、微软、谷歌及其他几个基础架构服务商，基于云数据中心平台，都拥有海量的订购用户。截至目前，谷歌已经在全美境内拥有 17 个数据中心，在美国境外拥有 16 个数据中心，并将新增服务器数量至 200 万台，从而满足客户不断增长的业务需要，中国的云计算数据中心正在迎来新的发展机遇。

综上所述，随着大数据、云计算的发展，数据中心逐渐规模化、集成化、模块化，可靠性要求随着业务要求的提高呈上升趋势。

1.3　数据中心建设模式的发展历程

从以上数据中心的发展趋势可以看出，数据中心物理环境如何建设才能保障 IT 设施的硬件、软件、业务的可靠运行是一个重要的课题。一个良好的机房环境不仅需要为核心网络设施、服务器设施提供配电系统，为 IT 设施的运行提供净化、恒温恒湿的空间环境，还需要能够随时了解供电、空调设备运行情况的监控系统。数据中心建设集建筑、结构、电气、空调制冷、网络智能、弱电监控、室内装修、施工安装工艺等多方面技术于一身。数据中心的规划、设计、施工的优劣直接关系到数据中心内 IT 系统是否能稳定可靠地运行，是否能保证各类信息、数据互联的无阻。

当数据中心在某一栋办公楼内占据一两个房间时，其总体投入成本在百万元人民币的数量级；此时数据中心的设计、建设、验证（验收与测试）、运行维护往往由一家机房公司或某设备供应商一条龙服务完成；当数据中心为独栋建筑时，其总体投入成本往往在千万人民币的数量级，此时数据中心就需要专业的设计公司、专业的建设公司、专业的验证公司、专业的运行维护公司分项服务方能完成；当数据中心规模扩至产业园区（如互联网数据中心园区或者 IT 巨头的云计算基地），且园区内含多栋数据中心楼时，其总体投入成本往往在几十亿至百亿的数量级，此时需要专业的咨询公司、专业的设计公司、专业的建设公司、专业的验证公司、专业的运行维护公司分项服务，完成数据中心的整体建设。

综上所述，数据中心越来越需要专业的咨询、专业的设计、专业的建设、专业的验证、专业的运行维护。

第 2 章　数据处理设备的发展及环境要求

2.1　数据处理设备的发展及现状

数据处理设备主要包括服务器、存储设备。

2.1.1　服务器的发展及现状

服务器的发展历史要追溯到计算机的发展历史，可分为如下几个阶段。

- 1946—1954 年，第一代电子管计算机时代：1946 年，第一台电子计算机 ENIAC 研制成功；1951 年，IBM 生产出第一台用于科学计算的大型机 IBM 701；1953 年，IBM 推出了第一台用于数据处理的大型机 IBM702 和第一台小型机 IBM650，成为第一代商用计算机。
- 1954—1964 年，晶体管造就了第二代计算机：1954 年，第一台使用晶体管的第二代计算机 TRADIC 诞生于美国贝尔实验室，采用了浮点运算，实现计算能力的飞跃；1958 年，大型科学计算机 IBM 7090 诞生，实现了晶体化；1961 年，第一台流水线计算机 IBM7030 研制成功，为超级计算机的雏形。
- 1964—1970 年，集成电路使第三代计算机脱胎换骨：1964 年，第一台通用计算机 IBM/360 研制成功，它采用了集成电路技术，实现了通用性（集科学计算、数据处理和实时控制功能于一身）、系列化（区分了小型机、大型机和超级计算机，统一了指令格式、数据格式、字符编码、I\O 接口和中断系统，实现了不同型号兼容）和可扩展性（具有开发价值），是计算机发展史上的一个重要里程碑。
- 1970 年至今，第四代计算机：1970 年，IBM S/370 问世，单晶硅电路技术、虚拟存储器技术、多处理技术相继应用其中，到 1976 年，S/370 已发展成为具有 17 种型号的庞大家族。1981 年，S/370 系列的地址线位数增加到了 31 位，大大增强了其寻址能力，并且在存储方面还增加了扩展存储器，与主存分离，改善了系统性能。20 世纪 80 代年上半叶以前，服务器主要是面向高端用户。80 年代下半叶，大型机系统体系机构更新步伐加快。1986 年，IBM 9370 系列发布，标志着 S/370 开始向低端方向延伸，目标是服务于中小型企业。

服务器比普通台式计算机的处理能力强大得多，有专用的 CPU、专用的主板（可以安装两个或者多个 CPU），并挂有多个磁盘（数十个磁盘甚至是磁盘阵列），采用冗余电源，运行的系统可能是 Linux 或 Windows 的网络版，运行更多的网络协议。一台服务器所面对的是整个网络的用户，需要 24h 不间断工作，所以服务器必须具有极高的稳定性；另一方面，服务器需要高速以满足众多用户的需求；因此服务器在多用户多任务环境下需要保持高可靠性。服务器通过采用对称多处理器（SMP）安装、插入大量的高速内存来保证工作，其主板可以同时安装几个甚至几十、上百个 CPU。服务器为了保证足够的安全性，还采用了冗余技术、系统备份、在线诊断技术、故障预警技术、内存纠错技术和远程诊断技术等，其绝大多数故障能够在不停机的情况下得到及时修复，具有极强的可管理性。

服务器需要 7×24h 不间断运行；需要及时响应众多客户机的请求；服务器在后台工作，只与客户机进行通信；服务器可由多台构成一个集群，共同提供服务；服务器在关键部件上常有冗余配置，如电源、风扇等；服务器集成了各种硬件监控部件，可进行远程监控；服务器内存插槽通常在 8 根以上，可采用热备、镜像等技术来保证数据的可靠性，内存支持热拔插，服务器硬盘通常采用硬件 RAID 技术保护数据，服务器上往往有 2 块以上网卡。

服务器按外形可分为塔式服务器、机架式服务器、刀片式服务器。

塔式服务器：即常见的立式、卧式机箱结构服务器，可放置于普通办公环境。一般机箱结构较大，有充足的内部硬盘、冗余电源、冗余风扇的扩展空间，并具备较好的散热能力。许多常见的入门级和工作组服务器基本上都采用这一服务器结构类型。

机架式服务器：安装在标准的机柜内，有大量的服务器资源，同行使用一个大型专用机房进行统一部署和管理，其机房的造价相当昂贵，如何在有限的空间内部部署更多的服务器直接关系到企业的服务成本，按高度可分为 1U、2U、3U 等。

刀片式服务器：是一种实现 HAHD（High Availability High Density，高可用高密度）的低成本服务器平台，为特殊应用行业和高密度计算环境专门设计。刀片式服务器就像“刀片”一样，每一块“刀片”就是一个独立的服务器，可共用系统背板、冗余电源、冗余风扇、网络端口、光驱、软驱、键盘、显示器和鼠标。一个机箱对外就是一台服务器，而且多个刀片机箱还可以级联，形成更大的集群系统。

服务器按照体系架构可以分为非 x86 服务器和 x86 服务器。非 x86 服务器，包括大型机、小型机和 UNIX 服务器，它们是使用 RISC（精简指令集）或 EPIC（并行指令代码）处理器，并且主要采用 UNIX 和其他专用操作系统的服务器，精简指令集处理器主要有 IBM 公司的 POWER 和 PowerPC 处理器，SUN 与富士通公司合作研发的 SPARC 处理器、EPIC 处理器主要是 Intel 研发的安腾处理器等。这种服务器价格昂贵，体系封闭，但是稳定性好、性能强，主要用在金融、电信等大型企业的核心系统中。x86 服务器，又称 CISC（复杂指令集）架构服务器，即通常所讲的 PC 服务器，它是基于 PC 体系结构，使用 Intel 或其他兼容 x86 指令集的处理器芯片和 Windows 操作系统的服务器，如 IBM 的 System x 系列服务器、Dell 的 PowerEdge 系列服务器、HP 的 Proliant 系列服务器等，此类服务器价格便宜、兼容性好、稳定性差、不安全，主要用在中小企业和非关键业务中。

服务器按应用类型可分为 Web 服务器、代理服务器、防火墙服务器、邮件服务器、域名服务器、文件服务器。Web 服务器是性能追求型服务器，对服务器硬件平台的要求取决于访问的频繁度及 Web 服务器支持的服务复杂程度，即调用的 CGI 程序对系统资源的耗费程度。Web 服务器又分为面向一般企业网站的服务器、面向门户网站的服务器、面向在线游戏服务器和视频、电影服务器。面向一般企业网站的服务器主要以介绍企业为主要内容，数据量不高，并发访问静态网页或访问量通常在 200 次/s 以下；面向门户网站的服务器主要为门户网站服务，门户网站访问量巨大（500 次/s 或以上），通常需要生成动态网页；面向在线游戏服务器往往需要维持 500 人或者 1000 人同时在线，所以一般需要 1U 或塔式机箱、多处理器、大内存的配置；视频、电影服务器要求是访问速度快，存储容量大。代理服务器是性能敏感型服务器，其主要的技术要求是稳定、廉价、多网卡，好的代理服务器可支持绝大部分 Internet 服务的代理。防火墙服务器最大的特点是功能齐全、管理方便，对技术的要求是多处理器、多高速网卡，运行的软件为防攻击软件。邮件服务器实时性要求不高，主要是对硬盘空间的要求，考虑到邮件服务器软件对用户数的支持，其配置的硬盘容量需足够大，同时预留硬件架位，以满足将来应用，一般为可安装 8 个或更多硬盘的 2U 及以上机架式服务器。域名服务器在互联网的作用是把域名转换成网络可以识别的 IP 地址，互联网的网站都是以单台服务器的形式存在的，想去要访问的网站服务器，就需要给每台服务器分配 IP 地址，互联网上的网站无穷多，这就需要方便记忆的域名管理系统的域名服务器来把域名转换为要访问的服务器 IP 地址，域名服务器要求稳定和全面冗余。文件服务器在互联网上提供 FTP，提供一定存储空间的计算机，可以是专用服务器，也可以是个人计算机，当文件服务器提供这项服务后，用户可以连接到服务器下载文件，也允许用户把自己的文件传输到 FTP 服务器当中，其最大的特点是海量磁盘存储。数据库服务器主要用于存储、查询、检索企业内部的信息，因此需要搭配专用的数据库系统，此类服务器在兼容性、可靠性、稳定性等方面都有很高的要求。

衡量服务器的性能主要看 CPU，CPU 是一台服务器最关键的器件，应充分了解其配置。CPU 类型主要有 Xeon5600、Xeon 5500、Xeon E3、Xeon E7、Xeon 7500、Xeon 3400、Opteron 6000、Opteron 4000、奔腾双核、酷睿 i3 等几种类型；CPU 的数目也至关重要，目前 CPU 数目有 1 颗、2 颗、4 颗、8 颗之分。CPU 核心有双核、四核、六核、八核、十二核；CPU 线程数有双线程、四线程、八线程、十二线程、十六线程不等；主板参数主要关注扩展槽数目，扩展槽越多越容易扩展。如果需要存储大量文件就必须关注服务器的内存，服务器的内存容量从 1GB 到 48GB 以上不等。为了使服务器能够不间断运行，电源系统至关重要，电源类型、电源数量、电源功率等参数需要重点关注。值得说明的是，服务器不是配置越高就对用户越好，用户应该根据自己的需要合理选择配置，以免造成不必要的浪费。

综上所述，不管是什么类型，服务器总的趋势是处理能力越来越强大、运算速度越来越快；伴随服务器的发展，数据中心内单机柜的热密度也越来越高，图 2-1 可以直观感受到这种趋势。

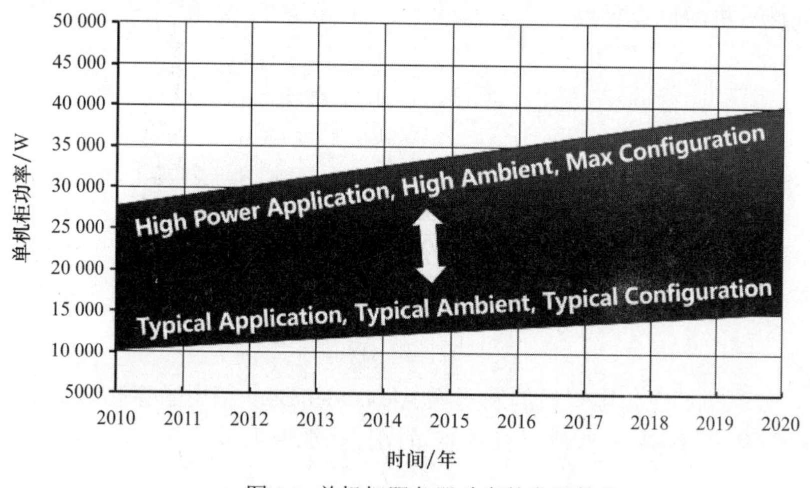

图 2-1 单机柜服务器功率的发展趋势

2.1.2 存储设备的发展及现状

信息是事物特征和属性的表征，一切事物都是在一定时空中发生、发展和变化的，信息必然呈现时空特征。存储是信息跨越时间的传播，传输是信息跨越空间的传播，处理是对信息进行变化和加工；可见处理产生知识，通信传播知识（跨越空间），存储积累知识（跨越时间）。历史学家发现，每当存储技术有一个划时代的发明，在这之后的 300 年内会有一个大的社会进步和繁荣高峰。

存储设备自 1700 年代诞生以来，经历了物理形式、存储容量、I/O 速度的剧烈变化，如图 2-2 所示。

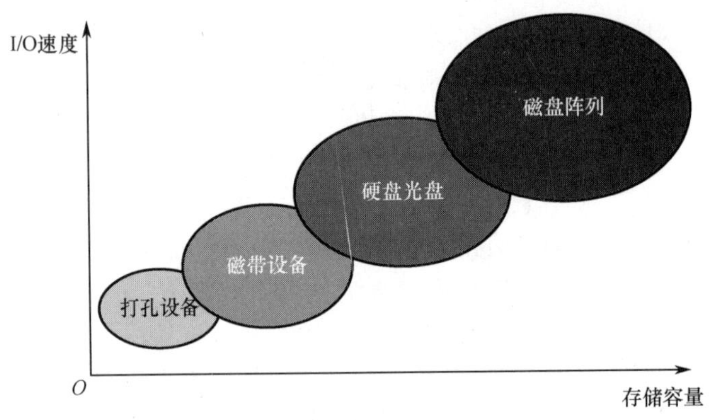

图 2-2 存储设备的变化

让我们来简单回顾一下存储设备的发展史。

1725 年，最早的数据存储媒介——打孔纸卡由 Basile Bouchon 发明，用来保存印染布上的图案，但是它的专利权是 Herman Hollerith 在 1884 年 9 月 23 日申请的，这个发明用了将近 100 年，一直用到了 20 世纪 70 年代中期。打孔纸卡（如图 2-3 所示）上面可以打 90 列孔，显然这张卡片上能存储的数据少得可怜，事实上几乎没有人真正用它来存数据，通常被用来保存不同计算机的设置参数。

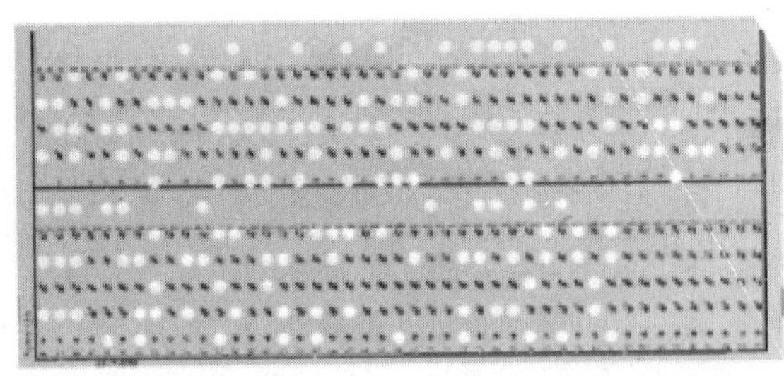

图 2-3 打孔纸卡

1846 年，传真机和电传电报机的发明人 Alexander Bain 使用了穿孔纸带（图 2-4），纸带上每一行代表一个字符，显然穿孔纸带的容量比打孔纸卡大多了。

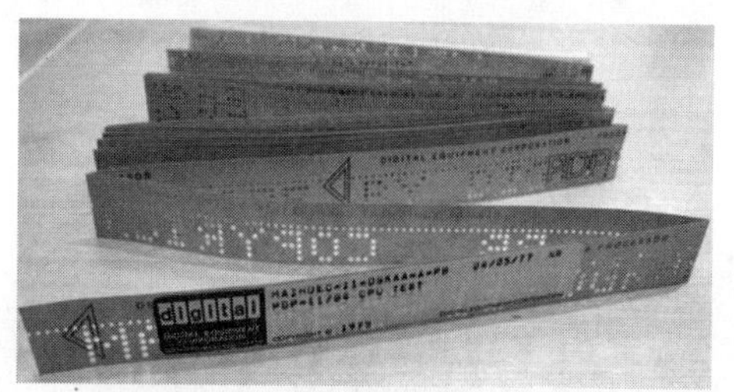

图 2-4　穿孔纸带

1946 年，RCA 公司启动了计数电子管的研究，计数电子管（图 2-5）用于早期巨大的电子管计算机中，一个管子长达 10in（1in=2.54cm），能够保存 4096 位数据。遗憾的是，它极其昂贵，所以在市场上昙花一现，很快就消失了。

图 2-5　计数电子管

20 世纪 50 年代，IBM 最早把盘式磁带（图 2-6）用在数据存储上，一卷磁带可以代替 10 000 张打孔纸卡，成为直到 80 年代之前最为普及的计算机存储设备。

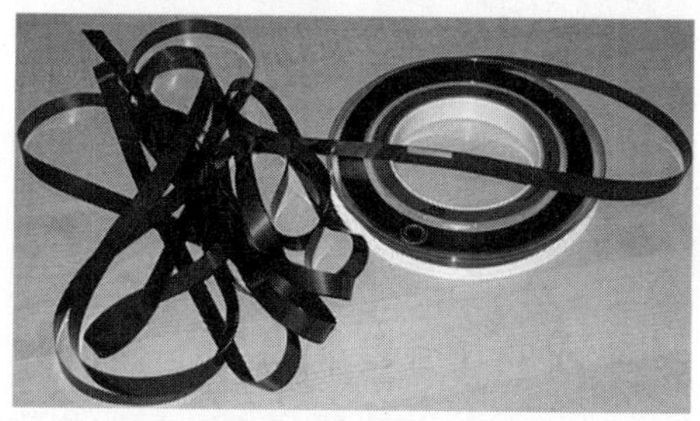

图 2-6　盘式磁带

1963 年，飞利浦公司发明了盒式录音磁带（图 2-7），1970 年代盒式录音磁带得以流行，当时一些计算机，如 ZX Spectrum、Commodore 64 和 Amstrad CPC 使用它来存储数据，功能类似硬盘。一盘 90min 的录音磁带，每一面可以存储 700KB 到 1MB 的数据。

备注：现在一张 DVD9 光盘可以保存 4500 张这样磁带的数据，如果要把这些数据从磁带全部读出来，要整整播放 281d！

图 2-7　盒式录音磁带

一支磁鼓（图 2-8）有 12in 长，转速为 12 500r/min，它在 IBM 650 系列计算机中被当成主存储器，每支可以保存 10 000 个字符（＜10KB）。备注：容量比磁带小，转速快，I/O 速度快了。

图 2-8　磁鼓

1969 年，第一张软盘诞生了，当时是一张 8in 的大家伙，可以保存 80KB 的只读数据；1973 年，小一号但是容量为 256KB 的软盘诞生了，它的特点是可以反复读写。从此，磁盘直径越来越小，而容量却越来越大，1990 年代后期，3.5in 软盘（图 2-9）容量可达 250MB。

图 2-9　3.5 英寸软盘

1956 年 9 月 13 日，IBM 发布了 305 RAMAC 硬盘机（图 2-10），在存储容量方面有了革命性的变化，可存储“海量”的数据——“高达”4.4MB，这些数据的保存需要 50 张 24in 硬磁盘。

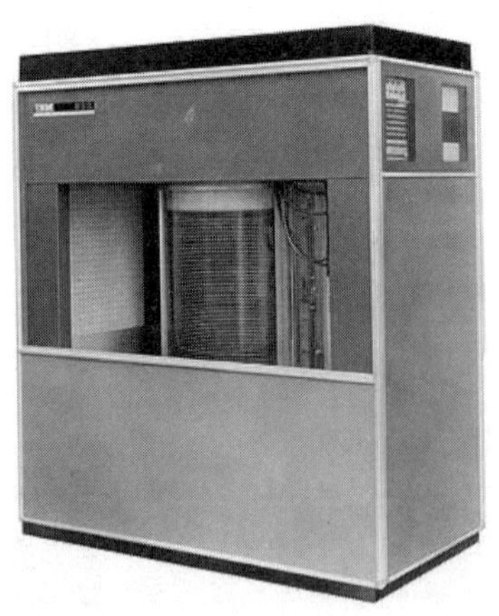

图 2-10　3.5 硬盘机

硬盘（图 2-11）是现在还在发展中的一种技术，越来越便宜的硬盘有着越来越巨大的容量。

图 2-11　硬盘

1987 年，Patterson、Gibson 和 Katz 首先提出磁盘阵列（图 2-12）的想法，将多只容量较小、相对廉价的硬盘驱动器进行有机组合，使其性能超过一只昂贵的大硬盘。

图 2-12　磁盘阵列

1958 年，光盘技术得以发明，1972 年第一张视频光盘才问世，1978 年光盘走入市场，那时的光盘（如图 2-13 所示，图中大的是 LD 盘，小的是普通 5in 光盘）是只读的，虽然不能写，但是能够保存达到 VHS 录像机水准的视频。5in 光盘，是从 LD 光盘发展来的，更小、容量更大，是 SONY 公司和 PHILIPS 公司在 1979 年联合发布的，1982 年上市。一张典型的 5in 光盘，可以保存 700MB 数据。

图 2-13　大、小光盘

综上所述，存储设施的容量越来越大，尺寸越来越小，价格越来越低，统计数据表明，1995 年，大于 4000 元/GB；1996 年，1500～2000 元/GB；1998 年，200～250 元/GB；2000 年，40 元/GB；2002 年，20 元/GB；2004 年，6.9 元/GB；2005 年，4.5 元/GB；2006 年，3.8 元/GB。

数据中心常用到的存储设备是硬盘，主流服务器硬盘接口技术如表 2-1 所示。

表 2-1　主流服务器硬盘接口技术

接 口 类 型	出 现 时 间	最大理论带宽	主 要 特 点
SCSI	1986 年	320MB/s	并行总线
SATA	2002 年	300MB/s	串行 ATA
SAS	2001 年	1.2GB/s	串行 SCSI
FC	1995 年	200MB/s	支持光介质

尽管过去的存储技术五花八门，所存的信息形式也种类繁多，当今的存储技术却已演化为单一的信息形式——数据存储，数据存储技术就是将 0、1 保持时间稳态的技术；而网络存储是时空结合的信息传播方式，通过网络连接起来的存储系统，网络部分负责空间的传递，存储部分负责时间的传递。存储系统结构有直连式存储 DAS（Direct-attached Storage），将存储设备通过 SCSI 接口或光纤通道直接连接到一台计算机上，该技术出现于 20 世纪 50 年代；用局域网连接存储结点有存储区域网络 SAN（Storage Area Networks），即以 Fabric 为基础，提供一个专有的、高性能的、可共享的、稳定的存储系统网络，以及网络附加存储 NAS（Network-attached Storage）；用广域网连接存储结点有网络存储和 P2P 存储。

为了整合存储、有序迁移数据、满足客户要求，存储结构日趋虚拟化，如图 2-14 所示。

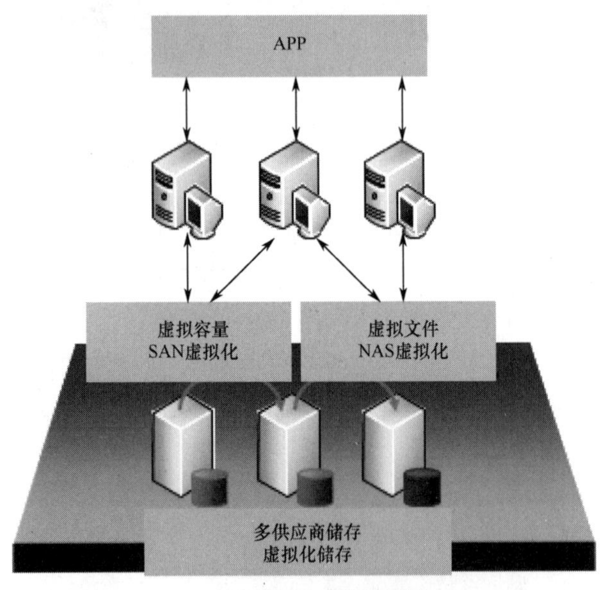

图 2-14　存储虚拟化

存储设施及存储虚拟化与云计算关系密切，如图 2-15 所示。

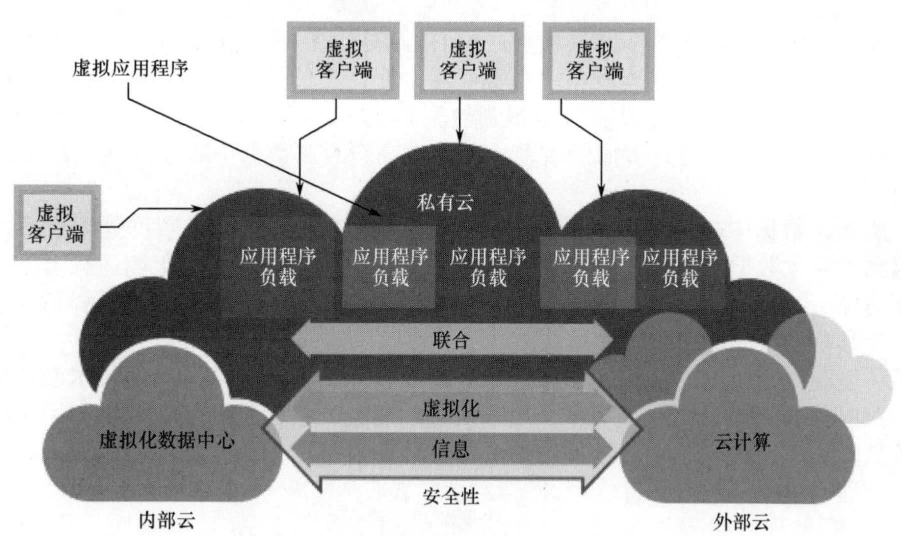

图 2-15　存储虚拟化与云计算

综上所述，信息化、大数据、云计算都离不开存储设备，存储设备当然是数据中心内的重要 IT 设施，尤其是云计算大型数据中心。

2.2　数据处理设备的环境要求

数据中心是为数据处理设备提供运行环境的场所，该场所安装数据存储、处理、传输、通信等多种数据处理设备，同时还需要安装为数据处理设备服务的电力、空调、监控、传输管路等相关系统及设备，通过合理的硬件、软件、网络架构，实现信息的处理、传输、储存、交换、管理等功能。要保障数据处理设备及相关系统的可靠运行、保障业务的持续运营，数据中心需要为数据处理设备提供良好的环境。

如上所述，机柜密度越来越高，数据中心的规模也随之越来越大，支持数据处理设备运行的电力、空调等系统的能耗也逐年上升，数据中心能耗成本日益凸显，人们从只注重数据处理设备的性能、效率转变为同时关注数据处理设备和机电系统的节能。

数据处理设备对运行环境的要求对机电系统能耗的影响至关重要，如果环境要求特别苛刻，无疑会限制诸多节能手段的应用，但如果环境要求过于宽松，又会对数据处理设备的性能、可靠性、故障率、使用寿命等产生一定影响。

数据处理设备对环境的要求最初由各主流设备供应商提出，其环境要求的内容发布于产品技术规格书和说明书中，由于各设备制造商的环境要求数据并不完全一致，这往往给数据中心规划、建设、运行维护人员带来很大困惑；而且通常数据中心布置多家制造商的数据处理设备，环境要求选择为各类设备的最不利设定点；这些因素导致许多从业人员认为数据处理环境越冷，对数据处理设备越好。美国采暖制冷与空调工程师学会注意到这个问题，抽取数据处理设备样本，并做了大量的调研、测试、数据统计、数据汇总工作，取得主流数据处理设备制造商的共识，将环境要求区分为“推荐”和“允许”两个系列，并在 2004 年由 ASHRAETC（技术委员会）9.9 发布了第一版《数据处理环境散热指南》，随后在 2008 年和 2011 年陆续发布了第二版和第三版。ASHRAETC 9.9 做出的另一项重要贡献是将数据处理设备进风侧的温度和湿度作为基准测量点。ASHRAETC 9.9 发布的 2008 年版《数据处理环境散热指南》开始区分数据处理设备“推荐”和“允许”的环境温度、湿度的范围，该范围逐年放宽，并在数据中心的建设实践中得到检验和证实。ASHRAETC 的《数据处理环境散热指南》成为业界广泛认可并参照的规范，其内容在新版《数据中心设计规范》GB50174 中多有述及。

如上所述，数据中心环境温度并非越冷越好，ASHRAE 扩展了数据处理设备对环境的要求，得到了广大数据处理设备制造商的认可和支持。除了能够接受更高运行温度、更宽泛相对湿度的 A3、A4 类产品外，这一新的环境要求不仅适用于新设备，也同样适用于老旧设备，并不会影响设备的维保服务和质保期。

除了环境温度、湿度的要求，多家数据处理设备制造商还分享了其他技术统计数据，如环境条件对服务器能耗、性能、噪声、故障率等的影响，从而帮助从业人员和用户更清晰地分析设备故障几率、运行风险、运行维护成本、环境责任等，为数据中心的规划、建设、运行维护的合理决策提供数据支持。

2.2.1 数据处理设备的温度、湿度要求

ASHRAE/TC 9.9 在 2011 年公布的《数据处理环境散热指南》中，针对不同环境等级（此处等级为环境等级，并非可靠性等级）数据中心提出了推荐和允许的温度、湿度环境要求，详见表 2-2。这些温度、湿度要求为通用条件，可能并不完全适合某一特定类型的数据处理设备，这些特定类型设备的环境要求还要遵循设备制造商提供的环境要求。

表 2-2 数据处理环境温湿度要求（ASHRAE，2011 版）

级别	设备环境参数							
	工作状态					停机状态		
	干球温度/°C	湿度范围（不结露）	最高露点温度/°C	最大海拔高度/m	最大温度变化率/(°C/h)	干球温度/°C	相对湿度/%	最高露点温度/°C
推荐（适用于所有单独的数据中心，可以根据文档中描述的分析，选择适当扩大该范围）								
A1～A4	18～27	5.5ºC DP～60% RH 和 15ºC DP						
允许								
A1	15～32	20%～80% RH	17	3050	5/20	5～45	8～80	27
A2	10～35	20%～80% RH	21	3050	5/20	5～45	8～80	27
A3	5～40	-12˚C DP & 8%～85% RH	24	3050	5/20	5～45	8～80	27
A4	5～45	-12˚C DP & 8%～85% RH	24	3050	5/20	5～45	8～80	27

以上 A1～A4 级类环境温、湿度要求在美式焓湿图上表示如图 2-16 所示，在中式焓湿图上表示如图 2-17 所示。

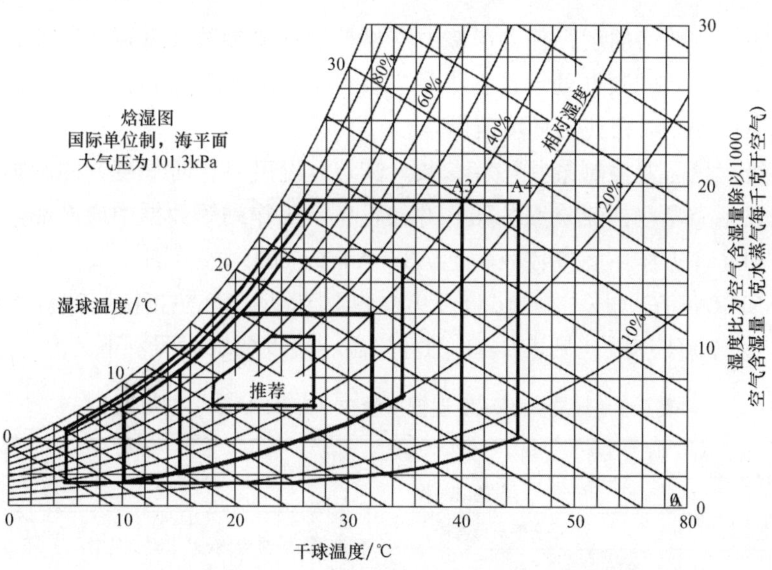

图 2-16　ASHRAE 数据处理环境分级美式焓湿图表示

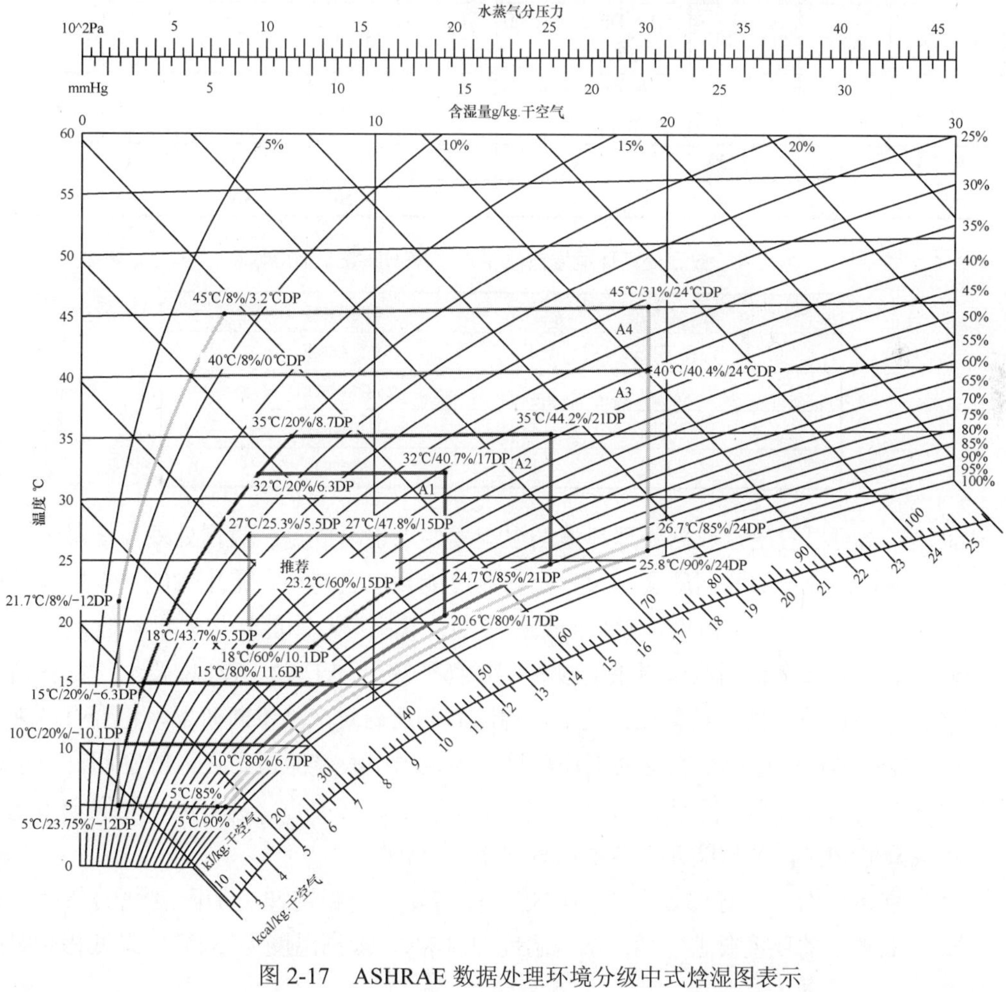

图 2-17　ASHRAE 数据处理环境分级中式焓湿图表示

A1～A2 级：有严格的运行任务、需要严格控制环境参数（露点、温度、相对湿度等）的数据中心，其内安装的数据处理设备类型主要包括企业服务器和存储设备。设备制造商提供的设备满足 A1、A2 级相关的环境范围。

A3～A4 级：只需要控制某些环境参数（露点、温度、相对湿度）的数据中心，其内安装的数据处理设备类型包括流量服务器、存储设备、工作站等数据中心产品，这些产品的设备制造商认可的允许工作环境参数应满足 A3～A4 要求的相关范围。

可以将 ASHRAETC（技术委员会）9.9《数据处理环境散热指南》2011 年版和 2008 年版（见表 2-3）及 2004 年版（见表 2-4）的环境温、湿度要求对照一下。

表 2-3　数据处理环境温湿度要求（ASHRAE，2008 版）

级别	设备环境说明									
	设 备 工 作							设备不工作		
	干球温度/℃		湿度范围无冷凝		最高露点温度/℃	最大海拔高度/m	最大变化率/（℃/h）	干球温度/℃	相对湿度/%	最高露点温度/℃
	允许	推荐	允许/（% RH）	推荐						
	15～32	18～27	20%～80%	5.5℃ DP 至 60% RH 且 15℃ DP	17	3050	5/20	5～45	8～80	27
	10～35	18～27	20%～80%	5.5℃ DP 至 60% RH 且 15℃ DP	21	3050	5/20	5～45	8～80	27
	5～35	NA	8%～80%	NA	28	3050	NA	5～45	8～80	29
	5～40	NA	8%～80%	NA	28	3050	NA	5～45	8～80	29

表 2-4　数据处理环境温湿度要求（ASHRAE，2004 版）

参　数	2004 版
温度下限	20℃（68℉）
温度上限	25℃（77℉）
湿度下限	40%RH
湿度上限	55%RH

从上述表格可以看出，数据处理环境的温湿度要求逐渐放宽。数据处理环境温湿度范围越宽，可实现自然冷却的时间就会越长，空调制冷能耗也会越小。采用 2011 年版《数据处理环境散热指南》的温湿度为设计参数的数据中心，其空调制冷能耗将大幅降低。

现阶段数据处理设备制造商提供的设备基本都能满足 A1/A2 级环境要求。尽管当前适合 A3/A4 级环境的数据处理设备还比较少，但随着制造商对产品不断研发，将会有越来越多的 IT 服务器产品可以适应更宽泛的工作环境，为数据中心节能留出更大的空间。对于建设地点气象条件优越、数据处理设备的稳定性要求不高的数据中心，甚至可以实现全年无压缩制冷，大大降低 PUE，节省能耗、节省运行费用。

需要特别指出的是，存储设备中的磁带产品需要一个稳定和更加限制性的环境（类似 A1 类级），其典型的环境要求包括：最低温度为 15℃，最高温度为 32℃，最低相对湿度为

20%，最高相对湿度为 80%，最大露点温度为 22℃，温度变化率小于 5℃/h，相对湿度变化率低于 5%/h，无凝结。数据中心使用磁带驱动时，允许的温度变化率为 5℃/h，使用磁盘驱动时，允许的温度变化率为 20℃/h。数据中心采用磁盘驱动时，允许的最低温度为 10℃。

备注：磁带的主要材质是塑料，温度对其性能影响较大，因此，磁带对温度比较敏感；磁盘的主要材质是金属，对温度敏感性稍差。

综上所述，对照 ASHRAETC（技术委员会）9.9 的《数据处理环境散热指南》各版本温湿度要求，数据处理设备的环境要求越来越宽松，空调制冷系统的节能大有空间。

2.2.2　环境要求放宽对数据处理设备的影响

环境要求放宽，固然可以提高空调制冷系统的送风温度设定点，放宽相对湿度的范围，从而减少压缩制冷能耗，节约加湿用水，但是数据处理设备的能耗、成本、故障率、噪声等也会相应发生变化。因此在数据中心的规划和建设中，必须综合考虑环境参数对机电系统的影响及数据处理设备的影响，科学分析，合理决策。以下分述各环境参数对数据处理设备的影响。

2.2.2.1　环境温度对数据处理设备能耗、成本的影响

环境温度的增加会引起数据处理能耗的增加，功率增加是由于设备风扇功率增加、组件功率增加和各自功率转换能耗增加。图 2-18 显示了 A2 和 A3 级数据处理设备运行功率与环境温度的关系。

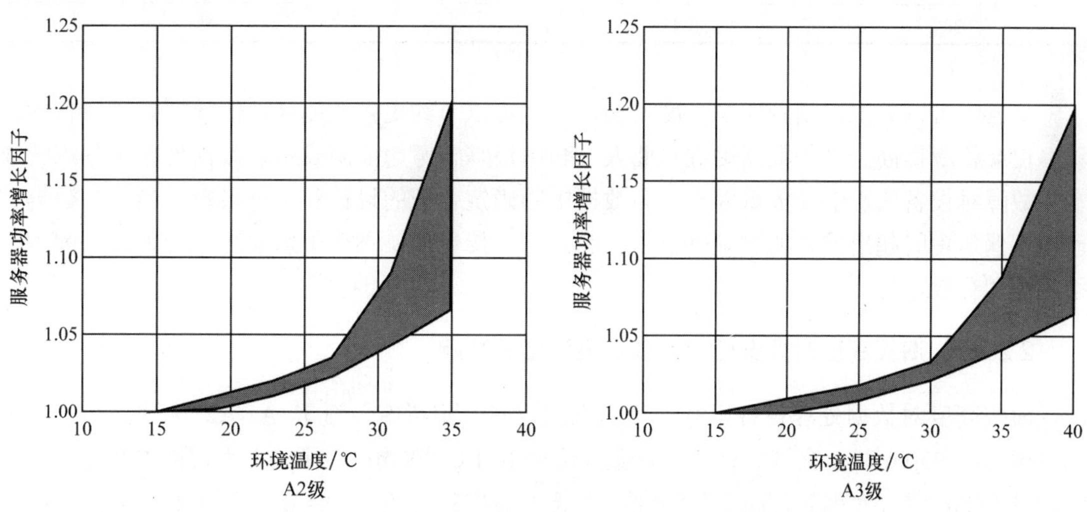

图 2-18　A2 和 A3 级服务器运行功率与环境温度的关系

绝大多数 A2 或 A3 级数据处理设备运行的数据会落在图上的阴影线范围内。可以看出，设备能耗随环境温度增高会有所提高。如果设备进风温度从 15℃提高到 30℃，则服务器的能耗预期增加 4%～8%；如果提高到 35℃，则服务器的能耗预期可能会增加 7%～20%。

作为 A3 或 A4 级数据中心的产品，数据处理设备制造商需要采取多种技术措施以支持更宽泛的工作环境，包括选择更有效的散热装置、选择耐高温能力更强的设备组件等；此外，还需要对某些高性能部件进行测试，确认高温环境下数据处理设备的计算性能能够满足使用要求，如果无法满足，还需要更换更高品质的部件，这些都会导致设备生产成本的增加。数据中心选择设计参数时，数据处理设备的购置成本也应考虑在内。

2.2.2.2 进风温度对数据处理设备故障率的影响

数据处理环境温度的增加会引起数据处理设备内部某些组件的性能发生变化，从而导致设备性能的变化或设备故障。通常，在设计上，数据处理设备允许的最高环境温度上限余地很小，不建议设备在超过其环境温度许可上限的环境下长时间运行。

数据处理设备的环境温度直接影响到数据处理设备的故障率，表 2-5 显示了环境温度与数据处理设备故障率之间的对应关系。

表 2-5 环境温度和故障率系数的对应关系

干球温度/℃	平均故障率系数	干球温度/℃	平均故障率系数
15	0.72	32.5	1.48
17.5	0.87	35	1.55
20	1	37.5	1.61
22.5	1.13	40	1.66
25	1.24	42.5	1.71
27.5	1.34	45	1.76
30	1.42		

从表中可以看出，随着环境温度增加，虽然可以节约更多的能耗，但数据处理设备的故障率也会相应提高。这些数据提醒从业人员和用户综合考虑能源成本、数据处理设备购置成本、故障对设备的影响等多重因素，为数据中心确定合理的设计和运行参数。当然，数据处理设备偶尔短时超出推荐的温湿度范围，也是可以接受的，不至于影响数据处理设备的整体稳定性和有效运行。

2.2.2.3 海拔高度对数据处理设备环境温度的影响

海拔高度对数据处理设备运行温度的上限也有一定影响。对于 A1/A2 类数据中心，海拔高度超过 950m 时，允许的最高干球温度应降低 1℃/300m；对于 A3 类数据中心，海拔高度超过 950m 时，允许的最高干球温度应降低 1℃/175m；对于 A4 类数据中心，海拔高度超过 950m 时，允许的最高干球温度应降低 1℃/125m。

通常，当建设地点海拔超过 1000m，就必须考虑海拔高度对设备环境温度的影响，图 2-19 显示了服务器环境温度最高允许值对应的海拔高度。

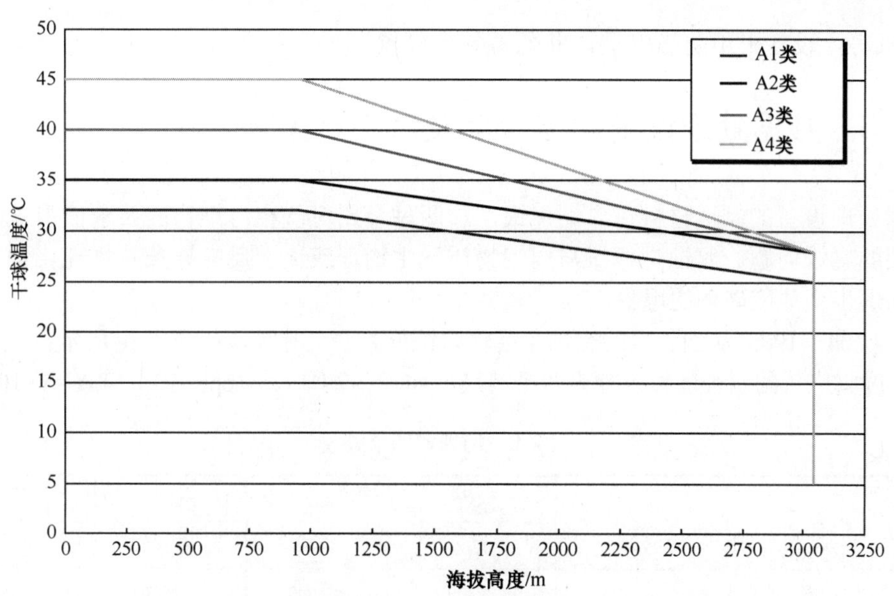

图 2-19　服务器允许的干球温度与海拔高度对照表

如图 2-19 所示，海拔高度超过 1000m，数据处理设备允许的环境温度会有一定程度的下降。这是因为随着海拔升高，空气逐渐稀薄，设备配的风扇的散热能力也相应下降，因此将无法支持更高的环境温度。海拔超过 3000m，设备内部的线路板都会因为空气密度太小而造成性能不稳定。因此，不推荐将数据中心建设在海拔过高的地方。

2.2.2.4　静电对数据处理设备的影响及电磁屏蔽

通常，当空气的相对湿度低于 30%时，容易摩擦产生静电。随着 IT 机房房间湿度变化范围加宽，当湿度处于湿度范围下限时，静电发生的可能性会变大。在低湿状态下，数据处理设备机房内、穿着化纤衣服的工作人员、活动地板以及机柜表面等，都会不同程度地积累静电荷。静电放电会引起数据处理设备内部集成电路的突然失效，造成潜在损伤，从而会使数据处理设备参数变化、品质劣化、寿命降低，使得数据处理设备运行一段时间后，随温度、时间、电压的变化出现各种故障。静电放电将形成频谱很宽的干扰电磁场，很容易感应接收进入数据处理设备内，扰乱设备的正常运行，使误码率增大，设备产生误动作等，从而影响设备工作的可靠性。因此，机房必须设置更有效的防静电措施，以免伤害数据处理设备。数据中心的工作人员也应加强防静电意识的培养。防静电措施包括但不限于以下几个方面：

- 处理和维护有可能发生静电的表面，使其拥有可靠接地。
- 设备一旦开机，在静电敏感地区工作的人员都应穿着防静电罩衣并使用防静电手套或指套。
- 从工作区域清除不必要的绝缘子。
- 在非 ESD 管制区域的所有组件，应使用防静电屏蔽袋或其他防静电包装。
- 在机房内应使用能够消除静电的工具，包括防静电型真空吸盘。
- 确保地板接地系统可靠有效，机房内建筑材料使用抗静电类型。

- 机房内设备采用防静电型，并配备导电脚轮。

2.2.3 数据处理设备对洁净度及气相污染物要求

数据处理设备的制造材料包含铜、银，这两种金属对气相污染物的要求值得关注，本质是铜、银的腐蚀问题。腐蚀是材料与周围物质发生物理或化学反应导致其物理化学性质发生变化，并逐步变质或破坏的现象。

ISA-71.04—1985 从铜、银的腐蚀角度将腐蚀分为四个等级，如表 2-6 所示；从空气气相组分的角度将空气的腐蚀能力也分为四个等级，如表 2-7 所示（$1ppb=10^{-9}$；$1\dot{A}=1\times10^{-8}cm$）。

表 2-6　腐蚀的四个等级

严重程度	G1	G2	G3	GX
	轻度	中等	恶劣	严重
铜腐蚀度/Å	<300	<1000	<2000	≥2000
银腐蚀度/Å	<200	<1000	<2000	≥2000

表 2-7　空气的腐蚀能力等级

严重程度			G1	G2	G3	GX
			轻度	中等	恶劣	严重
污染物		气体	浓度/ppb			
活性反应组分	A 组	H_2S	<3	< 10	< 50	≥ 50
		SO_2,SO_3	< 10	< 100	< 300	≥ 300
		Cl_2	< 1	< 2	< 10	≥ 10
		NOx	< 50	< 125	< 1,250	≥ 1 250
	B 组	HF	< 1	< 2	< 10	≥ 10
		NH_3	< 500	< 10,000	< 25 000	≥ 25 000
		O_3	< 2	< 25	< 100	≥ 100

ASHRAE 的《数据中心气相和颗粒污染物指导》一文中将数据处理设备的环境腐蚀力分为四个等级，如表 2-8 所示。

表 2-8　数据处理设备环境腐蚀力等级

严重等级	铜/银腐蚀速度	描　述
G1	300/（Å /月）	环境得到了良好的控制，腐蚀性不是影响设备可靠性的因素
G2	300～1000/（Å /月）	环境中的腐蚀影响可以测量，可能是影响设备可靠性的一个因素
G3	1000～2000/（Å /月）	环境中极有可能出现腐蚀现象
GX	>2000/（Å /月）	只能在该环境中使用经过特殊设计和封装的设备

统计数据表明，在中国，银腐蚀率在采暖季节最为严重，如图 2-20 所示。

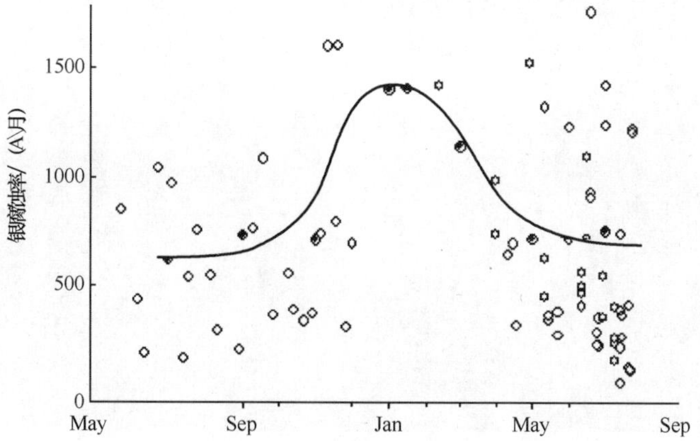

图 2-20　银腐蚀率随月份分布图

据美国 NASA 数据，中国不同月份氮氧化物污染物分布图均可得到，2011 年 2 月 NO_2 污染分布如图 2-21 所示，2011 年 8 月 NO_2 污染分布如图 2-22 所示。

从以上分析可以看出，随着地域、季节、天气的变化，空气质量也有不小的变化，数据中心在选址的时候，需考虑建设地点的空气质量，并采取相应措施，如机房维持正压；合理控制室内湿度；新风入口尽可能选择腐蚀气体浓度低的位置，新风入口避免设置在柴油发排风排烟区、电池存放区、餐饮区、排污区等，房间密封严密，包括采用合适的材料（如防火泥）将电缆出入口、其他管道、下沟渠等位置密封；将地板与墙、天花板与墙、墙与墙之间连接处可能的缝隙密封；尽可能用低穿透性材料涂于墙面；定期检测保护区域的空气腐蚀性；定期、或提早更换防腐蚀系统的介质。

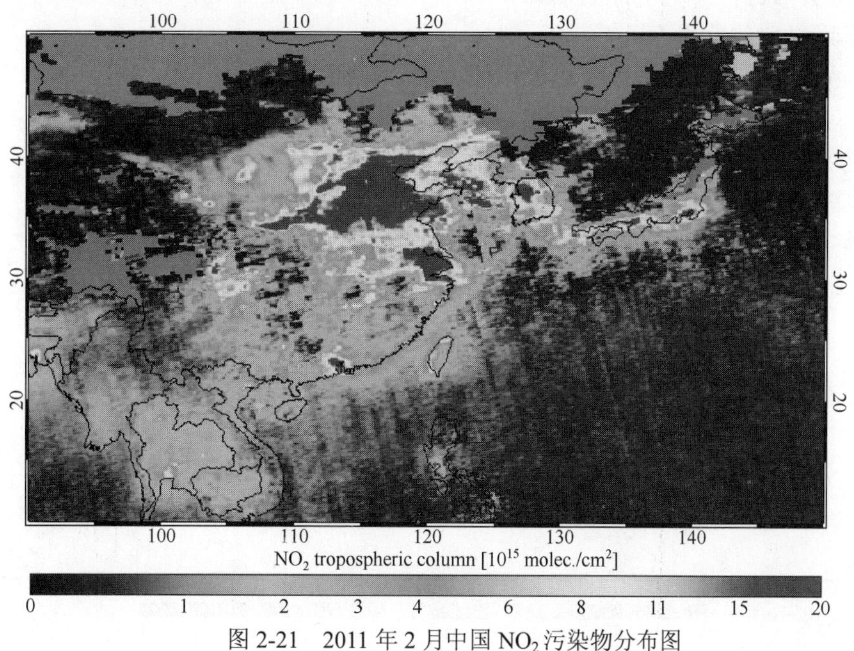

图 2-21　2011 年 2 月中国 NO_2 污染物分布图

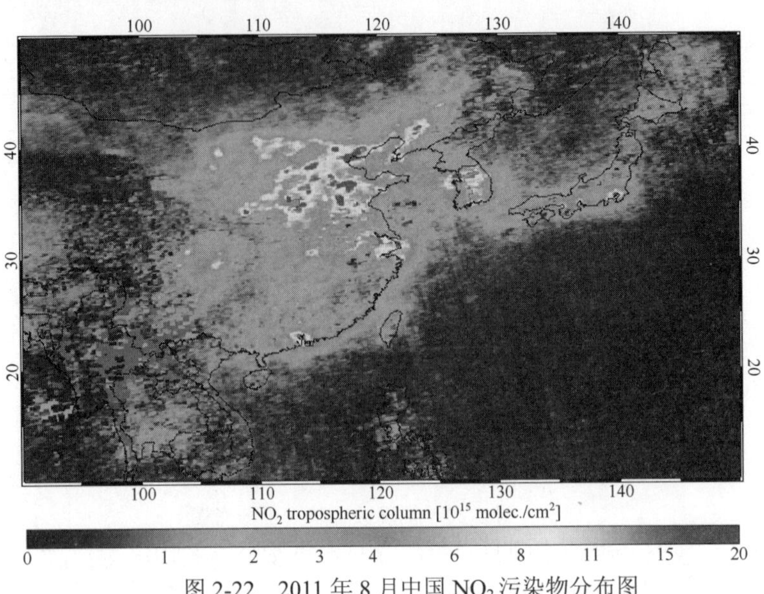

图 2-22　2011 年 8 月中国 NO_2 污染物分布图

当数据中心建设在空气腐蚀力等级为 G1、G2 的地域，可以考虑采用直接风侧节能器，当数据中心建设在空气腐蚀力等级为 G3、GX 的地域，不建议采用直接风侧节能器。

不管设备的机房结构形式如何、再怎么密封，机房内仍存在大量的灰尘，原因如下：

- 机房不断补充新风，通过空调将灰尘带入。
- 机房工作人员出入机房带进尘埃。
- 机房墙壁、地面、天花板或涂层脱落产生灰尘。
- 计算机及网络通信设备外围设备（如打印机等）产生的尘屑。
- 机房装修材料产生了锌晶须。

灰尘等颗粒物的危害有以下几点。

- 对磁盘、磁带等精密机械造成损坏。
- 使集成电路和电子元件散热能力降低。
- 灰尘容易吸潮，使元件潮湿而腐蚀。

全球颗粒物浓度区域分布如图 2-23 所示。

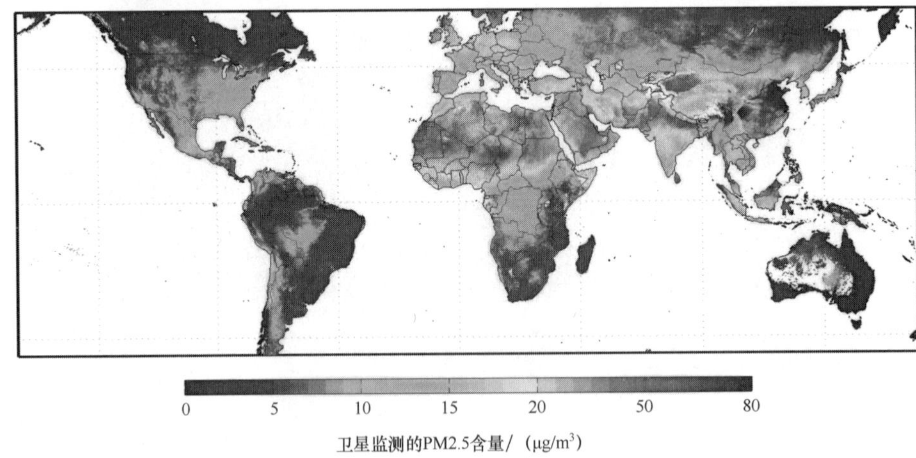

图 2-23　全球颗粒物浓度区域分布图

通常，数据中心应使用规格为 G4 或 F5 的空气过滤器不断过滤室内空气。使用规格为 F6 或 F7 的空气过滤进入数据中心的空气。对于配有空气侧节能装置的数据中心，为达到 ISO 8 级清洁标准，应根据数据中心的特定情况来选择合适的过滤器。

表面残留物检测取样可随机选取数据中心的 10 个区域，这些区域中的金属底座上都有直径为 1.5 cm 的磁盘，磁盘上裹有导电胶带。如果经扫描电子显微镜检查显示，胶带上没有锌晶须，就可以认为数据中心内不含锌晶须。

数据处理设备制造商常常公布数据处理设备的环境运行要求，某数据处理设备供应商发布的数据处理设备操作环境要求如下，选择设计参数时可以参考。

环境污染对数据处理设备的影响是业界近年来热议的话题之一，高温高湿环境会加剧污染物对电路板的腐蚀，势必影响数据处理设备的性能，甚至导致故障。这就需要数据中心运营者密切注意数据中心的防腐蚀问题，特别是设有直接风侧自然冷却装置的数据中心，更要提高对防腐蚀的关注度。

2.2.4　数据处理环境温度对噪声的影响

提高数据处理设备环境温度会导致设备噪声加大。表 2-9 显示了不同进风温度服务器可能增加的噪声值。

表 2-9　进风温度与数据处理设备噪声对照表

噪声值增量（A 声级/dB）				
25°C	30°C	35°C	40°C	45°C
0 dB	4.7 dB	6.4 dB	8.4 dB	12.9 dB

由表可以看出，随着进风温度提高，数据处理设备噪声随之升高，这是因为进风温度提高，设备风扇频率加大，转速加快，通过设备的气流流速也加大，这些因素都会导致设备噪声随之加大。

2.2.5　数据中心环境参数的选择

在选择一个数据中心的环境参数时，首先需要将数据处理设备进行环境要求的分级，根据 ASHRAE/TC9.9 的《数据处理环境散热指南》2011 年版确定环境要求为 A1～A2 级（有严格的运行任务、需要严格控制环境参数的数据中心），还是 A3～A4 级（只需要控制某些环境参数的数据中心）。

确定了环境要求的级别之后，第二步分析数据中心建设地点的气象参数（可查阅气象局的气象参数），并可在焓湿图上进行分析和。以中国北方的典型城市哈尔滨为例进行分析，哈尔滨气象站全年 8760h 的气象参数以散点的形式分布于焓湿图上，ASHRAE/TC 9.9 的《数据处理环境散热指南》2011 年版的推荐环境范围、A1～A4 级类环境温湿度范围也标注于焓湿图上，如图 2-24 所示。

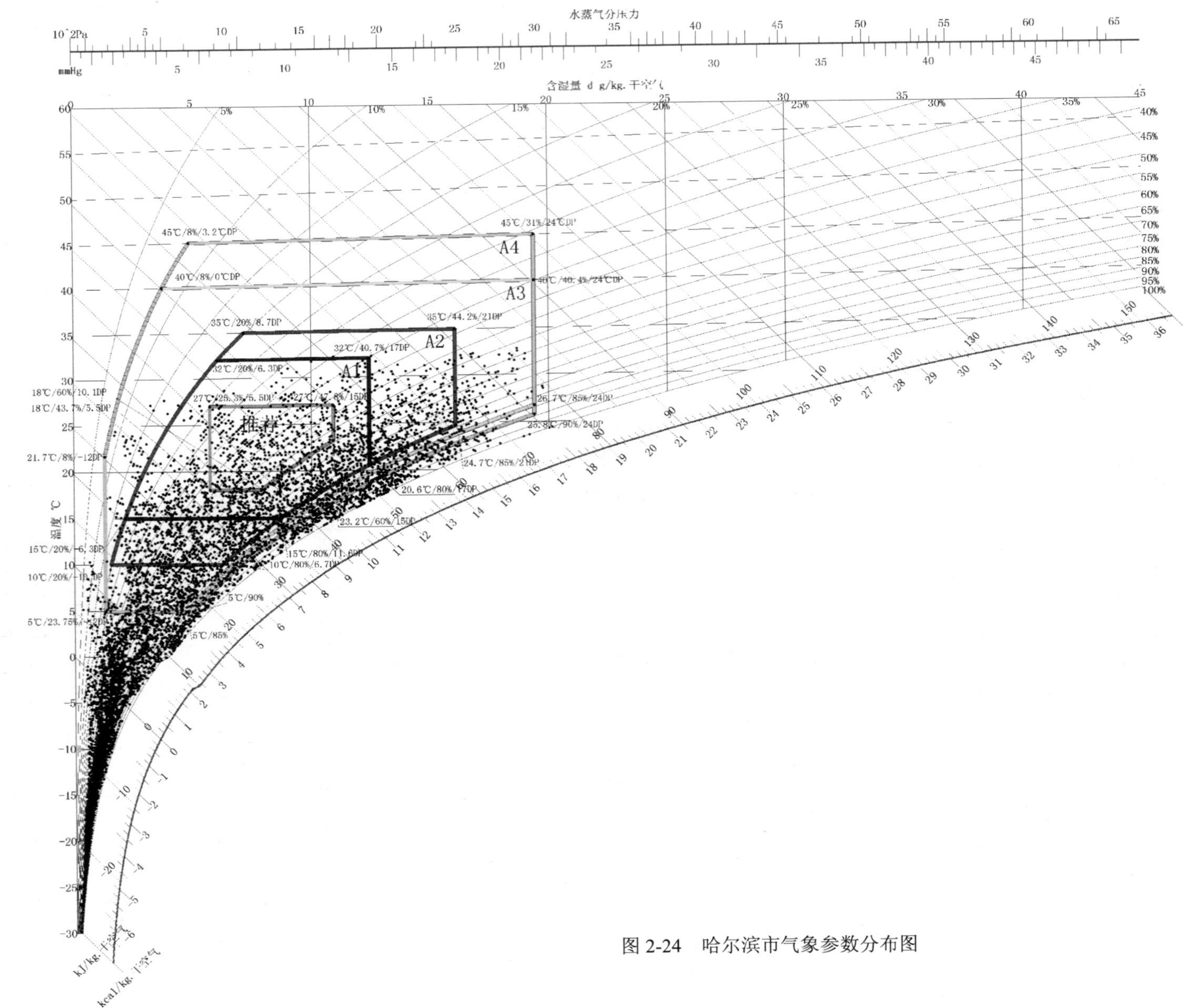

图 2-24　哈尔滨市气象参数分布图

根据气象参数分布图及 ASHRAE/TC 9.9 的《数据处理环境散热指南》2011 年版，分析如下。

推荐范围内 IT 设备的进口温度规定了干球温度范围为 18～27℃，最低露点温度为 5.5℃，最高露点温度为 15℃。相对湿度≤60%。以露点温度 5.5℃作为边界线（温度为 18℃和 27℃）。另一侧以露点温度 15℃为边界线。还有一侧以相对湿度 60%为边界线。当机柜的送风温度＜23.2℃时，若以露点温度 15℃作为输入参数，该点的相对湿度将＞60%，所以当送风温度＜23.2℃时，要选用相对湿度＜60%作为输入参数。

A1 范围内 IT 设备的进口温度规定了干球温度范围为 15～32℃，没对最低露点温度作出规定，最高露点温度为 17℃，相对湿度范围在 20%～80%。以相对湿度 20%作为边界线（温度为 10℃和 35℃），另一侧以露点温度 17℃为边界线，当机柜的送风温度＜20.6℃时，若以露点温度 17℃作为输入参数，该点的相对湿度将＞80%，所以当送风温度＜20.6℃时，要选用相对湿度＜80%作为输入参数。

A2 范围内 IT 设备的进口温度规定了干球温度范围为 10～35℃，没对最低露点温度作出规定，最高露点温度为 21℃。相对湿度范围在 20%～80%。以相对湿度 20%作为边界线（温度为 10℃和 35℃），另一侧以露点温度 21℃为边界线，当机柜的送风温度＜24.7℃时，若以露点温度 21℃作为输入参数，该点的相对湿度将＞80%。所以当送风温度＜24.7℃时，要选用相对湿度＜80%作为输入参数。

A3 范围内 IT 设备的进口温度规定了干球温度范围为 5～40℃，要求露点温度最低为-12℃，最高露点温度为 24℃，相对湿度范围在 8%～85%。当干球温度低于 21.7℃时，相对湿度为 8%时，露点温度低于-12℃，所以当干球温度小于 21.7℃时，以露点温度-12℃来确定边界线，另一侧以露点温度 24℃为边界线。当机柜的送风温度＜26.7℃时，若以露点温度 24℃作为输入参数，该点的相对湿度将＞85%，所以当送风温度＜26.7℃时，要选用相对湿度＜85%作为输入参数。

A4 范围内 IT 设备的进口温度规定了干球温度范围为 5～45℃，要求露点温度最低为-12℃，最高露点温度为 24℃，相对湿度范围在 8%～90%。当干球温度低于 21.7℃时，相对湿度为 8%时，露点温度低于-12℃，所以当干球温度小于 21.7℃时，以露点温度-12℃来确定边界线，另一侧以露点温度 24℃为边界线。当机柜的送风温度＜25.8℃时，若以露点温度 24℃作为输入参数，该点的相对湿度将＞90%，所以当送风温度＜25.8℃时，要选用相对湿度＜90%作为输入参数。

经过以上分析，就可以初步确定数据处理设备所在机房的温度、湿度、相对湿度参数的范围；根据气象参数的分布，可分析自然冷却的时间（与自然冷却的类型有关，下面将详述之）和需要加湿的时间（与是否采用直接风侧自然冷却及新风系统有关，下面将详述之），进而选择相对节能的温度设定点和节水的湿度区间。

第 3 章　数据中心的选址

从发展历史来看，数据中心起步于基础设施和网络条件较好的城市，快速贴近用户中心，小规模高成本，成为网络核心出口或生产节点。随着互联网的普及和云计算的发展，数据中心开始向大规模、低综合成本、高效率方向发展，向能源富足、适合低成本架构、更利于节能的区域扩张，逐渐成为成本中心。

数据中心的选址不是简单看风水，选址首先要满足企业的业务需求，其次才是建设条件的对比。选址是降低数据中心风险的重要环节之一，是一个多因素综合判断的结果，必须采用科学的方法研究和判断。选址除了要考虑业务需求、网络条件，还需要考虑地理位置、气象条件、电力条件、水资源条件、空气质量、地方政策、人才、周边环境等许多因素，选址结果是众多因素综合考量的结果。

3.1　选址分析及评价

数据中心是在线业务的载体，业务需求决定了数据中心选址的主要衡量指标，如网络延时、网络稳定性、数据一致性、用户服务覆盖范围、资源互换等。首先，作为生产中心和服务中心考虑，考虑的是收益最大化。其次，数据中心要长久稳定运行，因此支撑数据中心运行的稳定基础资源条件是考察的重点，包括地质条件、自然气象条件、数据中心所必需的电、供油、水、燃气等稳定资源，还包括政治稳定，治安良好等社会环境。再次，数据中心的成本是在前两者基础上重要的衡量指标，这里涉及建设成本和运营成本，建设成本包括土地、材料、设备及运输、建造等成本，而运营成本主要是能源成本、人力成本等。追求成本最小化是成本中心最大的特点。最后，是涉及辅助数据中心运营的各方面，如道路交通便利性、生活配套。

对于数据中心选址的物理安全和运营便利性需求，均有具体技术指标，可以参考《电子信息系统机房设计规范》（GB50174—2008）附录中选址具体条文，是数据中心选址的基础，而决定选址最重要的是平衡收益最大化和成本最大化。

数据中心选址的分析推导如表 3-1 所示。

表 3-1　数据中心选址分析推导

业 务 分 析	转 换 需 求	数据中心选址要点
用途（生产或灾备）	预计投入领域（生产或灾备）	单点/同城/异地多点灾备
可用性指标（整体与单点）	物理安全、数据中心所需资源安全、社会环境安全	宏观：满足数据中心安全的选址指标，考虑自然灾害、社会治安、地质地理。 微观：物理建筑承重、建设等级、功率密度、电力与制冷系统的建设标准、电力与水等资源可控

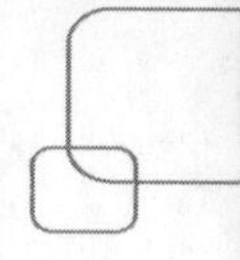

（续表）

业务分析	转换需求	数据中心选址要点
数据同步和一致性	网络延时、传输距离、网络出口	运营商接入情况，网络传输点
业务发展指标	数据中心建设和预期投入规模	空间面积，机房空闲率/可售卖率，可扩容电力容量
时间要求	数据中心建设交付时间与周期	建设时间、交付时间、改造时间
服务支持要求	IT 服务/基础设施服务/运营管理服务	整体外包或基础设施外包，IT 外包 服务商的考虑因素：硬件条件、服务水平、资格认证、品牌知名度
资源控制性	自建/租用、供应商数量	投资规模，可分割资源，多个数据中心资源

如前面的分析，数据中心的选址评估需要从宏观和微观两个层面进行分析，如表 3-2 所示。

表 3-2　选址评估宏观和微观指标

评估项		评估指标	评估指标说明	评估细节
自然环境	宏观	地质环境	区域内地震、洪涝、沉降、台风等情况	地震、洪涝、地质、台风、泥石流、火山、海啸
		自然灾害状况	区域内自然灾害平均发生概率	各类自然灾害的历史发生情况
		气候	区域内温度、湿度等气象条件	季节、温度、湿度、海拔，霜冻、雨水、雾天
		环境空气	区域内空气含尘浓度等情况	灰尘、酸雨、颗粒沉降物、沙尘暴
	微观	局部地质环境	拟建地点标高、沉降、地震断层等情况	地震情况，地质沉降、高地或者低洼地等，矿产资源
		局部自然灾害情况	拟建地点自然灾害平均发生概率	各类自然灾害的历史发生情况
		局部环境空气	拟建地点周边空气含尘浓度等	灰尘、酸雨、颗粒沉降物。沙尘暴，风向
地域配套	宏观	电力供应	区域电力供应情况	发电企业、输电/配电电网情况、供电站、供电电压、供电线路、供电容量
		通信状况	区域通信线路资源、资费和线路品质	电信运营商的网络布局、贷款资费、光纤、节点、网络出口、汇接等
		交通状况	区域航空、铁路、公路状况	周边区域的机场、铁路线路、高速公路、市政道路
		人力资源	区域人力资源数量、质量	数据中心有经验人才的数量，各层面人才的质量：一线维护人员、二线技术工程师、三线专家
		区域安全	区域政治、军事安全和社会治安情况	社会治安、军事部署、行政部门

（续表）

评估项		评估指标	评估指标说明	评估细节
地域配套	宏观	人居环境	区域人居环境情况	社会治安、社会人文、饮食、社会服务
	微观	局部电力供应	拟建设地点具体供电容量、供电回路等情况	供电站输出、电力回路路由，引入电力容量、电力线路接入方式
		局部通信状况	拟建地点通信线路资源、线路品质等情况	网络带宽、出口资源、线路引入、资费
		局部交通情况	拟建地点周边交通状况及与机场、车站的距离	公路、铁路、街道情况，公交站、汽车站、火车站、机场等的交通状况
		局部人力资源情况	人力资源的数量和质量	数据中心有经验人才的数量，各层面人才的质量
		局部地域安全	拟建地点与军事目标、国家重要基础设施、公众聚集场所的距离及周边社会治安等情况	周边军事设施，重点电厂、军工企业、战略目标，工商业中心等社会治安状况
		局部人居环境	拟建地点周边人居环境情况	社会人文、居住情况，就业情况、人员素质等
		局部其他配套	拟建地点给排水、消防等情况	城市供水、市政排水、消防设施，消防规划
		土地资源情况	拟建地点土地开发程度、建筑要求、供电容量，以及供电回路、标高等	供电站、电力接入，电力容量，市政规划开发、市政建设，土地周边工商业情况
		土地资源周边环境	拟建地点与军火库、化工厂、危险区域、垃圾填埋场、核电站、重盐灾害区、强振动源等情况	军工厂、化工厂、垃圾场、核电工厂等
成本因素		建设成本	建设成本	建筑材料成本、建筑设备成本、施工人员成本、建筑公司建设利润、建设税费
		土地成本	土地成本	招拍挂土地、协议土地、政府合作、补贴等政策性土地
		用电成本	用电成本	公用商业电价、大工业用电、自用电厂电价、上网电价等
		人员成本	人员成本	一线维护人员成本，工程师成本，专家成本，建设人员成本，管理人员成本
		税费	企业相关税收费用、奖励，补贴	国税/地税税率、减税退税、补贴，优惠注册等

对于数据中心选址，在列举了评估因素之后，需要根据各自企业的特点进行各要素评价和权衡，以数字化的形式直观反映出选址结果。列举某具体项目的评分体系作为参考，如表 3-3 所示。

表 3-3 某项目选址的具体评估决策要素

<table>
<tr><th colspan="3">评分标准</th><th colspan="3">权重评分</th></tr>
<tr><th>分类</th><th>分项</th><th>具体描述</th><th>权重</th><th>分数</th><th>总分分配</th></tr>
<tr><td rowspan="4">商业发展</td><td>业务前景</td><td>发展重心的市场展望及业务计划</td><td>20%</td><td>2.00</td><td rowspan="4">10</td></tr>
<tr><td>公司形象</td><td>当地的公司形象和营销形象定位</td><td>30%</td><td>3.00</td></tr>
<tr><td>人才库</td><td>当地用于支持经济增长的人力资源可用性</td><td>30%</td><td>3.00</td></tr>
<tr><td>政府支持力度</td><td>政府的支持或限制</td><td>20%</td><td>2.00</td></tr>
<tr><td rowspan="5">当地设施</td><td>当前电力基础设施情况</td><td>目前的电力基础设施的能力和可用性，如现有变电站</td><td>30%</td><td>9.00</td><td rowspan="5">30</td></tr>
<tr><td>待建电力基础设施</td><td>扩容能力及所需投资（如元/周，元/月，元/年）</td><td>30%</td><td>9.00</td></tr>
<tr><td>供水基础设施情况</td><td>供水基础设施的能力和可用性</td><td>10%</td><td>3.00</td></tr>
<tr><td>当前交通基础设施情况</td><td>目前的交通基础设施的可用性-航空/陆路/铁路</td><td>20%</td><td>6.00</td></tr>
<tr><td>待建交通基础设施情况</td><td>待建交通设施运载能力</td><td>10%</td><td>3.00</td></tr>
<tr><td rowspan="3">风险缓解</td><td>自然灾害风险</td><td>洪水、地震、台风、沙尘暴等风险</td><td>40%</td><td>8.00</td><td rowspan="3">20</td></tr>
<tr><td>人为灾害风险</td><td>核设施、机场、铁路等人为灾害风险</td><td>30%</td><td>6.00</td></tr>
<tr><td>安保风险</td><td>安全和保安标准的风险</td><td>30%</td><td>6.00</td></tr>
<tr><td rowspan="8">总费用</td><td>建设费用</td><td>自建数据中心费用</td><td rowspan="2">20%</td><td rowspan="2">6.00</td><td rowspan="8">30</td></tr>
<tr><td>土地费用</td><td>土地价格</td></tr>
<tr><td>税负</td><td>地方税收的影响（如服务器增值税，营业税，发展税，所得税等）</td><td>10%</td><td>3.00</td></tr>
<tr><td>税负优惠</td><td>税收优惠及退税政策</td><td>10%</td><td>3.00</td></tr>
<tr><td>运行负担</td><td>IT 及基础设施支持人员费用</td><td>10%</td><td>3.00</td></tr>
<tr><td>电价油价</td><td>当地电价和油价</td><td>40%</td><td>12.00</td></tr>
<tr><td>水价</td><td>当地水价</td><td>10%</td><td>3.00</td></tr>
<tr><td colspan="4" style="display:none"></td></tr>
<tr><td rowspan="4">电信设施</td><td>现有电信运营商</td><td>当前电信运营商基础设施和服务的可用性</td><td>20%</td><td>2.00</td><td rowspan="4">10</td></tr>
<tr><td>电信设施连通性</td><td>目前网络的带宽和连接能力是否满足需求</td><td>20%</td><td>2.00</td></tr>
<tr><td>价格优势</td><td>网络服务的价格结构及优惠</td><td>30%</td><td>3.00</td></tr>
<tr><td>扩容灵活性</td><td>根据需求，未来网络设施的连通能力</td><td>30%</td><td>3.00</td></tr>
<tr><td>汇总</td><td></td><td></td><td></td><td>100</td><td>100</td></tr>
</table>

3.2 选址要求

每个公司或企业根据自身业务的可靠性需求，对自己的数据中心有特定的要求，本章结合国标 GB50174《电子信息系统机房设计规范》，结合《数据中心的通信基础设施标准》，提出较为通用的选址要求。

总结选址条件，并量化各指标，如表 3-4 所示。

表 3-4　选址量化指标

序号	项　目	选址要求	备　注
1	同一个城市选点	同 1 个城市确定选点不低于 2 个	主要考核当地资源是否充足，是否具备扩容和多点业务部署能力
2	同城机房间物理距离	同城 2 个选点驾车最短距离≤30km（参考），光缆距离≤60km	
3	市电变电站(10kV 及以上)距离	2 个及以上	同城 2 个选点不能来自相同的 110kV 及以下的变电站
4	水坝下游或洪涝区域，有可能淹没区域	不应设置机房	
5	山体坡地或临近土丘易发生塌方或泥石流	不应设置机房	
6	地震带或断裂带区域	不应设置机房	地震记录
7	距离百年一遇的洪水危害区域	≥100m	洪水记录
8	距离沿海或岛屿的水路、航道	≥800m	
9	距离主要交通要道	宜≥100m	
10	距离飞机场	跑道两侧≥1000m,起飞降落方向≥8000m	
11	距离铁路或高速公路	宜≥800m	
12	距离公共停车场	≥20m	
13	距离化学工厂中的危险区域、垃圾填埋场、加油站、化学危险品、燃气等易燃易爆污染站点	≥400m	
14	距离军火库	≥1600m	
15	距离核电站危险区域	≥1600m	
16	至园区主干道	至少 2 条道路，其中 1 条双向 2 车道可以供 15m 长 3m 宽货车通行	
17	距离商业居住配套区	≤16 000m	
18	气候	20 年干球温度极高温、干球温度极低温，有气象记录以来的极端湿球温度，当地主导风向，沙尘暴天气的几率或台风天气的几率，湿度情况	
19	土地	土地面积，满足 $2\times10^4\text{m}^2$ 以上规模的数据中心	当为空地时
		土地性质，土地转换成数据中心用途的时间、流程	
		土地价格（购买或租用价格）	

（续表）

序号	项　目	选 址 要 求	备　注
20	园区	园区面积，满足 $2\times10^4m^2$ 以上规模的数据中心	
		园区产权性质，购买或租约情况	
		园区购买或租用价格情况	
21	建筑	建筑面积：大于 16 000m^2 或 1500+个 7.2kW 机架	单体独立建筑/独立楼层
		建筑层高梁下净高 4m 及以上	
		楼板承重 1000kg/m^2 及以上，当无法满足时，需要做承重设计校核，且不得低于 800kg/m^2	必要时可加固到 1000kg/m^2 以上
22	抗震等级	不低于丙类	
23	耐火等级	不低于二级	
24	防水等级	一级	
25	具备柴油发电机和冷却塔安装位置	与周边建筑配合，通风，散热，噪音合理性评估	
26	运营商光缆接入路由	最小间距≥500m	不少于 3 个全程独立管路
27	电力容量	$N\times2\times10$MVA($N\geqslant2$)	单个选点容量
28	市电引入路由和等级	全程双路由，不同道路进入园区	双路由管路间不少于 10m
		一类市电，2 个不同回路或 2 个 10kV 变电站/ 35kV 变电站/110kV 变电站电力引入	
29	电费	用电类型和计费标准 低电费：谈判获得大工业用电和其他电力优惠政策 电价波动历史	
30	供水管路要求	2 路独立供水路由或 1 路+自备井，自来水来源情况，容量供给情况，水费、自备井实施要求和条件	
31	互联互通	联通、电信、移动等 3 大运营商之间可以完全实现互联互通	
32	电路资源	相关电路资源，包括长传专线、光纤等	
33	运营商人员对接界面	提供清晰的人员对接界面，包含人员职责分工、问题升级路径、直至项目最高责任人和运营商最高责任人，需在项目开始阶段明确并对整个项目直接负责	
34	开放网络接入	开放互联互通，提供第三方管理免费支持；机房/园区具备（建设）独立通信间，用于互联互通	每个机房具备电信、移动、联通、第三方 BGP、裸光纤接入条件

（续表）

序号	项 目	选 址 要 求	备 注
35	BGP 带宽/静态带宽/专线和长途电话要求	具有扩容能力，满足远期业务需求，与机房同步交付	
36	同城带宽要求	提供裸纤不少于 20 对，可到达市区范围指定地点	
37	机房/园区通信基础设施	园区或机房出局双管道/双出口，出口通信井设置在建筑不同侧，光缆通过不同的园区道路出局；选点的园区具备至少 2 条道路开通	不少于 2 个全程独立的管路；2 家及以上不同运营商光缆可接入
38	光缆路由	根据光纤需求提供不同路由光缆，同保护组光缆不允许同道路、同缆沟、同管道，全程不允许架空线路，同保护组光缆出园区后全程最小控制间距≥500m，最长光缆距离≤80km；在多条光缆重叠路由的情况下，至少保证 3 个物理独立路由	运营商反馈路由设计资料评估，双路由是基本要求，第三路由如需规划设计，应在机房交付同期建成提供
39	直接管理大规模的数据中心	当前直接管理的单个 IDC 规模在 1000 个机柜以上	
40	数据中心运营经验	超过 1000 个机柜以上管理规模，年限不低于 3 年	
41	建筑物合规的租约和物业管理权限	应具备建筑物的固定租期合同和建筑物本身的物业管理权限	
42	消防系统通过验收	通过当地消防局认证	
43	可用性 SLA	电力、制冷、网络给出最高可承诺质量	
44	运行维护团队	当前具备完整的 IDC 运行维护管理团队	描述当前现场运行维护团队各职能岗位的数量、组织结构和服务响应机制
45	运行维护专业技术能力	基础配电、空调、消防、网络，需要具备多年经验的专业人员，提供可持续优化管理的能力	
46	值班制度	具备基础设施和网络维护的 7×24h×365d 值班和应急响应机制	
47	设备软硬件维保	购买了专业维保，服务等级为 7×24h×365d	
48	监控	监控系统覆盖关键基础设施运行状态监控	
49	人员、物品进出管理	具备明确的管理流程，记录完备可追溯	
50	安保值班	7×24h 安保服务	
51	视频监控	7×24h 保存 90d	

（续表）

序号	项　目	选 址 要 求	备　注
52	第三方认证	IDC 业务资质：具备国家颁发的 IDC 业务运营牌照，项目所在地或者全球牌照	SSAE16：服务商具备足够的控制与保障措施，能够确保客户托管数据的安全。ISO27001：服务商信息安全认证体系。ISO9001：服务商的质量体系认证

3.3　选址对数据中心空调制冷系统的影响

当数据中心确定了建设地点后，其网络资源、电资源、水资源、燃气资源、气象条件、空气质量状况随之确定，其中电资源、水资源、气象条件、空气质量对空调制冷系统的设计、建设、运行维护均有影响。

当水资源不足时，需尽量少采用蒸发散热设备（如冷却塔）的选用，即尽量采用干冷器、风冷式冷水机组、风侧自然冷却空气处理设备。

气象条件不同则制冷系统的节能潜力就不同，炎热地区难以采用自然冷却，不得不全年运行压缩制冷系统；寒冷地区、空气质量良好、水资源不足的地区，可以采用直接风侧自然冷却；寒冷地区、空气质量不佳、水资源不足的地区，可以采用间接风侧自然冷却；寒冷地区、水资源充足的地区，可以采用水侧自然冷却。从制冷空调的角度，寒冷地区相对于温和地区和炎热地区更适合建设数据中心，但是绝不是越冷越好；在严寒地区，固然自然冷却模式运行的时间延长，节能潜力巨大，但是为了防冻、防结露需要采取众多措施，初投资增加不菲，而且运行维护难度加大。第 5 章将对气象区及空调制冷系统的选择进行详细分析。

当电力资源不足、燃气资源充足时，可采用燃气发电机冷热电三联供的系统，第 5 章将进行详细分析。

第 4 章　数据中心热湿负荷的计算

数据中心热负荷主要包括数据处理设备（服务器、存储设备、网络传输设备等）发热量；电气设备（UPS、电池、高压直流、高压电气柜、低压电气柜、线缆热损耗、电动机等）发热量；照明发热量；人体发热量；通过墙壁、屋顶、地面等围护结构的传导热；太阳辐射得热；新风热负荷；蓄冷设施（如有）的热负荷。

数据中心湿负荷主要包括维持机房合理湿度所需加湿量，人员湿负荷，新风湿负荷，直接风侧自然冷却（如有）的加湿负荷。

4.1　热湿负荷的计算依据及方法

以下分述计算负荷的依据及方法。

1．外墙、屋顶传热形成的逐时冷负荷（冷负荷系数法）

$$Q = K_o F_o[(t_{lo}-t_{dl})C_a C_p-t_n]$$

式中，K_o——传热系数，W/（m^2℃）；

F_o——外墙和屋顶的面积，m^2；

t_{lo}——墙体或屋面冷负荷计算温度的逐时值，℃；

t_{dl}——围护结构的地点修正系数，℃；

C_a——外表面放热系数修正值；

C_p——围护结构外表面日射吸收系数的修正值；

t_n——室内设计温度，℃。

2．外墙、架空楼板或屋面的传热冷负荷（谐波法）

$$Q = KF（T\tau-\xi + \varDelta - T_n）$$

式中，K——传热系数，W/（m^2℃）；

F——计算面积，m^2；

τ——计算时刻，h；

τ-ξ——温度波的作用时刻，即温度波作用于外墙或屋面外侧的时刻，h；

$T\tau$-ξ——作用时刻下的冷负荷计算温度，简称冷负荷温度，℃；

$\varDelta$——负荷温度的地点修正值，℃；

T_n——室内设计温度，℃

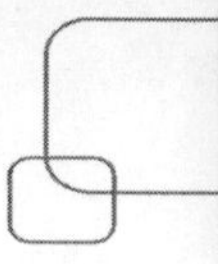

3. 外窗相关热负荷

1）传热部分

$$Q = F_{ch}K_{ch}C_{k1}C_{k2}[(t_{lc} + t_{d2}) - t_n]$$

式中，K_{ch}——外窗传热系数，W/（m^2℃）；

F_{ch}——外窗窗口面积，m^2；

t_{lc}——外窗的逐时冷负荷计算温度，℃；

t_{d2}——外窗逐时冷负荷计算温度的地点修正值；

C_{k1}——不同类型窗框的外窗传热系数的修正值；

C_{k2}——有内遮阳设施外窗的传热系数修正值；

t_n——室内设计温度，℃。

2）太阳辐射热部分

$$Q = C_sC_nC_a[F_lJ_{ch\cdot zd}C_{cl\cdot ch} + (F_{ch} - F_1)J_{sh\cdot zd}C_{(cl\cdot ch)N}]$$

式中，C_s——窗玻璃遮挡系数；

C_n——窗内遮阳设施的遮阳系数；

C_a——窗的有效面积系数；

F_1——窗上受太阳直接照射的面积，m^2；

$J_{ch\cdot zd}$——透过标准窗玻璃的太阳总辐射照度，W/m^2；

$J_{sh\cdot zd}$——透过标准窗玻璃的太阳散热辐射照度，W/m^2；

$C_{cl\cdot ch}$——冷负荷系数（$C_{(cl\cdot ch)N}$ 为北向冷负荷系数），无因次，按纬度取值，并考虑“有遮阳和无遮阳”的因素；

F_{ch}——外窗面积（包括窗框，即窗的窗洞面积），m^2。

4. 内围护结构

$$Q = KF(t_{ls} - t_n)，\ t_{ls} = t_{w.pj} + \triangle t_{ls}$$

式中，K——内围护结构的传热系数，W/(m^2·℃)；

F——内围护结构的面积，m^2；

t_{ls}——邻室计算平均温度，℃；

t_n——室内设计温度，℃；

$t_{w.pj}$——设计地点的日平均室外空气计算温度，℃；

$\triangle t_{ls}$——邻室计算平均温度与夏季空调室外计算平均温度的差值，℃。

5. 新风渗透热湿负荷

$$湿负荷\ W = 1/1000\rho_wL\ (d_w - d_n)$$

$$显热负荷\ Q_x = 1/3.6\rho_wL(t_w - t_n)$$

$$全热负荷\ Q_q = 1/3.6\rho_wL(I_w - I_n)$$

式中，ρ_w——夏季室外空调计算干球温度下密度，一般取 1.13kg/m^3；

L——空气量，m^3/h；

d_w——室外空气含湿量，g/kg 干空气；

d_n——室内空气含湿量，g/kg 干空气；

t_w——室外空气调节计算干球温度，℃；

t_n——室内计算温度，℃；

I_w——室外空气焓值，kJ/kg 干空气；

I_n——室内空气焓值，kJ/kg 干空气。

6．人体热、湿负荷

1）冷负荷

$$Q_r = Q_s C_{CL} + Q_q \;；\; Q_s = nC_r q_1，\; Q_q = nC_r q_2$$

式中，Q_r——人体散热引起的冷负荷，W；

$Q_s C_{CL}$——显热冷负荷；

C_{CL}——人体显热散热冷负荷系数；

Q_q——潜热冷负荷，W；

q_1——不同室温和劳动性质时成年男子的显热量，W；

n——空调房间内的人数，人；

C_r——群集系数；

q_2——每个人散发的潜热量，W。

2）湿负荷

$$W_r = nC_r w$$

式中，W_r——人体的散湿量，g/h；

C_r——群集系数；

n——空调房间内的人数，人；

w——每个人的散湿量，g/h；

7．照明热负荷

$$Q = Nn_1C_{cl}\text{（白炽灯和镇流器在空调房间外的荧光灯）}$$

$$Q = (N_1 + N_2)\, n_1C_{cl}\text{（明装荧光灯：镇流器安装在空调房间内）}$$

$$Q = N_1n_1n_2C_{cl}\text{（暗装荧光灯：灯管安在吊顶玻璃罩内）}$$

式中，N——白炽灯的功率，W；

N_1——荧光灯的功率，W；

N_2——镇流器的功率，一般取荧光灯功率的 20%，W；

n_1——灯具的同时使用系数，即逐时使用功率与安装功率的比例；

n_2——考虑玻璃反射，顶棚内通风情况的系数，当荧光灯罩有小孔，利用自然通风散热于顶棚内时，取为 0.5～6，荧光灯罩无通风孔时，视顶棚内通风情况取为 0.6～0.8；

C_{cl}——照明散热形成的冷负荷系数。

8．设备热负荷

$$q = n_1n_2n_3n_4N\text{（电热设备）}$$

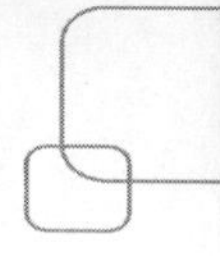

$q = 1000 n_1 a N$ 工艺设备和电动机都在室内

$q = n_1 n_2 n_3 N C_{cl}$（仅工艺设备在室内）

$q = n_1 n_2 n_3 C_{cl} N(1-\eta)/\eta$ （仅电动机在室内）

式中，N——电热设备的安装功率，W；

n_1——同时使用系数，即同时使用的安装功率与总安装功率之比，一般为 0.5～1.0；

n_2——安装系数，即最大实耗功率与安装功率之比，一般可取 0.7～0.9；

n_3——负荷系数，即小时平均实际功率与设计最大实耗功率之比，一般取 0.4～0.5；

n_4——通风保温系数；

η——电动机效率，可由产品样本查得，一般可取 08～0.9；

C_{cl}——电动设备和用具散热的冷负荷系数。

9．蓄冷装置负荷

当数据中心采用水蓄冷及冰蓄冷等设施时，还需要计算蓄水罐及蓄冰槽的热负荷，具体计算方法可参见空调设计手册，本章不再赘述。

4.2　数据中心热负荷分布实例

按照如上的计算方法，可以得到数据中心的总热负荷，以下举一计算实例，热负荷分布如图 4-1 所示。

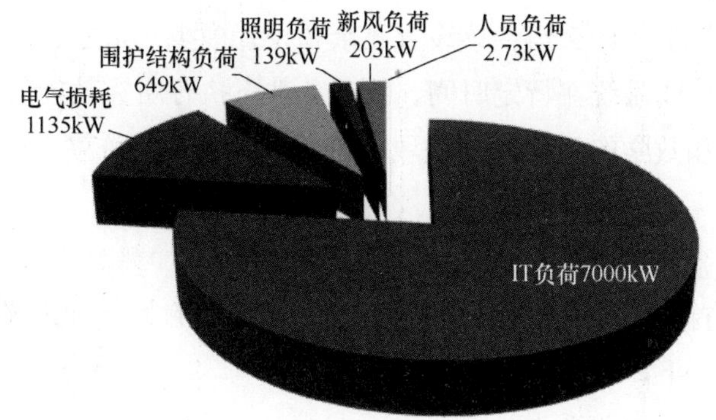

图 4-1　实例数据中心热负荷分布

从以上例子可以看出，数据中心的热负荷中 IT 热负荷占比最大，电气设施损耗散热负荷其次，其他围护结构负荷、照明负荷、新风负荷、人员负荷均占比微弱，因此数据中心的负荷计算应重点分析 IT 热负荷的特点、IT 热负荷同时使用系数、IT 热负荷高峰值和低谷值，从而得到合理的热负荷值，为制冷空调系统的合理设计提供数据基础和科学依据。

第 5 章　数据中心可靠性与可用性

可靠性与可用性是在数据中心的规划、设计、建设、验证、运行维护中经常提到的两个词汇，我们通常提到的 4 个 9、5 个 9 指的是可靠性还是可用性？它们对数据中心的系统架构有何影响？本章重点探讨这两个常见词的含义，以及“可靠性”与“可用性”对数据中心的规划设计、建造的影响。

5.1　可靠性与可用性定义

可靠性为数据中心在特定条件下和特定时间完成所需功能的概率；可用性为数据中心可运营的时长百分比。可靠性可在很短时间内从一个高数值变为零（数据中心停运）。

5.1.1　可靠性

《工商业供电系统可靠设计的推荐实践》一书中，对可靠性做出了如下定义：

可靠性工程学回答了“什么组件该设置冗余和设置多少冗余才合适”的问题。

可靠性是某个组件或系统在特定时间、特定条件下执行所需功能的能力。

工程学应用科学和数学的手段来解决现实问题，如楼宇、桥梁、机械等的设计、规划、建造和维护。

《可靠性工程学》一书中提到：

可靠性工程学的首要工具是统计和概率数学；可靠性的另一种定义——设定时间、设定条件（如温度或电压）下，产品或服务正常运行的概率。

可靠性与故障率之间的关系为：

$$可靠性=1-故障率$$

正常运行时间即平均故障间隔时间（Mean Time Between Failure，MTBF）是故障率λ的倒数，即

$$\mathrm{MTBF} = 1/\lambda$$

可靠性 R（t）与 $1/\lambda$的关系如图 5-1 所示。

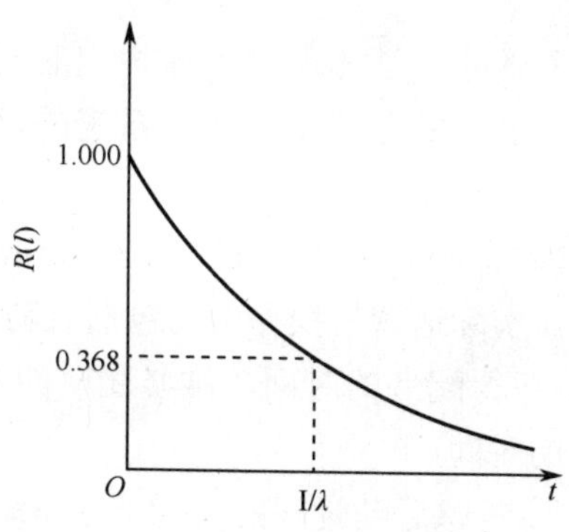

图 5-1　可靠性与 1/λ关系图

可靠性 R（t）的计算公式如下：

$$R(t)=\mathrm{e}^{-\lambda t}$$

电气设施故障率的“浴缸”曲线如图 5-2 所示。

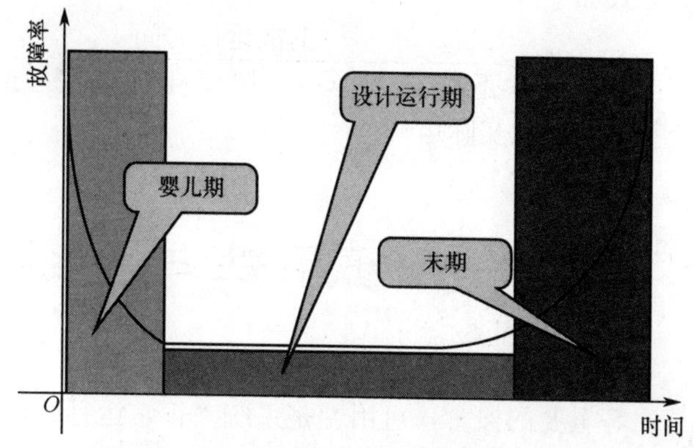

图 5-2　电气设施故障率的“浴缸”曲线

从图 5-2 中可以看出，故障率的趋势分为以下三个阶段。

第一阶段：婴儿期，此阶段内故障率呈递减趋势，可通过厂验和测试的手段，以确保系统度过该阶段；

第二阶段：设计运行期，此阶段内故障率呈恒定趋势；

第三阶段：末期，此阶段内故障率呈递增趋势，在到达该阶段前应更换系统组件。

可见，可靠性是一个与时间相关的概念，时间越久，系统可靠性越低，无论当初的系统设计是怎样的。

5.1.2　可用性

可用性的计算公式为：

$$\text{可用性}=\frac{\text{正常运行时间}}{\text{正常运行时间}+\text{故障停机时间}}$$

正常运行时间即平均故障间隔时间（Mean Time Between Failure，MTBF），单位为

"小时"；它反映了产品的时间质量，是体现产品在规定时间内保持功能的一种能力，具体来说，是指相邻两次故障之间的平均工作时间。**系统的可靠性越高，平均无故障时间越长**。

故障停机时间即修复故障所需的时间（Mean Time To Restoration，MTTR）。

故障停机时间（MTTR）在实际运营与操作中还包括后勤时间，如确认失效发生所必需的时间、维护所需要的时间、获得配件的时间、维修团队的响应时间、记录所有任务的时间、还有将设备重新投入使用的时间。

当只考虑修复故障时间而不考虑后勤时间的情况下，系统可用性称为"固有可用性"；当同时考虑后勤时间的情况下，系统可用性称为"操作可用性"。

固有可用性的计算公式如下：

$$\text{固有可用性}=\frac{\text{正常运行时间}}{\text{正常运行时间}+\text{故障停机时间}}$$

操作可用性的计算公式如下：

$$\text{操作可用性}=\frac{\text{正常运行时间}}{\text{正常运行时间}+\text{故障停机时间}+\text{后勤时间}}$$

操作可用性更适合数据中心的实际运营。

5.2 可靠性、可用性与系统设计

可靠性与可用性是同等重要的概念，可用性是系统"正常运行时间"百分比，可靠性指系统在故障停机前能够运行多久。

可用性高，并不代表可靠性高；可靠性高，也并不代表可用性高。表 5-1 中列举了三个例子。

表 5-1 可用性与可靠性

可 用 性	故障停机次数/年	故障率/（故障/h）	MTBF/h	MTBF/年	可靠性/年
0.999 99	315	3.60E-02	27.81	0.0032	0%
0.999 99	1	1.14E-04	8760	1.0	36.78%
0.999 99	0.05	5.71E-06	175,200	20	95.12%

从表格中可以看出，第一个系统每年有 315 次故障，每次故障持续 1s；第二个系统每年只有故障一次，故障时间持续 5.3min；第三个系统 20 年内只发生一次故障，故障持续时间 1.77h。这三个系统具有相同的"5 个 9"的"可用性，但是这三个系统的可靠性差别巨大，第一个系统的可靠性为 0%，第二个系统的可靠性为 36.78%，第三个系统的可靠性为

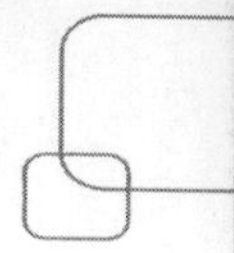

95.12%。因此，可用性高的系统，可靠性不一定高。

当系统采用串联架构时，假定每个部件的可用性为 0.9，故障率为 λ，如图 5-3 所示。

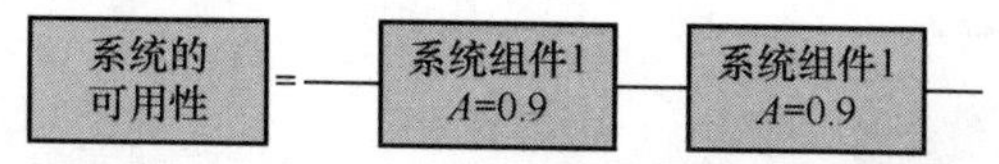

图 5-3　串联架构的可用性

系统可用性为：

$$0.9 \times 0.9 = 0.81$$

系统可靠性为：

$$R(t) = R(1)\ R(1) = e^{-(\lambda+\lambda)t}$$

当系统采用并联架构时，假定每个部件的可用性为 0.9，如图 5-4 所示。

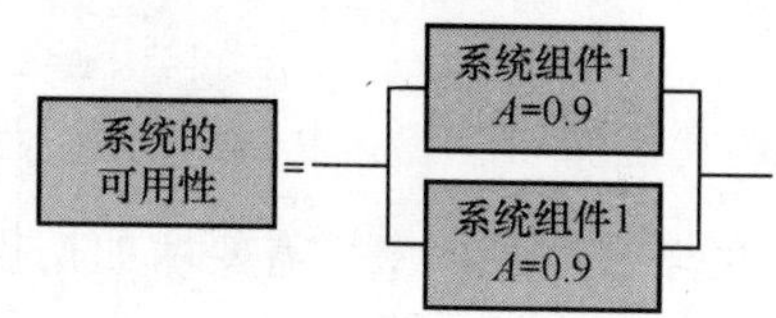

图 5-4　并联架构的可用性

系统可用性为：

$$1 - \left[(1-0.9)\times(1-0.9)\right] = 0.99$$

系统的可靠性为：

$$R(t) = R(1) + R(1) - [R(1)R(1)] = e^{-\lambda t} + e^{-\lambda t} - [e^{-(\lambda+\lambda)t}]$$

可见，系统设计越优秀，系统正常运行的概率越高，可靠性越高；系统组件及系统设计越优秀，可用性越高。

一个典型数据中心的生命周期如图 5-5 所示，优化系统设计的数据中心的故障率“浴缸”曲线如图 5-6 所示。

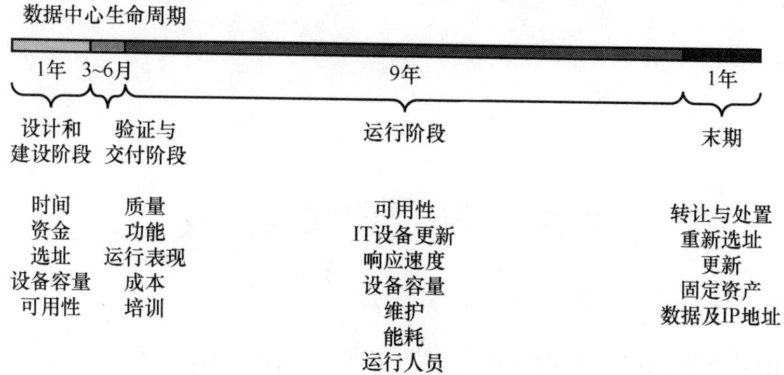

图 5-5　数据中心的生命周期图

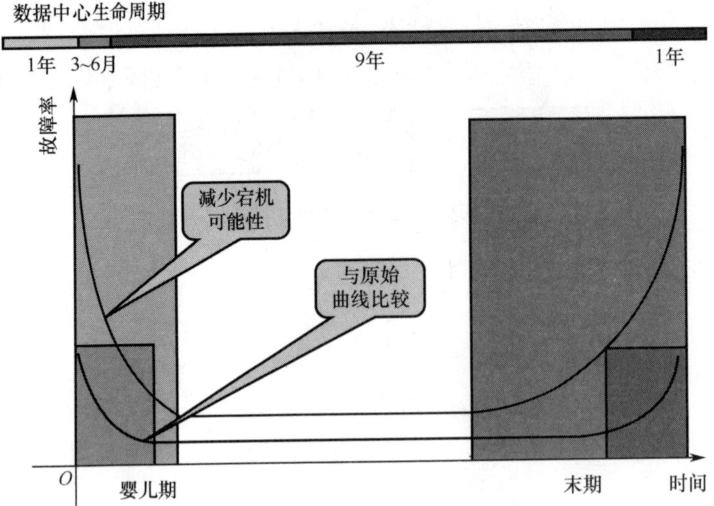

图 5-6 优化系统设计数据中心的“浴缸”曲线

优化系统架构以提高可靠性与可用性，往往需要增加初投资，成本与可用性的关系如图 5-7 所示。

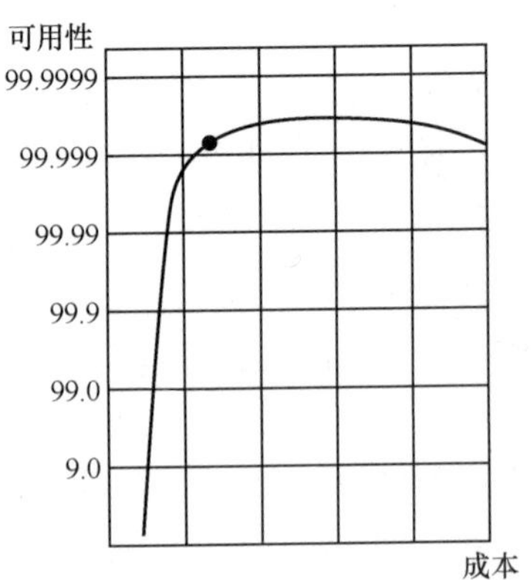

图 5-7 成本与可用性的关系

综上所述，数据中心规划及系统设计往往需要在可靠性/可用性、初投资之间取平衡点，如何取平衡点，下面详述之。

5.3 可靠性等级

IT 技术的创新和发展时刻在改变着人类的生产与生活，随着 IT 技术的日新月异，各行各业的经营、运行维护、管理水平不断提高，这些提高与数据的采集、处理、存储等信息化发展密切相关，数据已经逐渐成为企业最重要的资产，而数据的存储和处理都需要在数据中心内完成，数据中心为服务器、存储设备提供必需的空间、电力、冷却，因此数据中心的可靠性与数据安全、软件安全、硬件安全紧密相关。数据、业务类型不同，可靠性要求不同，则数据中心配套基础设施（风、火、水、电）的架构也不同，投资也不同。因此，关于数据中心可靠性级别的选择，是数据中心规划决策中需要考虑的重要因素，可靠性要求过高，会造成投资和运行费用高，可靠性要求过低，又可能无法满足数据业务需求，一旦宕机，损失巨大。

目前，针对数据中心可靠性分级有多种方式，国内《电子信息系统机房设计规范》GB50174—2008 将数据中心分为 A\B\C 三个级别，国际上通用的标准是美国通信工业协会（TIA）发布的《数据中心的通信基础设施标准》（ANSI/TIA-942），根据数据中心基础设施的“可用性（Availability）”、“稳定性（Stability）”和“安全性（Security）”，把数据中心分为 Tier1、2、3、4 四个级别，UPTIME INSTITUTE，LLC 的认证标准也从系统架构可靠性的角度把数据中心分为 Tier1、2、3、4 四个级别，其中美国通信工业协会（TIA）发布的 ANSI/TIA-942 是国际上较为通用的、以数据中心为对象的技术规范标准，它为现代数据中心提出了新的规划方法、设计理念、系统架构等，并给出了许多技术指导。

国标分级定义《电子信息系统机房设计规范》GB50174—2008 如下所述。

- A 级：A 级电子信息系统机房内的场地设施应按容错系统配置，在电子信息系统运行期间，场地设施不应因操作失误、设备故障、外电源中断、维护和检修而导致电子信息系统运行中断。
- B 级：B 级电子信息系统机房内的场地设施应按冗余要求配置，在系统运行期间，场地设施在冗余能力范围内，不应因设备故障而导致电子信息系统运行中断。
- C 级：C 级电子信息系统机房内的场地设施应按基本需求配置，在场地设施正常运行情况下，应保证电子信息系统运行不中断。

Uptime institute 可靠性分级要求见表 5-2，分级定义如下所述。

表 5-2　Uptime institute 可靠性分级要求

Uptime Institute	Tier I	Tier II	Tier III	Tier IV
级别定义	等级 I	等级 II	等级III	等级IV
在线设备数量及容量	N	N+1	N+1	N
分配路径	1	1	一路运行，另一路备用	单次故障之后两路同时运行
在线维护	不要求	不要求	能	能
容错	不要求	不要求	不要求	能
物理分隔	不要求	不要求	不要求	要求
连续冷却	不要求	不要求	不要求	要求

TIERI：场地设施满足基本操作要求。容易受到有计划和非计划活动的影响，存在许多单点故障。在每年履行的预防性维护和维修期间，基础设施应该全部关闭。紧急情况可能要求频繁关闭。操作错误和现场基础设施组件自发的故障将导致数据中心的中断。

TIERII：场地设施有冗余组件。比 T1 稍微少一点受到有计划和非计划活动的影响，容量按 N+1 配置，但只有一个单线的分配路径。维护电力输送路径和部分组件时会引起数据中心的中断，无法实现在线维护。

TIERⅢ：场地设施具有在线维护的功能。支持 IT 设备运行各个系统中的每一个组件可以按计划从服务中被拆除，而对计算机设备无影响。当维护和测试一个路径时，足够的容量和分配必须提供给同时承载负荷的另一个路径。非计划的活动，如操作错误或设备基础设施组件自发的故障将仍然导致一个数据中心的中断。当用户业务的情况证明是值得增加保护时，级别Ⅲ的现场经常被设计成可以升级到级别Ⅳ。

TIERⅣ：场地设施具有容错功能。场地设施有能力允许任何有计划的活动而不中断 IT 设备的运行，也能承受一种最坏情况的非计划故障的能力。任何动力系统、动力设备、输配组件的单点错误不会影响计算机设备的运行。系统本身可以自动响应一次错误，以免造成进一步影响。

数据中心的规划及系统设计应先分析 IT 业务的可靠性等级，进而确定机电系统的可靠性等级，最后进入节能设计和施工图设计。

5.4 制冷空调系统的可靠性等级

数据中心的 IT 服务器在运行过程中需要大量散热，如果不能及时排除，将导致机柜或机房内温度迅速提高。过高的温度将使电子元器件性能劣化，往往会出现故障，或者降低使用寿命。所以，安全可靠的制冷系统是机房正常运行的保证。同时，制冷系统的能耗较高，直接影响到 PUE 的数值和运行阶段的维护成本，对初投资也有较大影响，所以采用合理可行的制冷系统，对整个机房的先进性具有重要意义。针对不同可靠性级别的数据中心，制冷空调系统应采用不同的技术措施，具体分析如下。

TIERⅠ级（基本型）：制冷空调系统的配置满足基本操作要求，容易受到有计划和非计划活动的影响，存在许多单点故障。在每年履行的预防性维护和维修期间，基础设施应该全部关闭。紧急情况可能要求频繁关闭。有计划的运行维护、操作错误和现场基础设施组件自发的故障将导致数据中心的中断。TIERⅠ级别的制冷空调系统的典型架构如图 5-8 所示。

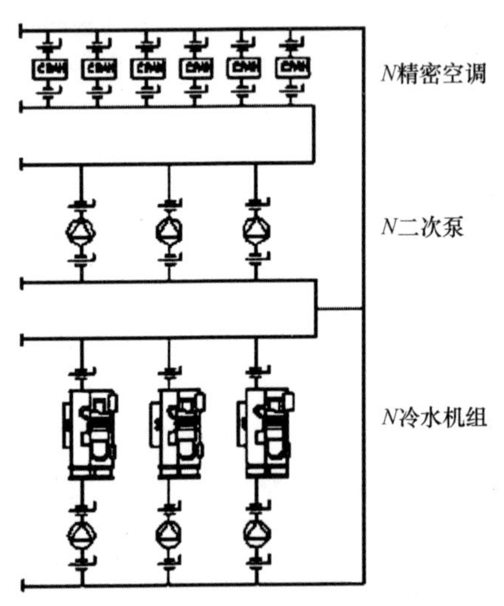

图 5-8　TIERⅠ级别的制冷空调系统典型架构

TIERⅡ级（冗余型）：制冷空调系统的配置不但满足 TIERⅠ级的所有要求，而且要求主要设备有冗余组件。系统配置也会受到有计划和非计划活动的影响，但影响面会比 TIERⅠ级机房少。主要设备容量按 N+1（2）配置，但只有一个单线的分配路径。维护输送路径和部分组件时会引起数据中心的中断。TIERⅡ级别的制冷空调系统的典型架构图如图 5-9 所示。

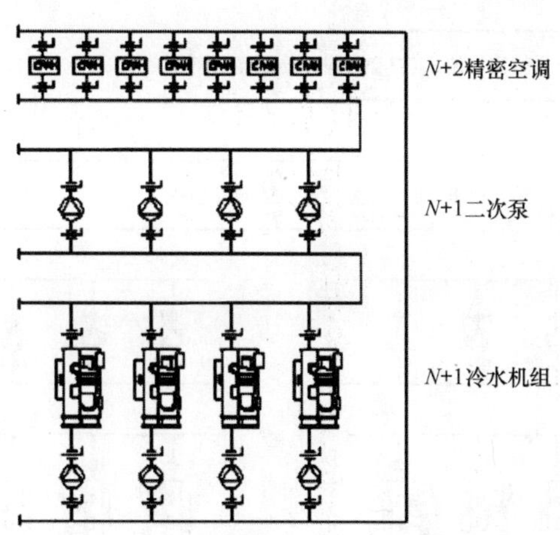

图 5-9　TIERⅡ级别的制冷空调系统典型架构

TIERⅢ级（可在线维护型）：制冷空调系统的配置不但满足 TIERⅡ级机房的所有要求，而且应该具有在线维护的功能。通过组件和分配路径的冗余设置，使得支持数据处理设备运行的各个系统中的每一个组件及分配路径都可以按计划从服务中被拆除或测试维护，而对计算机设备的运行无影响。非计划的活动，如操作错误或设备基础设施组件自发的故障将仍然导致一个数据中心的中断。TIERⅢ级别的制冷空调系统的典型架构如图 5-10 所示。

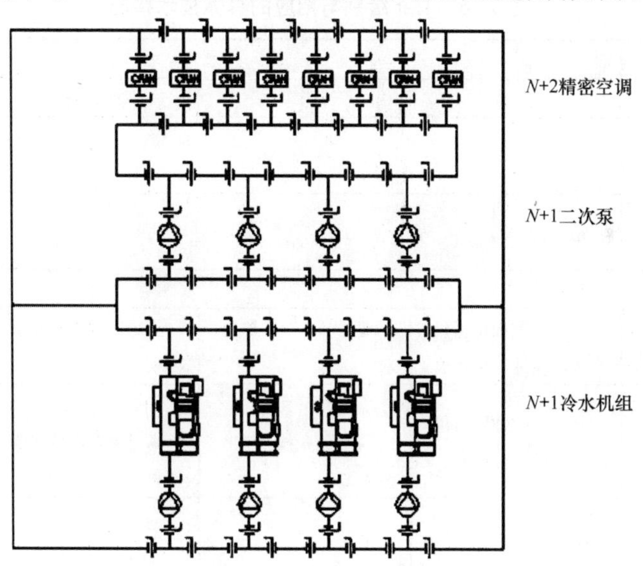

图 5-10　TIERⅢ级别的制冷空调系统典型架构

TIERⅣ级（容错型）：制冷空调系统的配置不但满足 TIERⅢ的所有要求，而且场地设施具有容错功能（空调容错定义为满足一次意外的故障，包括人为故障，市电电源、水源等市政条件故障不考虑为故障）。通过组件和分配路径的冗余及物理分隔设置，使得场地设施有能力允许任何有计划的活动而不中断数据处理设备的运行，也能承受一种最坏情况的非计划故障的能力。任何系统、输配组件的单点错误不会影响计算机设备的运行。系统本身可以自动响应一次错误，以免造成进一步影响。TIERⅣ级别的制冷空调系统的典型架构图如图 5-11 所示。

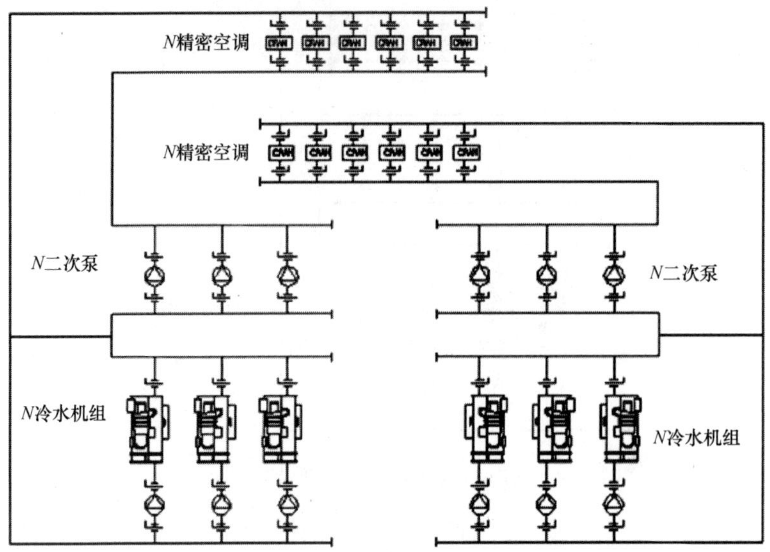

图 5-11　TIERⅣ级别的制冷空调系统典型架构

制冷空调系统根据可靠性 Tier 级别的不同，可采取的具体技术措施见表 5-13。

表 5-13　Tier 级别与相应的具体技术措施

项　　目	技术要求			
	TⅣ级	TⅢ级	TⅡ级	TⅠ级
主机房和辅助区设置空气调节系统	应该			
不间断电源系统电池室设置空调降温系统	适宜			
主机房保持正压	适宜			
冷冻机组、冷冻和冷却系统	任一单次故障后仍有 *N*，满足容错要求	满足可在线维护要求	满足主要部件冗余要求	*N*
机房专用空调	任一单次故障后仍有 *N*，满足容错要求	*N*+1（2）冗余 满足可在线维护要求）	*N*+1（2）冗余 满足主要部件冗余要求）	*N*
机房设备具备在线维护功能	要求	要求	不要求	不要求
功能房间物理隔离	要求	不要求	不要求	不要求
单点故障不影响系统运行	要求	不要求	不要求	不要求
连续制冷	要求	根据功率密度确定	根据功率密度确定	根据功率密度确定

综上所述，在确定了数据中心的可靠性级别后，就可以初步规划并搭建制冷空调系统的架构了，各个级别的制冷空调系统解决方案有很多种，方案选择还需具体情况具体分析。

第 6 章　数据中心制冷空调系统架构

当数据中心 IT 业务的可靠性确定后，即可根据业务的可靠性确定基础设施的可靠性，那么制冷空调系统的可靠性也随之确定。具体制冷空调系统的种类众多，特点各异，除了可靠性，还应根据具体项目所在地的资源情况、电力情况等选择适宜的制冷空调系统。

6.1　数据中心气流组织形式与空调末端设备

6.1.1　气流组织形式

根据大多数服务器的特点，数据中心的机柜通常采用“面对面”的布置，即冷、热通道隔离的布置方式。根据建筑层高及服务器单机柜密度，APC 白皮书曾经总结了气流组织的类型，如表 6-1 及表 6-2 所示。

表 6-1　气流组织类型一

	大空间回风	局部风管回风	封闭风管回风
大空间送风	 不推荐，不及架空地板送风	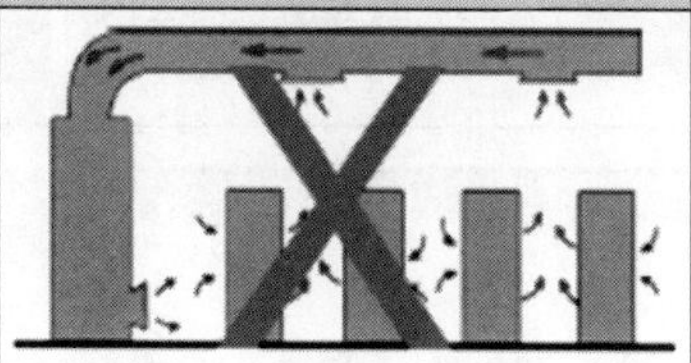 不推荐，不及架空地板送风	 不推荐，不及架空地板送风
局部风管送风	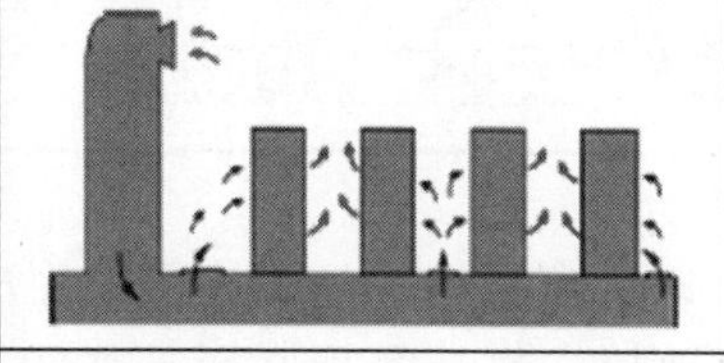 低密度网络房间，机柜热密度 3kW 以下，安装简单	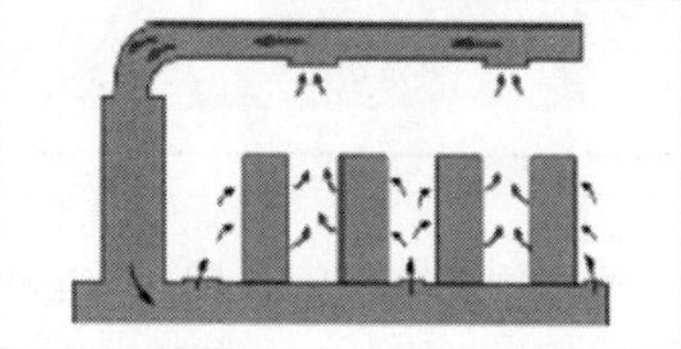 一般服务器房间，机柜热密度 5kW 以下，运行高效	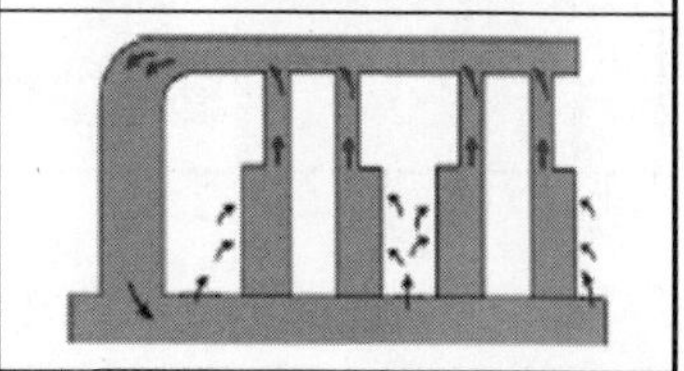 高密度服务器房间，机柜热密度 8kW 以下

（续表）

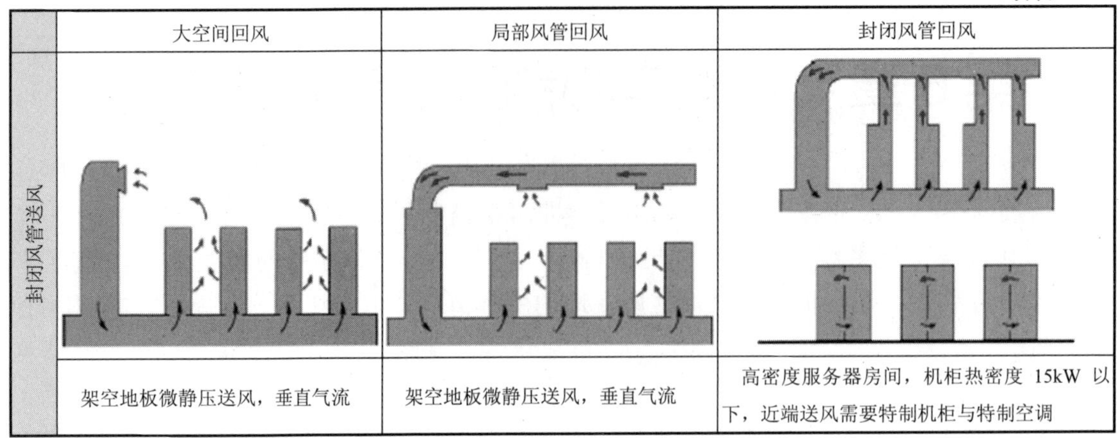

	大空间回风	局部风管回风	封闭风管回风
封闭风管送风			
	架空地板微静压送风，垂直气流	架空地板微静压送风，垂直气流	高密度服务器房间，机柜热密度 15kW 以下，近端送风需要特制机柜与特制空调

表 6-2　气流组织类型二

系 统 特 性	气流组织解决方案	气流组织可选解决方案
单机柜热密度 3kW 以下，大层高；或 IT 设备总热功率小于 100kW		
单机柜平均热密度高；或 IT 设备总热功率大于 100kW		
单机柜平均高密度的可选解决方案		

在现实数据中心工程中，当单机柜密度不超过 5kW 时，服务器机柜布置可采用冷、热通道隔离，不必采用通道封闭，末端空调可通过架空地板送风，吊顶回风，如图 6-1 所示。

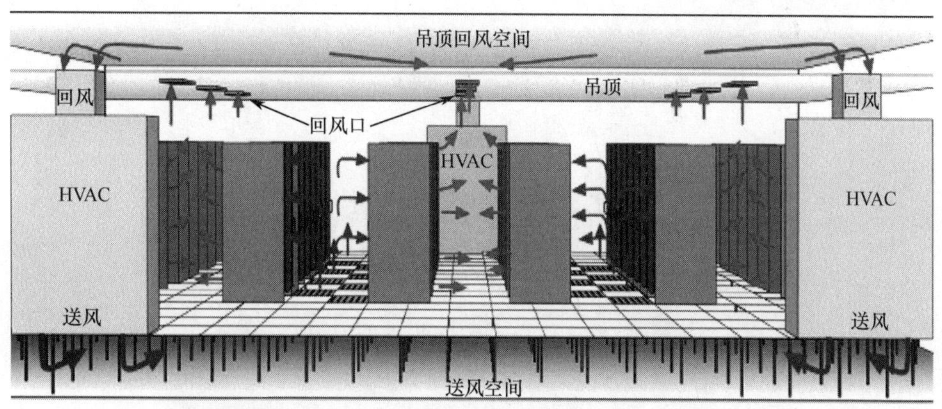

图 6-1　冷、热通道隔离

当单机柜密度超过 5kW 时，服务器机柜布置可采用冷通道密闭或热通道密闭，冷通道密闭平面图如图 6-2 所示，冷通道密闭轴测图如图 6-3 所示。

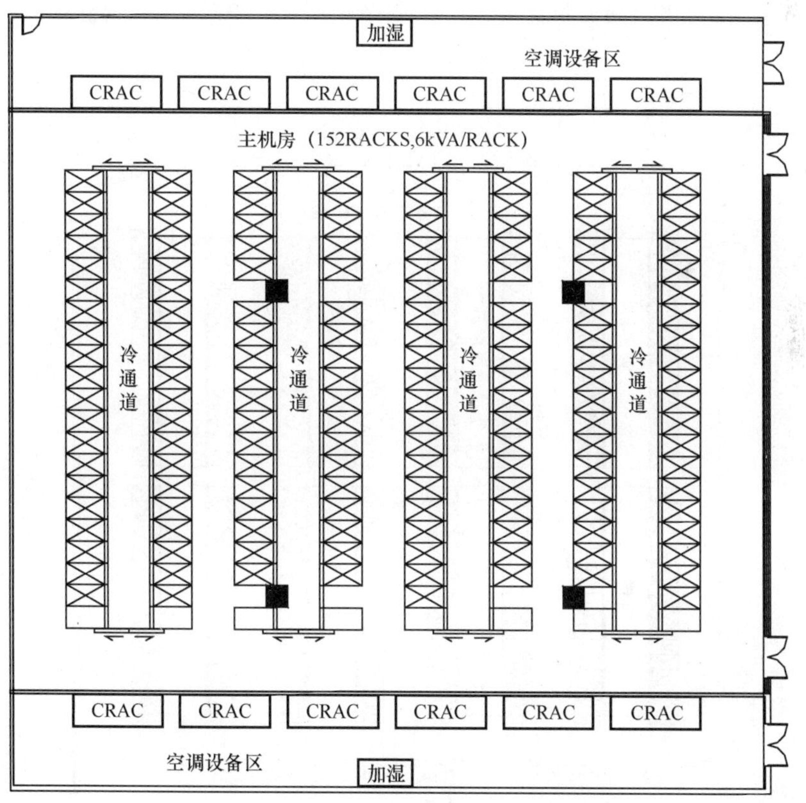

图 6-2　冷通道密闭平面图

图 6-3　冷通道密闭轴测图

热通道密闭平面如图 6-4，热通道密闭轴测图如图 6-5 所示。

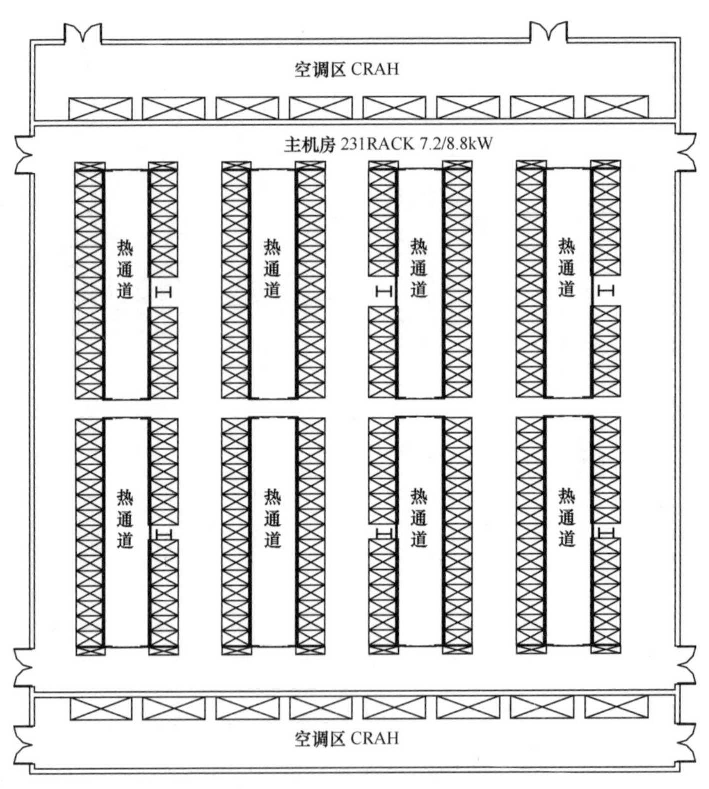

图 6-4　热通道密闭平面图

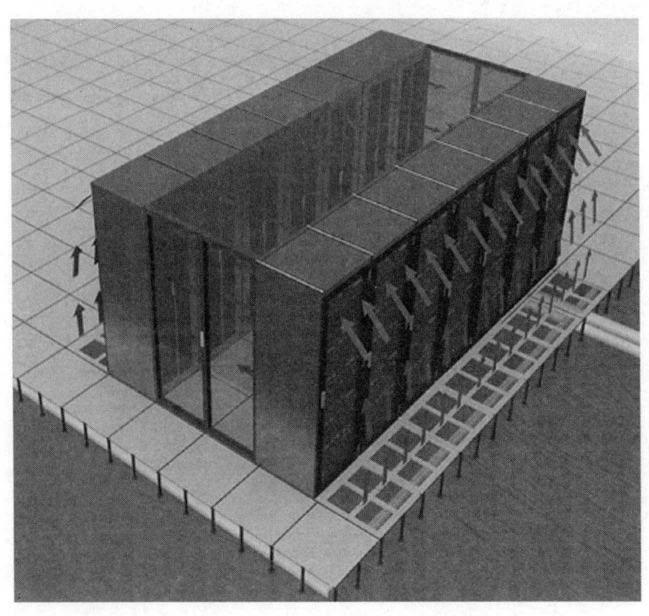

图 6-5　热通道密闭轴测图

冷、热通道封闭的比较见表 6-3。

表 6-3　冷、热通道封闭的比较

特　　性	冷通道封闭	热通道封闭	备　　注
是否改善能效	否	是	热通道封闭能效高于冷通道封闭，因为热通道封闭将热空气与房间其他部分隔离，使得空调运行在回风温度更高的工况下
不影响整个数据中心环境的前提下提高冷风送风温度设定点的能力	无	有	热通道封闭提高了冷风送风温度设定点，仍能保持舒适的工作环境。冷通道封闭提高了冷风送风温度设定点，导致不适的高温环境
是否影响自然冷却最大天数	否	是	提高冷风送风温度设定点，可延长自然冷却时间。然而提高冷通道封闭的冷风送风温度设定点，会导致房间温度升高，这个结果从增加自然冷却 d 数的角度看并不理想
是否影响房间环境	否	是	热通道封闭是"投入式"解决方案；冷通道封闭则影响数据中心的周围基础设施
配合房间冷却部署是否容易	是	否	当采用自由回风的房间内冷却系统时，冷通道封闭为佳；不带行间制冷的热通道封闭需配置专门的回风管道或者吊顶静压箱
是否适用高密区	否	是	冷通道封闭用于高密区，通常需配置架空地板和低效风机辅助的地板
设计是否不影响房间环境	否	是	热通道封闭不影响房间环境，即丝毫不影响封闭区以外的房间温度；冷通道封闭则使封闭区以外的空气变得更热
是否对非机柜设备造成不利的温度影响	是	否	在冷通道封闭的情况下，封闭区以外数据中心的其他区域会变热。封闭区以外的设备置于高温下，需评估其运行状况

6.1.2 空调末端设备

空调末端按照冷却方式可分为直膨风冷式机型、直膨水冷式机型、直膨乙二醇冷式机型、纯冷冻水式机型。

直膨风冷式机型可分为下送风型和上送风型，如图 6-6 所示。

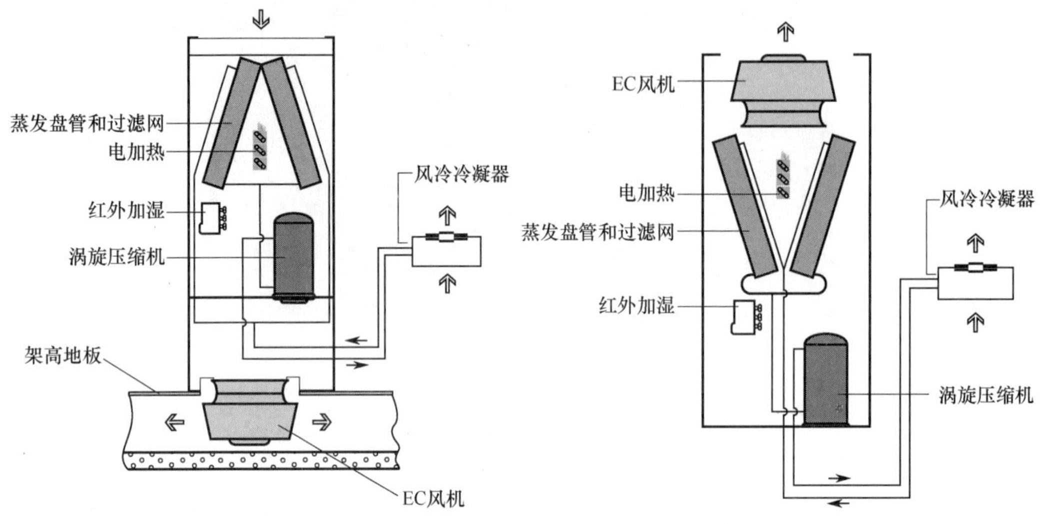

图 6-6 直膨风冷式机型

直膨水冷式机型可分为下送风型和上送风型，如图 6-7 所示。

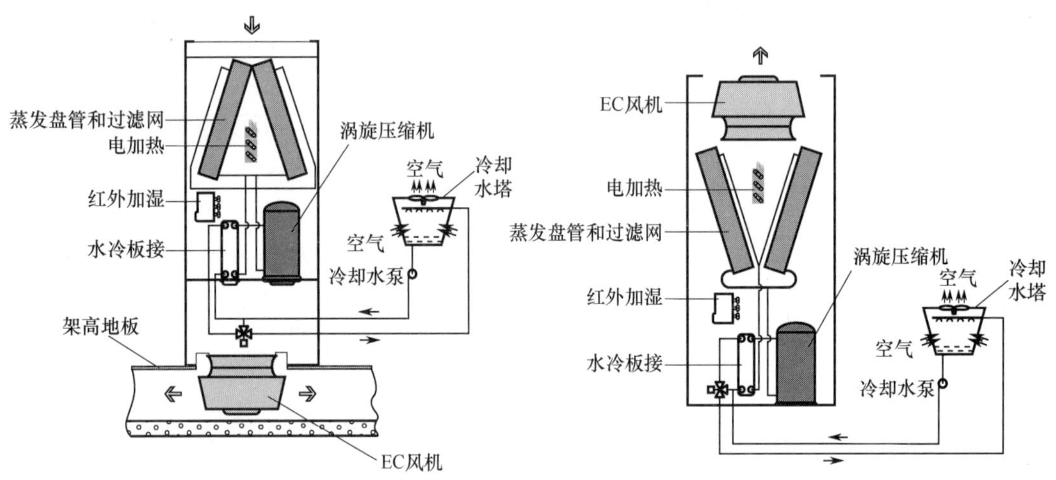

图 6-7 直膨水冷式机型

直膨乙二醇冷式机型可分为下送风型和上送风型，如图 6-8 所示。

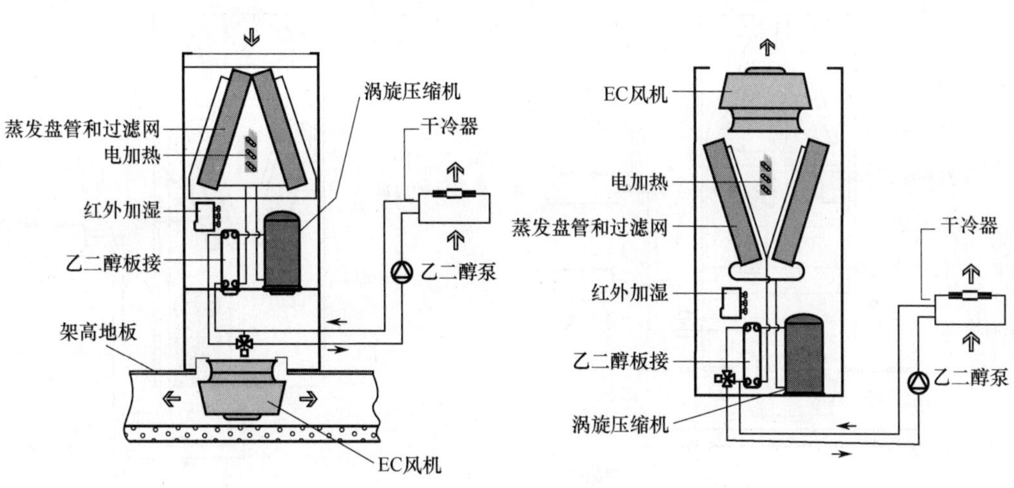

图 6-8　直膨乙二醇冷式机型

纯冷冻水式机型可分为下送风型和上送风型，如图 6-9 所示。

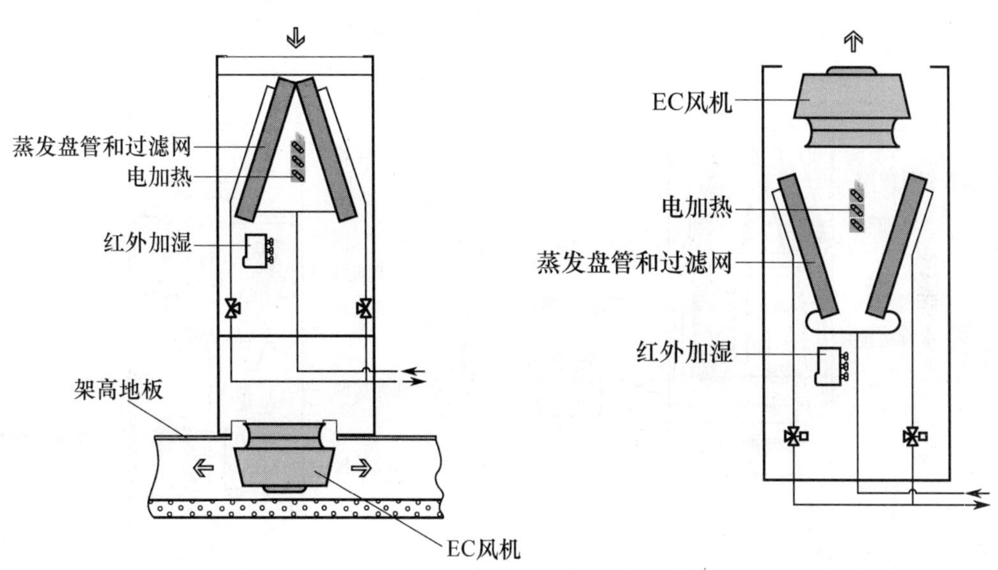

图 6-9　纯冷冻水式机型

空调末端按照冷源个数可分为：直膨风冷式双冷源机型、直膨水冷式双冷源机型、直膨乙二醇冷式双冷源机型、纯冷冻水式双盘管机型。

直膨风冷式双冷源机型可分为下送风型和上送风型，如图 6-10 所示。

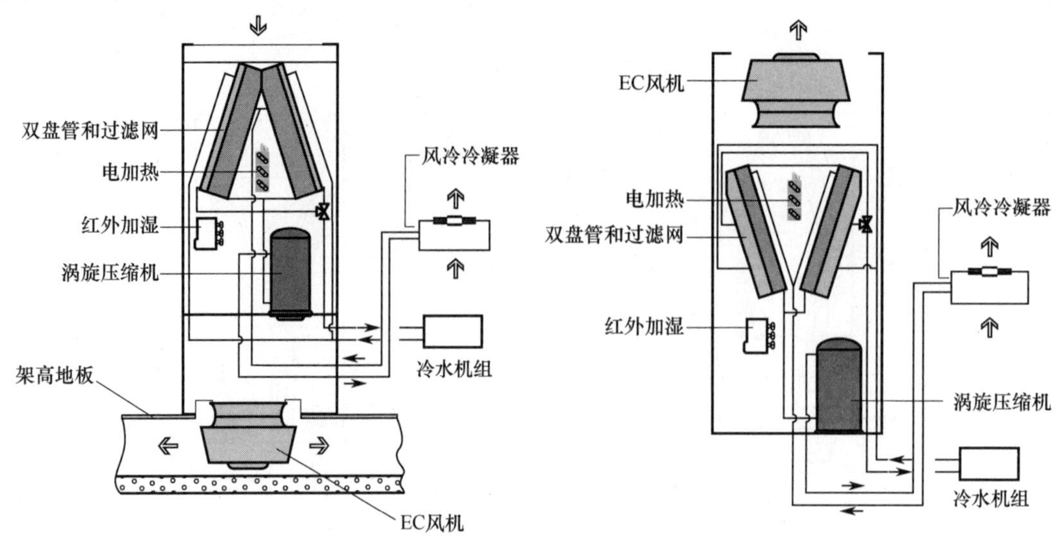

图 6-10　直膨风冷式双冷源机型

直膨水冷式双冷源机型可分为下送风型和上送风型，如图 6-11 所示。

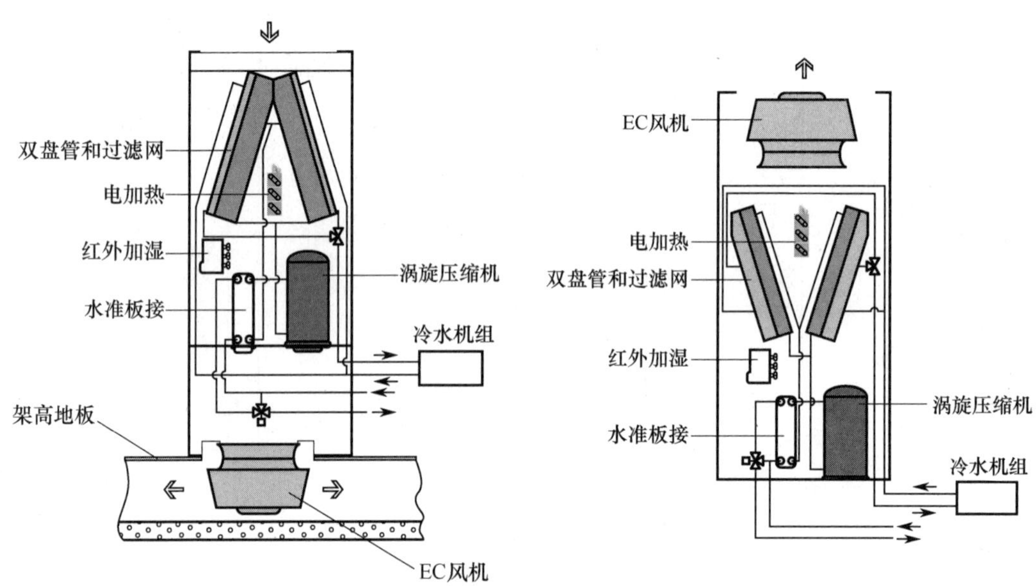

图 6-11　直膨水冷式双冷源机型

直膨乙二醇冷式双冷源机型可分为下送风型和上送风型，如图 6-12 所示。

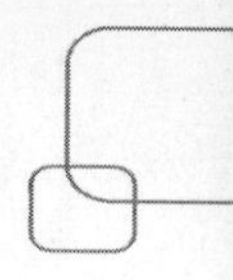

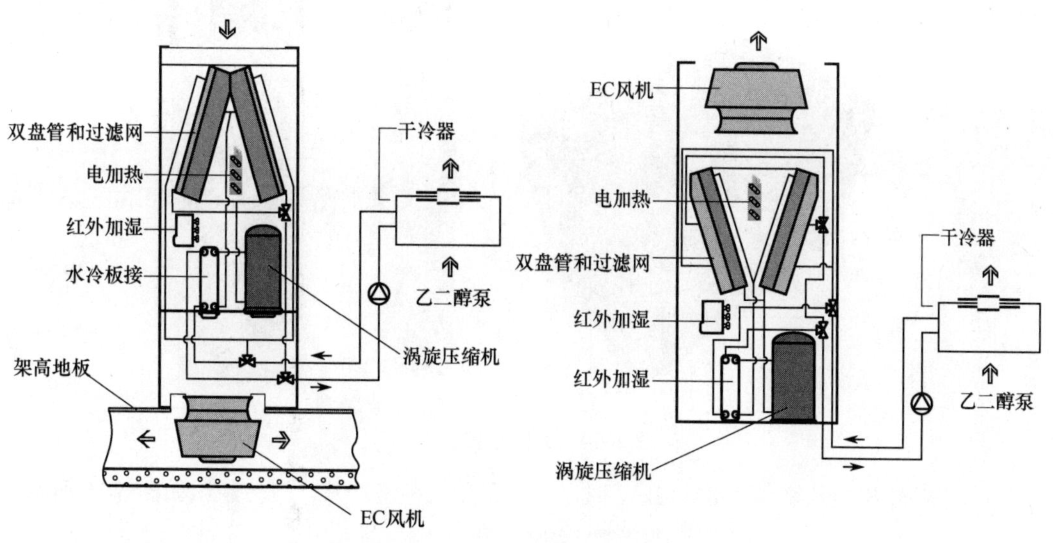

图 6-12　直膨乙二醇冷式双冷源机型

纯冷冻水式双盘管机型可分为下送风型和上送风型，如图 6-13 所示。

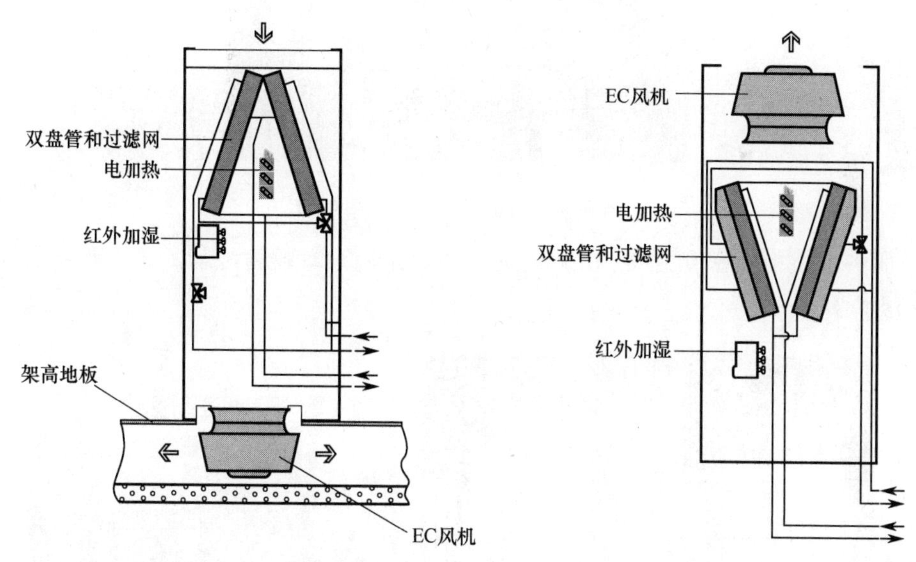

图 6-13　纯冷冻水式双盘管机型

当受建筑物层高限制、或没有条件做架空地板时，末端空调还可采用列间空调侧送风，如图 6-14 所示。

图 6-14　列间空调侧送风

当单服务器机柜热密度为 8～12kW 时，也可采用机柜级冷却，气流组织如图 6-15 所示。

图 6-15　机柜级冷却气流组织图

当单服务器机柜热密度为 8～12kW 时，也可采用顶置盘管冷却，盘管布置及气流组织如图 6-16 所示。

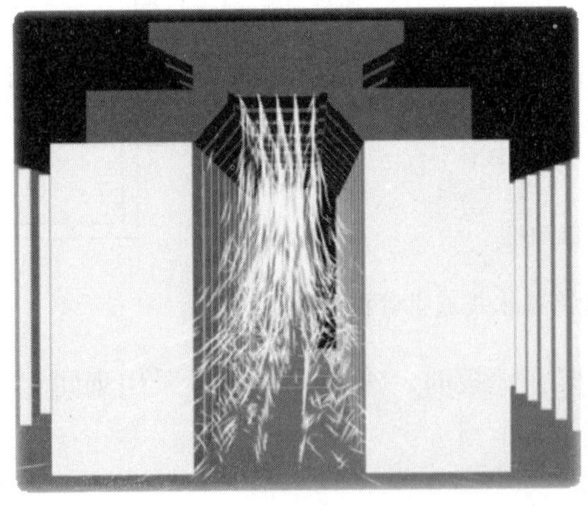

图 6-16　服务器机柜顶置盘管气流组织图

当单服务器机柜热密度为 12～30kW 时，可采用背板设置冷却盘管时，气流组织如图 6-17 所示。

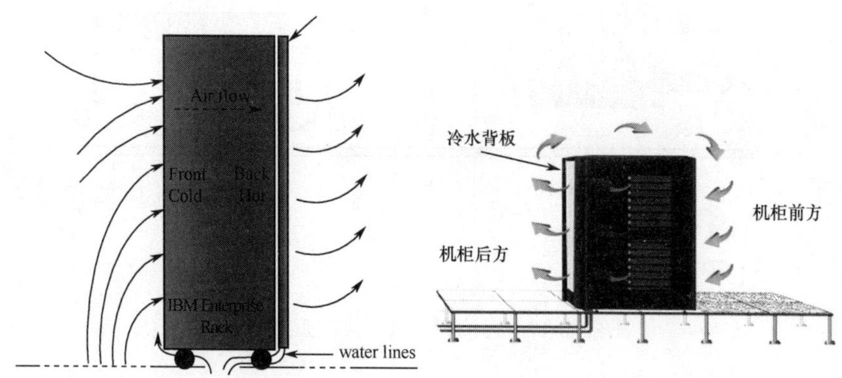

图 6-17　服务器背板冷却气流组织图

综上所述，随着单服务器机柜热密度越来越高，冷却方式与气流组织的变化如图 6-18 所示。

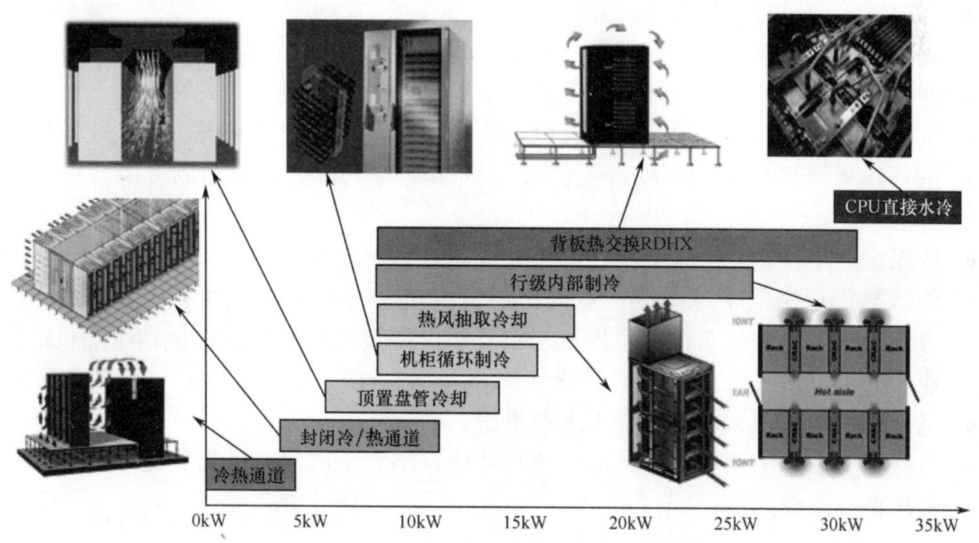

图 6-18　冷却方式与气流组织随着单机柜热密度的变化而变化

6.2　数据中心冷源架构

6.2.1　直接膨胀风冷式

当数据中心规模不大（白区面积不超过 1000m^2）时，可采用直接膨胀风冷式 DXA（Direct Expansion Models Air Cooled Condenser），如图 6-19 所示。

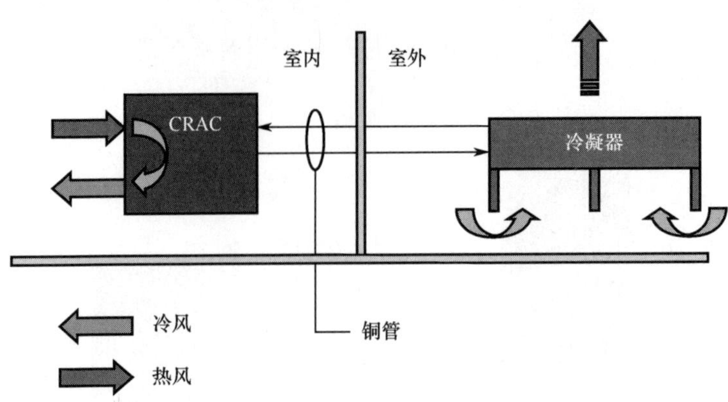

图 6-19　直接膨胀风冷式冷源架构

直接膨胀风冷式空调的特点：

- 每台空调器都是一个小的制冷系统，包括压缩机、蒸发器、冷凝器、膨胀阀。
- 无水系统。
- 方便增减，利于分期建设。
- 系统简单，运行维护方便。
- 采用涡旋式压缩机，效率较螺杆和离心式低。
- 能量调节靠开停压缩机，开启频繁，由于启动时电流较平时大许多，不利于节能。
- 依靠提高蒸发温度、提高冷凝温度，防止平时运行时过多除湿，运行效率低。
- 室外温度降低时不能降低冷凝温度，依靠室外风机的启停控制冷凝温度，不利于节能。
- 冷媒由压缩机输送到室外机，通过室外机在散热风扇的作用下与室外空气散热，室外散热逼近空气干球温度；室外机与室内机距离较大，增加了冷媒传输距离和阻力，增加了压缩机负荷；室内机与室外机的距离直接影响制冷量和压缩机的回油，在 35m 以上不能采用常规设计。
- 室外机占地面积大，不适合于大型机房。
- 室外机大量集中摆放，容易形成热岛效应，不利于散热，增加能耗。
- 无法做到连续制冷。

6.2.2　直接膨胀水冷式

直接膨胀水冷式（DXW）解决了风冷式室内机与室外机距离长可能造成的影响。专用空调和水冷冷凝器合二为一，制冷系统只在室内机中循环，用水泵带动水循环冷却制冷系统。水泵可克服距离和高度差的影响。

包括开式循环（即采用专用空调+水冷式冷凝器+水泵+冷却塔方式，热水到室外后在冷却塔中冷却，可利用大楼已有的冷却塔）和闭式循环（即采用专用空调+水冷式冷凝器+水泵+干冷器的方式，热水到室外后在专用的干冷器中冷却，加入一定比例的乙二醇可防冻结）。开式循环如图 6-20 所示，闭式循环如图 6-21 所示。

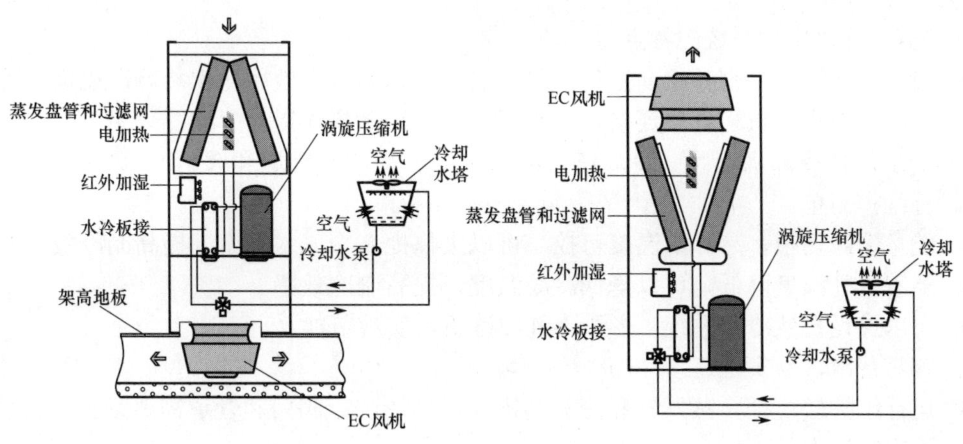

图 6-20　开式循环直接膨胀水冷式

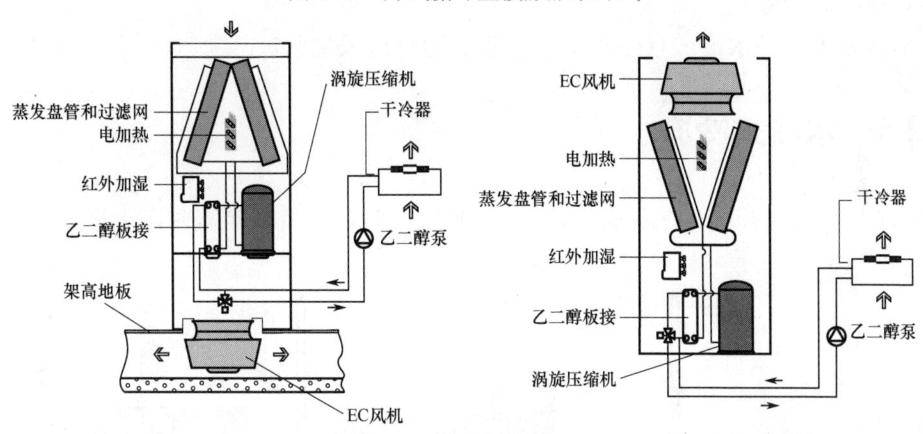

图 6-21　闭式循环直接膨胀水冷式

6.2.3　风冷式冷冻水式

当数据中心规模较大（白区面积超过 1000m^2）时，水资源短缺时，可采用风冷式冷冻水系统，如图 6-22 所示。

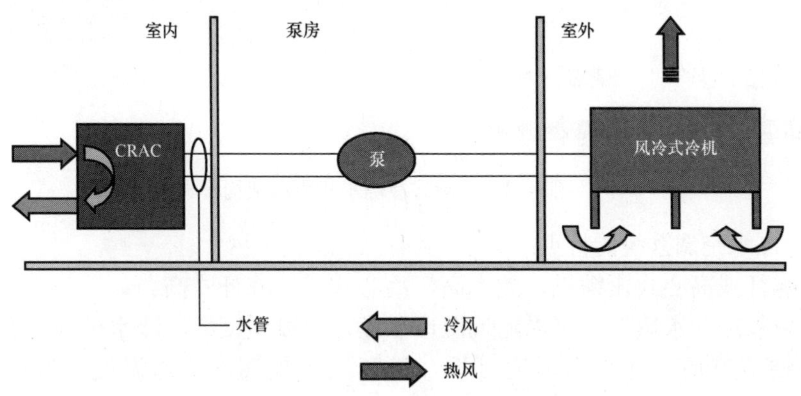

图 6-22　风冷式冷冻水式冷源架构

风冷式冷冻水空调系统的特点为：

- 没有冷却塔，靠室外机向空气散热，逼近干球温度，效率比水冷冷冻机低。
- 室外机与室内机一体化连接，减小了冷媒传输距离，提高了制冷效率。
- 少了一套冷却水系统（冷却塔、冷却水泵、冷却水管道和阀门），比水冷冷冻机运行维护简单。
- 能量无级调节，冷冻水温度可控，可以大幅提高冷冻水温度，提高制冷效率。
- 随着室外温度降低，可以降低冷凝温度，提高制冷效率。
- 可以加设自然冷却系统，冬季不开冷冻机，实现节能。
- 容易蓄冷，易实现连续冷却。
- 运行维护较复杂，蒸发器和冷凝器需要定期清洗；阀门和管道需要维护，需要专业运行维护人员。
- 自动控制较复杂。
- 不需要大量补水，一旦停水不会对系统运行造成威胁。

6.2.4 水冷式冷冻水式

当数据中心规模较大（白区面积超过 1000m^2）时，水资源丰富时，可采用水冷式冷冻水系统，如图 6-23 所示。

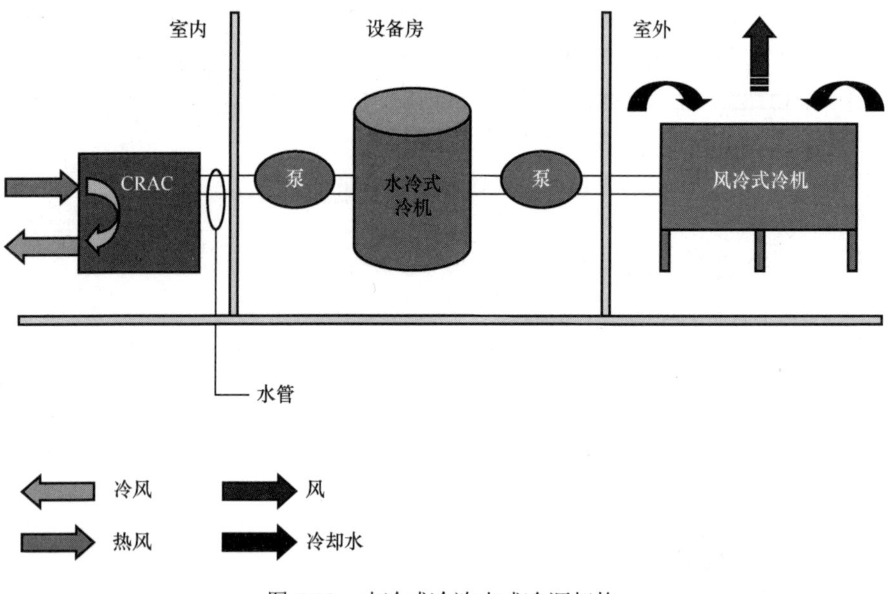

图 6-23 水冷式冷冻水式冷源架构

水冷式冷冻水空调系统的特点：

- 采用螺杆或离心式压缩机，效率高，离心式又比螺杆式高。
- 散热依靠冷却水蒸发，可以逼近湿球温度，冷凝温度低，冷水机效率高。
- 能量调节方便，冷冻水温度可控，可以大幅提高冷冻水温度，节省制冷压缩机能耗。

- 可以加设自然冷却系统，冬季不开冷冻机，实现节能。
- 容易蓄冷，易实现连续冷却。
- 运行维护较复杂，蒸发器和冷凝器需要定期清洗；阀门和管道需要维护，需要专业运行维护人员。
- 自动控制较复杂。
- 需要大量补水，一旦停水会对系统运行造成威胁。

6.2.5　吸收式制冷

当数据中心的建设地点电力资源不足，但是天然气资源充足时，可采用天然气发电动机发电，发电余热吸收式制冷，数据中心冷热电三联供，如图 6-24 所示。

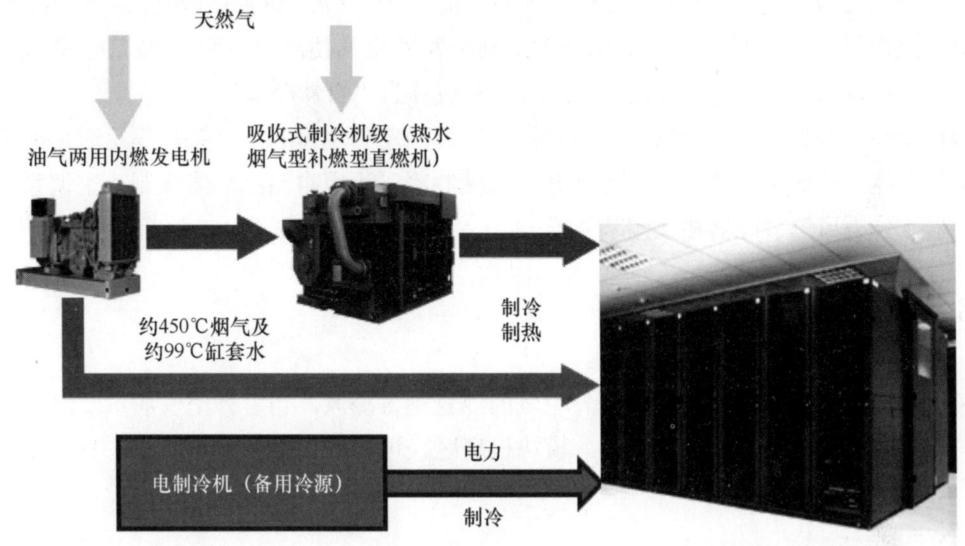

图 6-24　数据中心冷热电三联供及吸收式制冷

冷热电三联供系统的主要优点如下：

（1）系统使用燃气轮机或燃气内燃机，将一次能源——燃料的化学能生成烟气的热能，按品质分别转化为二次能源——电能和蒸汽热能，进而实现对一次能源（燃气）的最合理的梯级利用，利用高品位的热能发电，利用低品位的热能采暖和制冷，提高了一次能源的利用率。发电动机组额定工况下的发电效率可达 40%，热效率 47.8%，总效率 87.8%。

（2）系统建造靠近用户终端，便于调节，通过燃气内燃机冷热电联供，供冷以电制冷和热力制冷互为备用，供热以燃气直燃供热和余热供热互为备用，供电以市电和自发电互为备用，系统同时满足冷热电需求，运行可靠，经济性好。

（3）系统排放物有环境友好性，由于最终排出烟气温度低（额定工况下约为 120℃），造成的热污染小（一般锅炉的排烟温度为 180～220℃），在城市中可以减小“热岛效应”；另一方面，由于使用天然气为主要燃料，烟气中 SO_2 和 NO_x 含量相对较低，对环境的废气污染小。

另外，冷热电三联供（CCHP）系统对市政电网和天然气管网有“削峰填谷”的作用：夏天系统发电和余热制冷可减少对电网电能的需求，削减电网夏季高峰用电量，同时填补天然气的用量低谷，实现削电峰填气谷的作用；冬天燃气内燃机高温烟气的余热利用，可削减冬季天然气的用量高峰，产生良好的社会效益。

6.3 制冷空调系统常用节能器

节能器可定义为“一种减少机械供冷需求的系统”（ASHRAE 1991）。在制冷空调行业，该定义的标准含义是：在一定条件下，利用室外空气使冷水机组与/或其他机械制冷系统停止运行或以低容量运行。节能器模式运行常被称为“自然冷却”。

自然冷却是数据中心制冷常用的节能措施，即当室外温度和湿度条件满足时，充分利用室外空气自然冷量满足制冷需求，无须开启机械制冷。运用自然冷却需在制冷空调系统中增设节能器，分为风侧节能器和水侧节能器。

6.3.1 风侧节能器

风侧节能器即直接或间接利用室外空气的冷量制备冷风，当室外空气质量及温度满足服务器的要求时，允许室外空气直接进入模块机房区，可采用直接风侧节能器，其工作原理如图 6-25 所示。

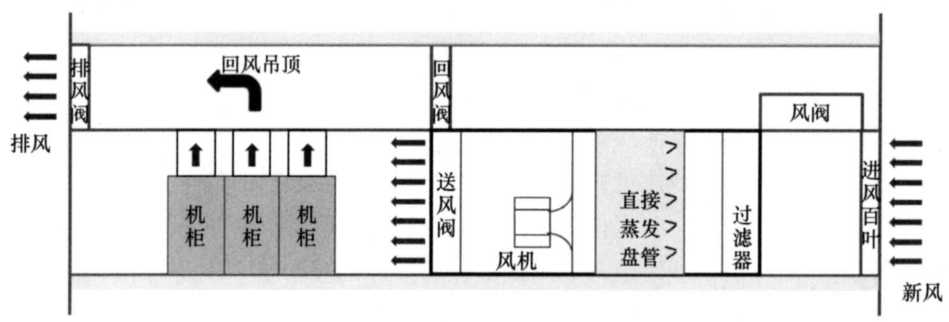

图 6-25 直接风侧节能器原理图

当采用直接风侧节能器时，需要在焓湿图上确定室外新风的区域及每个区域的处理过程，以北京地区为例，如图 6-26 所示。

当室外空气质量不满足服务器的要求时，不允许室外空气直接进入模块机房区，可采用间接风侧节能器，其工作原理如图 6-27 所示。

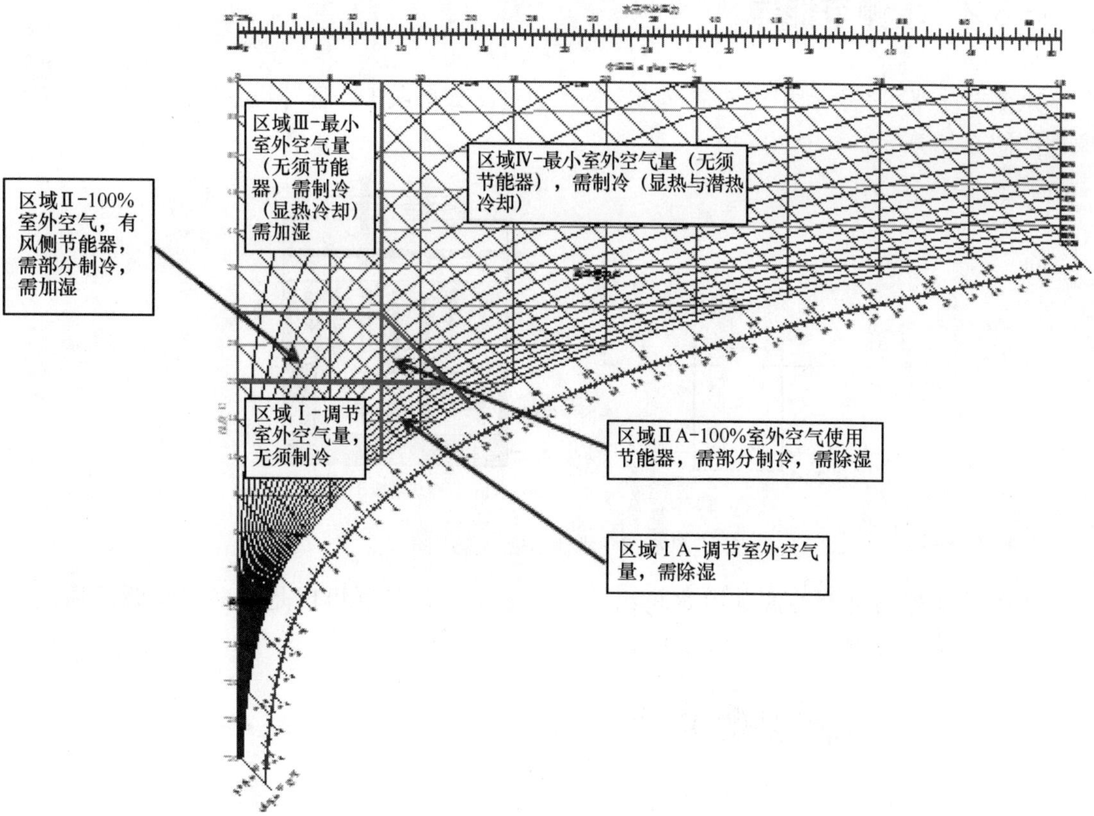

区域Ⅲ-最小室外空气量（无须节能器）需制冷（显热冷却）需加湿
区域Ⅳ-最小室外空气量（无须节能器），需制冷（显热与潜热冷却）
区域Ⅱ-100%室外空气，有风侧节能器，需部分制冷，需加湿
区域Ⅰ-调节室外空气量，无须制冷
区域ⅡA-100%室外空气使用节能器，需部分制冷，需除湿
区域ⅠA-调节室外空气量，需除湿

图 6-26　直接风侧节能器新风的焓湿图分区处理

排风
回风吊顶
回风阀
风-风换热器
风-风换热器
排风阀
机柜
机柜
机柜
送风阀
风机
过滤器
过滤器
风机
直接蒸发盘管
过滤器
进风百叶
新风

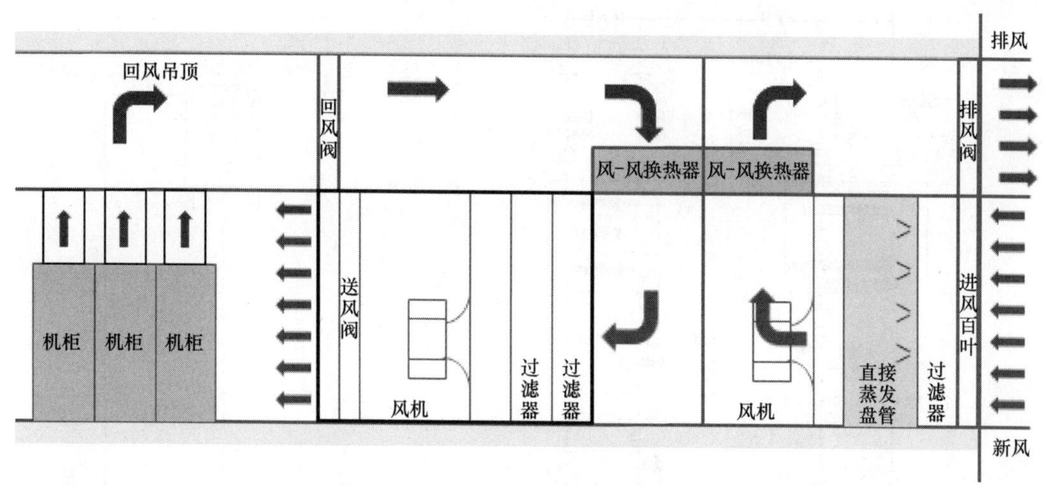

图 6-27　间接风侧节能器原理图

风侧节能器需要大型空气处理设备、需大量进风及排风、过多占用建筑空间、增加建设成本；另外直接风侧节能器容易造成模块机房环境污染，需频繁更换过滤器，甚至需要化学过滤器与高效过滤器，在我国实际工程中运用颇受限制。

6.3.2 水侧节能器

水侧节能器即充分利用室外空气的冷量，通过冷却塔或干冷器等设备制备冷冻水，工作原理如图 6-28 所示。

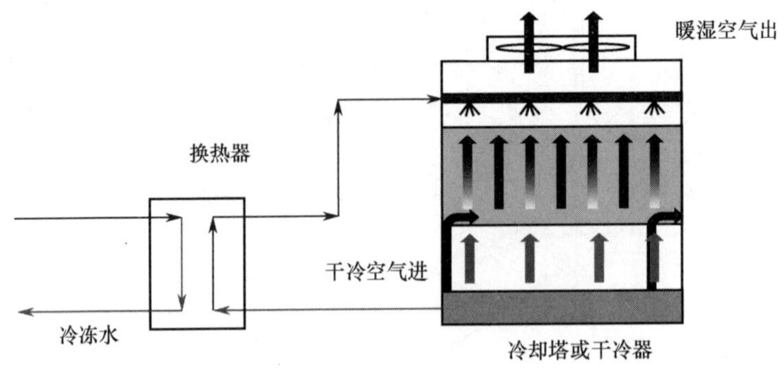

图 6-28 水侧节能器原理图

水侧节能器与补充冷源（冷水机组）的关系可以是串联可以是并联，串联的情况如图 6-29 所示，并联的情况如图 6-30 所示。

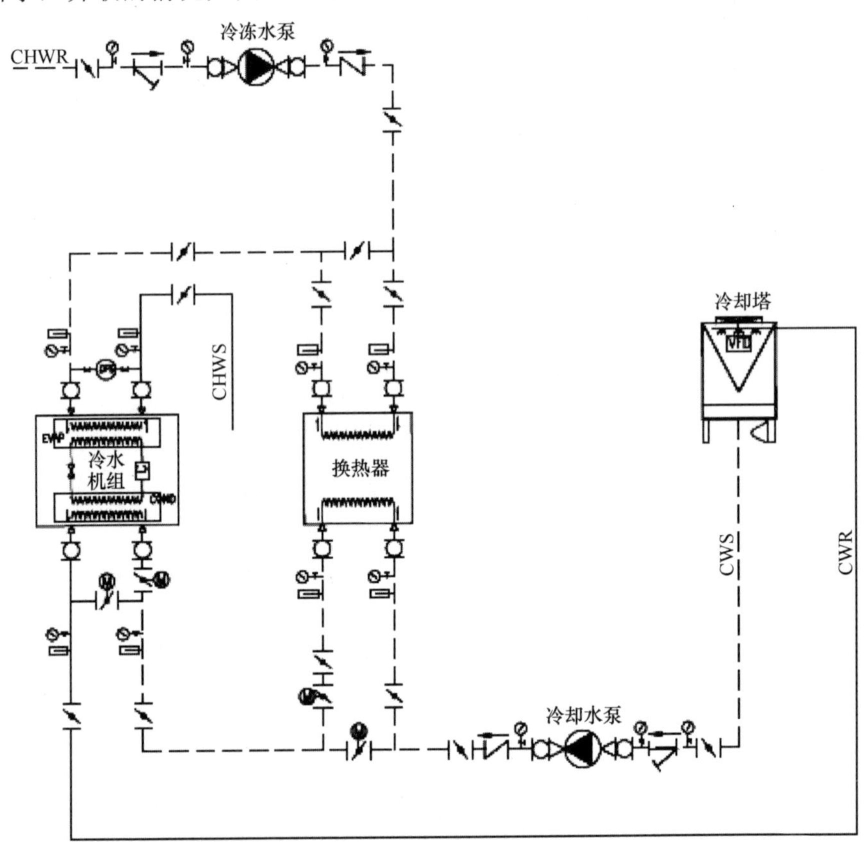

图 6-29 冷水机组串联水侧节能器

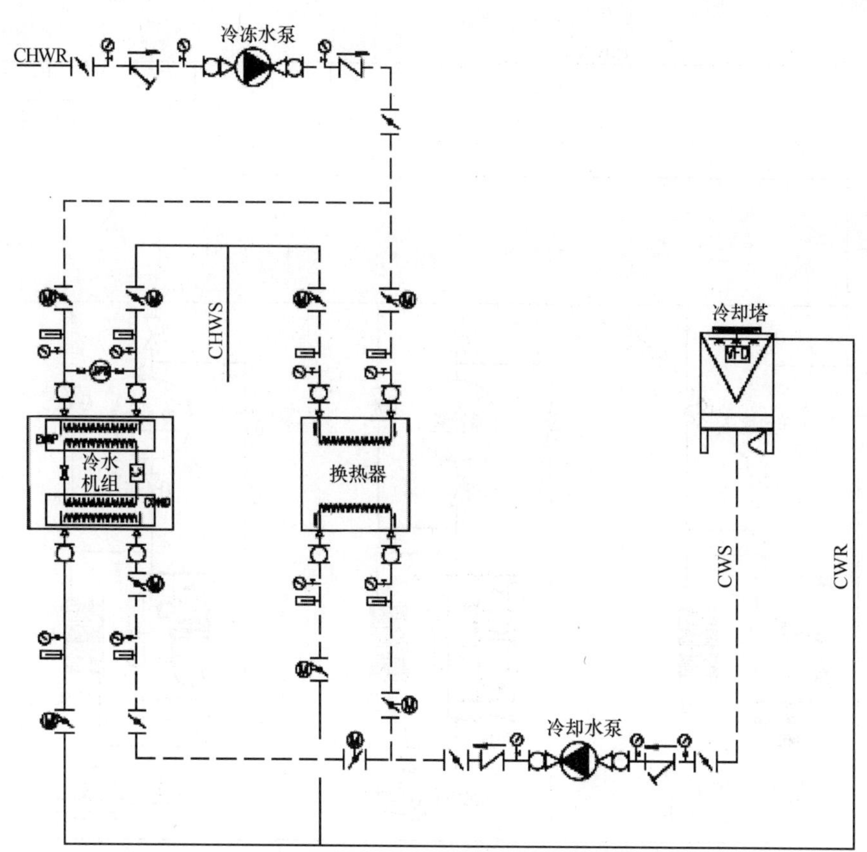

图 6-30　水机组并联水侧节能器

6.3.3　节能器类型的选择

制冷系统应该采用何种节能器，应该如何将节能器与制冷设备搭配使用，需要根据数据中心建设地点的气象参数、空气质量、资源情况、初投资及运行费等因素综合分析，例如，在空气质量差的地区不宜采用直接风侧节能器，在水资源短缺地区不宜采用开式冷却塔类型的水侧节能器，在土地资源建筑面积紧张的地区不宜采用风侧节能器。数据中心的规划人员应根据项目的具体情况进行详细分析，下面将详细分析。

6.4　冷冻水系统的类型与比较

全球大型数据中心 95%以上采用冷冻水系统，因此将冷冻水系统单独进行详细的比较与分析。

当数据中心采用冷冻水系统为服务器散热时，可采用一次泵变流量系统或一二次泵系统，一次泵变流量系统原理如图 6-31 所示，一二次泵系统原理如图 6-32 所示。

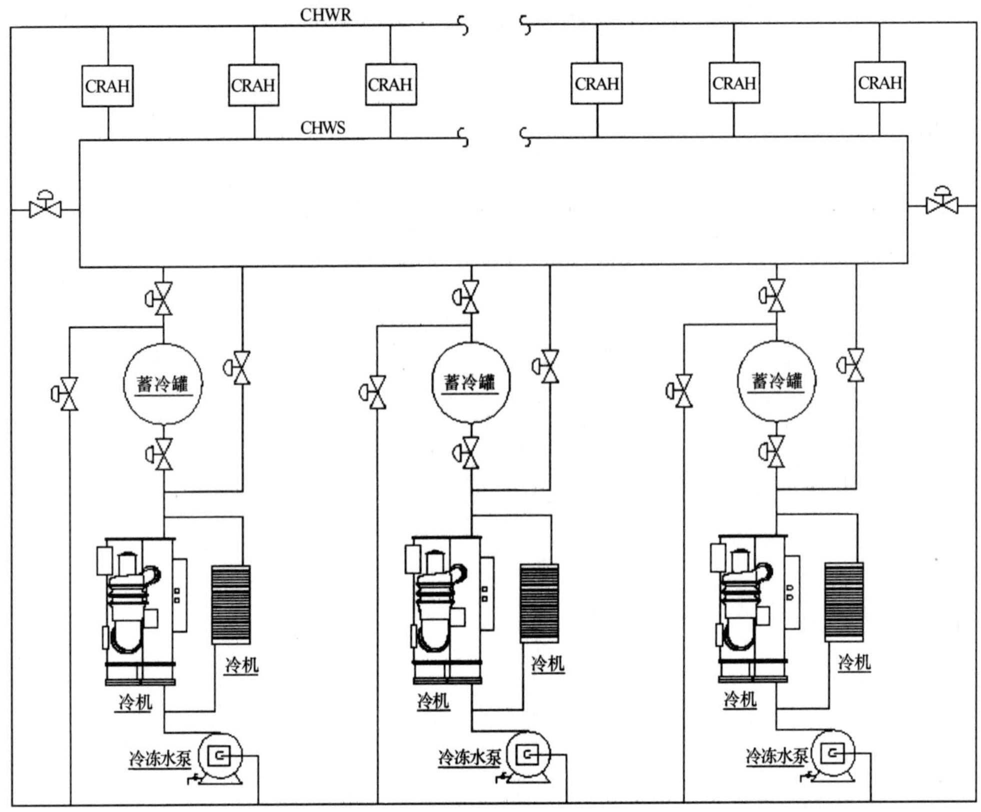

图 6-31　一次泵变流量系统原理图

一次泵变流量系统的优劣见表 6-4。

表 6-4　一次泵变流量系统的优劣

优势	（1）水泵的台数少，系统管路减少，初投资、建设费、维护费用相对低。 （2）水泵台数少，电气需求相对减少，水泵占地空间相对小。 （3）运行冷冻水系统所需的控制减少，冷水机的关键控制在冷水机的服务范畴；冷冻水温的控制在冷水机的服务范畴，则确保负荷所需水流量的系统控制的复杂度提高。 （4）控制组件少，控制所需的传感器和点位减少，控制系统的初投资减少
劣势	（1）系统运行过程中，针对单一流量/负荷的控制（水泵的控制）算法存在多个输入条件，系统运行不稳定的可能性增加。 （2）维持冷水机蒸发器最小流量很关键，如果系统处于低负荷状况，通过控制旁通阀维持冷水机最小流量容易出问题。 （3）冷冻水泵设置要考虑整个系统的水压降，与一二次泵系统中的两级泵相比，水泵扬程有所增加，则在断电期间重启这些大泵意味着将更大的负荷放在机械系统的 UPS 上，UPS 的配置量需要增加，相应 UPS 的投资增加。 （4）断电后的系统恢复与过渡流程复杂，易出问题。 （5）对于某台流量已经降低的冷水机而言，因为流量低完全失去一台冷冻水泵，很有可能导致这台甚至多台冷水机故障。 （6）一次泵变流量系统在数据中心项目中的应用并不典型，未经多年运行的验证

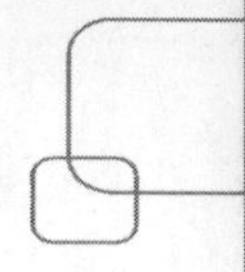

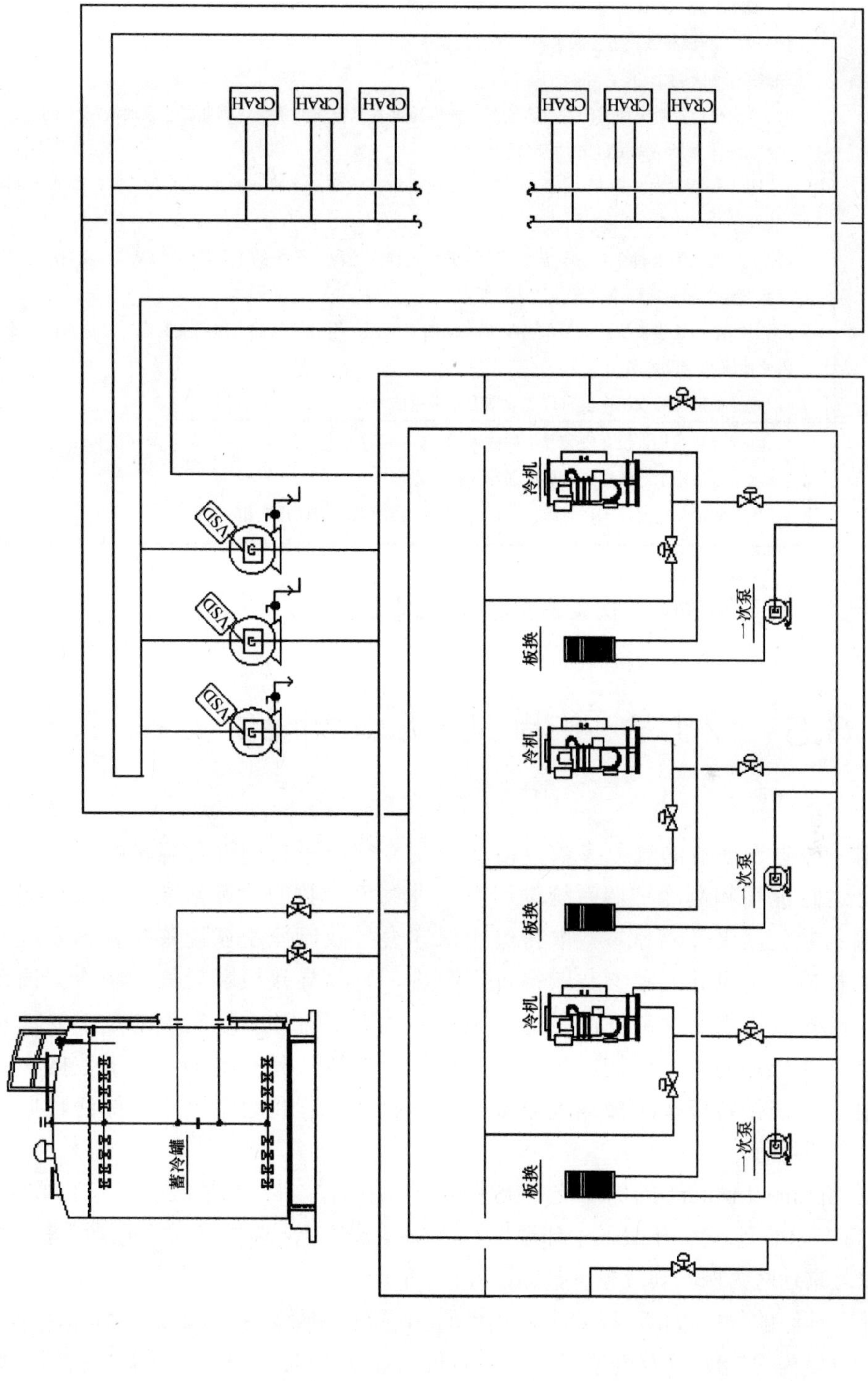

图 6-32　一二次泵系统原理图

一二次泵系统的优劣见表 6-5。

表 6-5　一二次泵系统的优劣

优势	1．蓄冷系统的操作简单，因为在一二次泵系统中，蓄冷系统设置于一次水系统的旁通部位并与二次水相连接，蓄冷和放冷依赖于一次水与二次水的流量差，系统在紧急状况下从蓄冷模式到放冷模式的切换所需的控制最少。 2．二次泵负责断电期间的冷冻水输配，此时冷冻水来自蓄冷系统，因此二次泵通常需 UPS，二次水不必经过冷水机，则泵所需的 UPS 相应减少。 3．因为一次泵与冷水机一对一配置，一次泵只需响应一个冷水机的需求并反馈，因此控制算法简单稳定。 4．一二次泵系统的冷冻站不需要蓄冷罐的特别操作流程。全面的工厂测试（FWT）及启动、预演调试可验证系统组件和蓄冷罐满足设计、运行要求。 5．一二泵系统设置快速恢复阀并配套快速恢复流程，用最简易的方法避免高温（冷冻水回水温度）的水进入蓄冷罐和空调末端。 6．是经验证过的设计，现有许多数据中心采用的系统
劣势	1．水泵台数增加，设备安装和维护成本增加。 2．水泵台数增加导致电气设施增加，初投资增加。 3．更多的水泵需要控制，导致控制点位增加，控制系统初投资增加

综合以上分析，可知一二次泵系统更加适合数据中心。

6.5　制冷空调系统设计的气象依据

数据中心建设地点的气象参数直接影响制冷空调系统的设备容量配置、节能器类型的选择、运行能耗和制冷空调系统设计。室外气象参数的计算基准是制冷空调系统设计的重要输入参数，设计气象参数取得过于保守会导致制冷空调设备配置容量过大，增大不必要的初投资，设计气象参数取得过于激进，则易导致极端天气下制冷空调系统无法满足 IT 设备散热需要。常规民用建筑设计参数需要兼顾系统配置的技术要求和经济性能，每年存在一定的不保证期，这样的室外气象参数计算基准不适用于数据中心，数据中心的制冷空调设备应按照极端气象条件进行容量配置和选型，才能保证数据中心全年 7×24h 不中断运行。

根据 Uptime Institute 的标准及 GB50174 的国标，室外气象参数的计算干球温度应选择 20 年最高干球温度、20 年最低干球温度，计算湿球温度应选择有气象记录以来的极端湿球温度。以北京地区为例，其气象参数如图 6-33 所示。

从北京地区的气象数据可以看出，北京的 20 年极端最高干球温度为 41.4℃，20 年极端最低干球温度为-17.8℃，有气象记录以来的极端湿球温度为 31℃，即新风机组、风冷设备的选择应以 20 年极端最高干球温度 41.4℃、极端最低干球温度-17.8℃为计算输入参数，蒸

WMO#: **545110**

Lat: **39.93N**　Long: **116.28E**　Elev: **55**　StdP: **100.67**　Time Zone: **8.00 (CHN)**　Period: **82-06**　WBAN: **99999**

Annual Heating and Humidification Design Conditions

Coldest Month	Heating DB		Humidification DP/MCDB and HR						Coldest month WS/MCDB				MCWS/PCWD to 99.6% DB	
			99.6%			99%			0.4%		1%			
	99.6%	99%	DP	HR	MCDB	DP	HR	MCDB	WS	MCDB	WS	MCDB	MCWS	PCWD
1	-10.8	-9.1	-30.1	0.2	-4.0	-27.2	0.3	-3.6	12.0	-1.6	10.4	-2.7	2.2	340

Annual Cooling, Dehumidification, and Enthalpy Design Conditions

Hottest Month	Hottest Month DB Range	Cooling DB/MCWB						Evaporation WB/MCDB						MCWS/PCWD to 0.4% DB	
		0.4%		1%		2%		0.4%		1%		2%			
		DB	MCWB	DB	MCWB	DB	MCWB	WB	MCDB	WB	MCDB	WB	MCDB	MCWS	PCWD
7	8.9	34.9	22.2	33.1	22.4	31.9	22.5	27.0	30.5	26.1	29.3	25.3	28.6	3.4	180

Dehumidification DP/MCDB and HR									Enthalpy/MCDB						Hours 8 to 4 & 12.8/20.6
0.4%			1%			2%			0.4%		1%		2%		
DP	HR	MCDB	DP	HR	MCDB	DP	HR	MCDB	Enth	MCDB	Enth	MCDB	Enth	MCDB	
26.1	21.6	28.9	25.1	20.4	28.1	24.2	19.2	27.3	86.2	30.1	81.6	29.2	77.8	28.5	603

Extreme Annual Design Conditions

Extreme Annual WS			Extreme Max WB	Extreme Annual DB				n-Year Return Period Values of Extreme DB							
				Mean		Standard deviation		*n*=5 years		*n*=10 years		*n*=20 years		*n*=50 years	
1%	2.5%	5%		Min	Max	Min	Max	Min	Max	Min	Max	Min	Max	Min	Max
9.6	8.0	6.6	31.0	-13.7	38.0	2.2	1.8	-15.3	39.3	-16.6	40.3	-17.8	41.4	-19.4	42.7

注：（1）Extreme Max WB——极端湿球温度。

（2）n-Year Return Deriod Values of Extreme DB——n 年一遇极端干球温度。

图 6-33　北京地区的气象参数

发式散热设备的选择应以极端湿球温度 31℃为计算输入参数。

数据中心建设地点的气象特点及气象参数深刻影响着制冷空调系统的选择与设计。

6.5.1 我国五大气象区及制冷空调系统的选择

我国地域广大、气象多样，自北向南大致分为 5 个气象区：严寒地区、寒冷地区、夏热冬冷地区、温和地区、夏热冬暖地区。

影响气候的主要因素有纬度和海陆位置，以及地形和洋流因素。中国地域辽阔，地形复杂多样化，不同地区的气候条件（温度、相对湿度、含湿量、露点温度、湿球温度等）存在差异。例如，黑龙江漠河为我国冬季最冷的地方，最冷月的日平均气温最低值为-42.3℃，最热月的日平均气温最高值为 25.2℃。新疆的吐鲁番为我国夏季最热的地方，最冷月的日平均气温最低值为-9.7℃，最热月的日平均气温最高值为 36.2℃。两个城市在最冷月相差 32.6℃，最热月相差 7.4℃；相对湿度从东南到西北逐渐降低，海口 2014 年平均相对湿度为 82%，拉萨 2014 年平均相对湿度为 38%。为了保证数据中心建筑的热工设计与地区气候相适应，保证机房内的热环境要求，并符合我国节约能源的方针，提高投资效益，《民用建筑热工设计规范》（GB50176－93）第 3.1.1 条规定了全国建筑热工设计的五个分区，见表 6-6，主要城市所处气候区见表 6-7。

表 6-6 建筑热工气候分区

分区名称	指标		设计要求
	主要指标	辅助指标	
严寒地区	最冷月平均温度≤-10℃	日平均温度≤5℃的天数≥145d	必须充分满足冬季保温要求，一般可不考虑夏季防热
寒冷地区	最冷月平均温度 0～-10℃	日平均温度≤5℃的天数 90～145d	应满足冬季保温要求，部分地区兼顾夏季防热
夏热冬冷地区	最冷月平均温度 0～-10℃，最热月平均温度 25～30℃	日平均温度≤5℃的天数 0～90d，日平均温度≥25℃的天数 40～110d	必须满足夏季防热要求，适当兼顾冬季保温
夏热冬暖地区	最冷月平均温度>10℃，最热月平均温度 25～29℃	日平均温度≥25℃的天数 100～200d	必须充分满足夏季防热要求，一般可不考虑冬季保温
温和地区	最冷月平均温度 0～13℃，最热月平均温度 18～25℃	每日平均气温≤5℃的天数 0～90d	部分地区应考虑冬季保温，一般不考虑夏季防热

表 6-7 主要城市所处气候区

气候分区	代表性城市
严寒地区	海伦、博克图、伊春、呼玛、海拉尔、满洲里、齐齐哈尔、富锦、哈尔滨、牡丹江、克拉玛依、佳木斯、安达、长春、乌鲁木齐、延吉、通辽、通化、四平、呼和浩特、抚顺、大柴旦、沈阳、大同、本溪、阜新、哈密、鞍山、张家口、酒泉、伊宁、吐鲁番、西宁、银川、丹东

（续表）

气候分区	代表性城市
寒冷地区	兰州、太原、唐山、阿坝、喀什、北京、天津、大连、阳泉、平凉、石家庄、德州、晋城、天水、西安、拉萨、康定、济南、青岛、安阳、郑州、洛阳、宝鸡、徐州
夏热冬冷地区	南京、盐城、南通、合肥、安庆、九江、武汉、黄石、岳阳、汉中、安康、上海、杭州、宁波、宜昌、长沙、南昌、株洲、永州、赣州、韶关、桂林、重庆、达县、万州、涪陵、南充、宜宾、成都、贵阳、遵义、凯里、绵阳
夏热冬暖地区	福州、莆田、龙岩、梅州、兴宁、英德、河池、柳州、贺州、泉州、厦门、广州、深圳、湛江、汕头、海口、南宁、北海、梧州
温和地区	昆明、贵阳、丽江、会泽、腾冲、保山、大理、楚雄、曲靖、泸西、屏边、广南、兴义、独山、瑞丽、耿马、临沧、澜沧、思茅、江城、蒙自

每一类气象地区的气象参数不同，则采用的制冷空调系统的节能潜力迥然不同，即使是同一气象区，采用相同的制冷空调系统，冷冻水供水温度设定点、送风温度设定点不同，系统的节能潜力也不同。

哈尔滨室外逐时参数如图 6-34 所示。

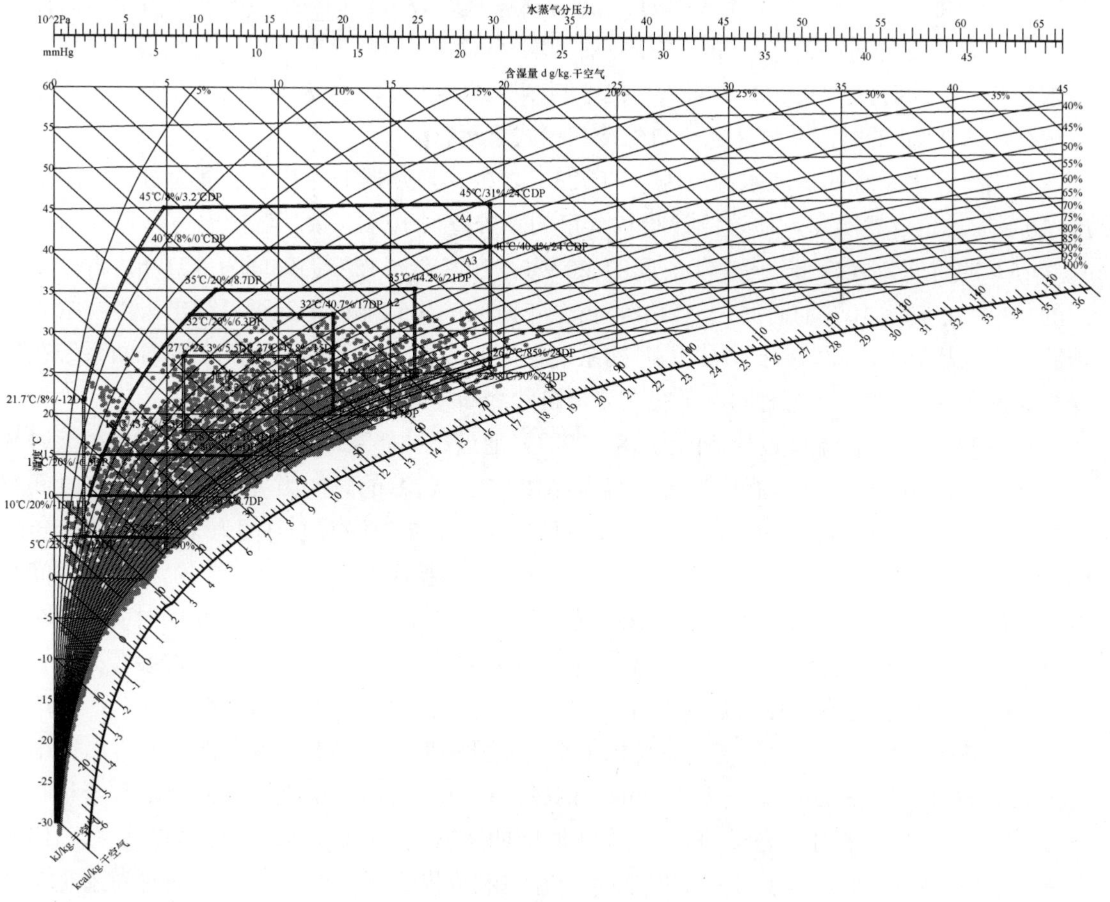

图 6-34　哈尔滨室外逐时参数

按照 IT 设备入口温度设计范围为 18～27℃，通过统计严寒地区哈尔滨市的室外逐时气象参数（干球温度）可以得出：18≤T_g≤27℃的时间为 1835h，占全年时间的 20.9%，T_g＜18℃的时间为 6655h，占全年时间的 76.0%；T_g＞27℃的时间为 270h，占全年时间的 3.1%。由此可以得出：当在哈尔滨地区采用直接风侧自然冷却时，约 76d 的时间系统在全新风模式下运行；约 277d 的时间系统在新回风混合模式下运行；约 12d 的时间系统在全回风内循环模式下运行（注：本段描述暂不考虑相对湿度，湿度将由除湿及加湿装置处理）。

按照冷冻水系统的供回水温度为 12/18℃，板式换热器的换热逼近度为 1℃，湿球温度 5℃时开始自然冷却，通过统计哈尔滨市的室外逐时气象参数（湿球温度）可以得出：T_{sh}＞11℃的时间为 2821h，占全年时间的 32.3%；5≤T_{sh}≤11℃的时间为 1159h，占全年时间的 13.2%，T_{sh}＜5℃的时间为 4780h，占全年时间的 54.6%；由此可以得出：当在哈尔滨地区采用水侧自然冷却时，约 122d 的时间系统在电制冷模式下运行，约 48d 的时间系统在预冷模式下运行，约 195d 的时间系统在完全自然冷却模式下运行。

按照冷冻水系统的供回水温度为 15℃/21℃，板式换热器的换热逼近度为 1℃，湿球温度 8℃时开始自然冷却，通过统计哈尔滨市的室外逐时气象参数（湿球温度）可以得出：T_{sh}＞13℃的时间为 2382h，占全年时间的 27.2%；8≤T_{sh}≤13℃的时间为 1059h，占全年时间的 12.1%，T_{sh}＜8℃的时间为 5319h，占全年时间的 60.7%；由此可以得出：当在哈尔滨地区采用水侧自然冷却时，约 99d 的时间系统在电制冷模式下运行，约 44d 的时间系统在预冷模式下运行，约 222d 的时间系统在完全自然冷却模式下运行。

按照冷冻水系统的供回水温度为 17℃/23℃，板式换热器的换热逼近度为 1℃，湿球温度 10℃时开始自然冷却，通过统计哈尔滨市的室外逐时气象参数（湿球温度）可以得出：T_{sh}＞15℃的时间为 1832h，占全年时间的 20.9%；10≤T_{sh}≤15℃的时间为 1214h，占全年时间的 13.9%，T_{sh}＜10℃的时间为 5714h，占全年时间的 65.2%；由此可以得出：当在哈尔滨地区采用水侧自然冷却时，约 76d 的时间系统在电制冷模式下运行，约 51d 的时间系统在预冷模式下运行，约 238d 的时间，系统在完全自然冷却模式下运行。

按照 IT 设备入口温度设计范围为 18～27℃，通过统计严寒地区克拉玛依市的室外逐时气象参数（见图 6-35）（干球温度）可以得出：18≤T_g≤27℃的时间为 1745h，占全年时间的 19.9%，T_g＜18℃的时间为 5595h，占全年时间的 63.9%；T_g＞27℃的时间为 1420h，占全年时间的 16.2%;。由此可以得出：当在克拉玛依地区采用直接风侧自然冷却时，约 59d 的时间系统在全新风模式下运行；约 233d 的时间系统在新回风混合模式下运行约 73d 的时间系统在全回风内循环模式下运行（注：本段描述暂不考虑相对湿度，湿度将由除湿及加湿装置处理）。

按照冷冻水系统的供回水温度为 12℃/18℃，板式换热器的换热逼近度为 1℃，湿球温度 5℃时开始自然冷却，通过统计克拉玛依市的室外逐时气象参数（湿球温度）可以得出：T_{sh}＞11℃的时间为 2985h，占全年时间的 34.1%；5≤T_{sh}≤11℃的时间为 1577h，占全年时间的 18.0%，T_{sh}＜5℃的时间为 4198h，占全年时间的 47.9%；由此可以得出：当在克拉玛依地区采用水侧自然冷却时，约 124d 的时间系统在电制冷模式下运行；约 66d 的时间系统在预冷模式下运行；约 175d 的时间系统在完全自然冷却模式下运行。

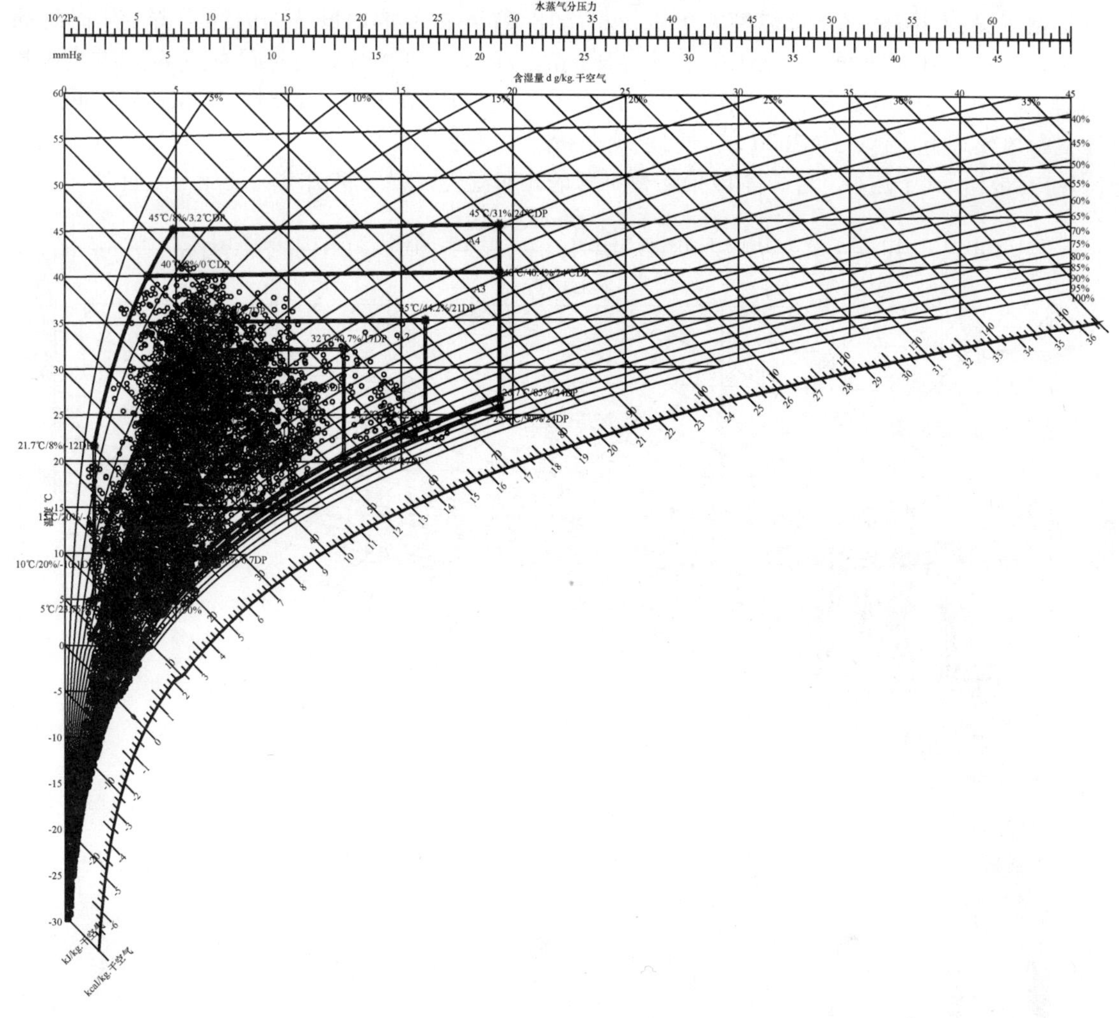

图 6-35　克拉玛依室外逐时参数

按照冷冻水系统的供回水温度为 15℃/21℃，板式换热器的换热逼近度为 1℃，湿球温度 8℃时开始自然冷却，通过统计克拉玛依市的室外逐时气象参数（湿球温度）可以得出：T_{sh}＞13℃的时间为 2366h，占全年时间的 27.0%；8≤T_{sh}≤13℃的时间为 1397h，占全年时间的 16.0%，T_{sh}＜8℃的时间为 4997h，占全年时间的 57.0%；由此可以得出：当在克拉玛依地区采用水侧自然冷却时，约 99d 的时间系统在电制冷模式下运行，约 58d 的时间系统在预冷模式下运行，约 208d 的时间系统在完全自然冷却模式下运行。

按照冷冻水系统的供回水温度为 17℃/23℃，板式换热器的换热逼近度为 1℃，湿球温度 10℃时开始自然冷却，通过统计克拉玛依市的室外逐时气象参数（湿球温度）可以得出：T_{sh}＞15℃的时间为 1548h，占全年时间的 17.7%；10≤T_{sh}≤15℃的时间为 1699h，占全年时间的 19.4%，T_{sh}＜10℃的时间为 5513h，占全年时间的 65.2%；由此可以得出：当在克拉玛依地区采用水侧自然冷却时，约 65d 的时间系统在电制冷模式下运行；约 71d 的时间系统在预冷模式下运行；约 229d 的时间系统在完全自然冷却模式下运行。

按照 IT 设备入口温度设计范围为 18～27℃，通过统计严寒地区乌鲁木齐市的室外逐时气象参数（见图 6-36）（干球温度）可以得出：18≤T_g≤27℃的时间为 1913h，占全年时间的 21.8%，T_g<18℃的时间为 6231h，占全年时间的 71.1%；T_g>27℃的时间为 616h，占全年时间的 7.0%；。由此可以得出：当在乌鲁木齐地区采用直接风侧自然冷却时，约 80d 的时间系统在全新风模式下运行；约 260d 的时间系统在新回风混合模式下运行；约 25d 的时间系统在全回风内循环模式下运行（注：本段描述暂不考虑相对湿度，湿度将由除湿及加湿装置处理）。

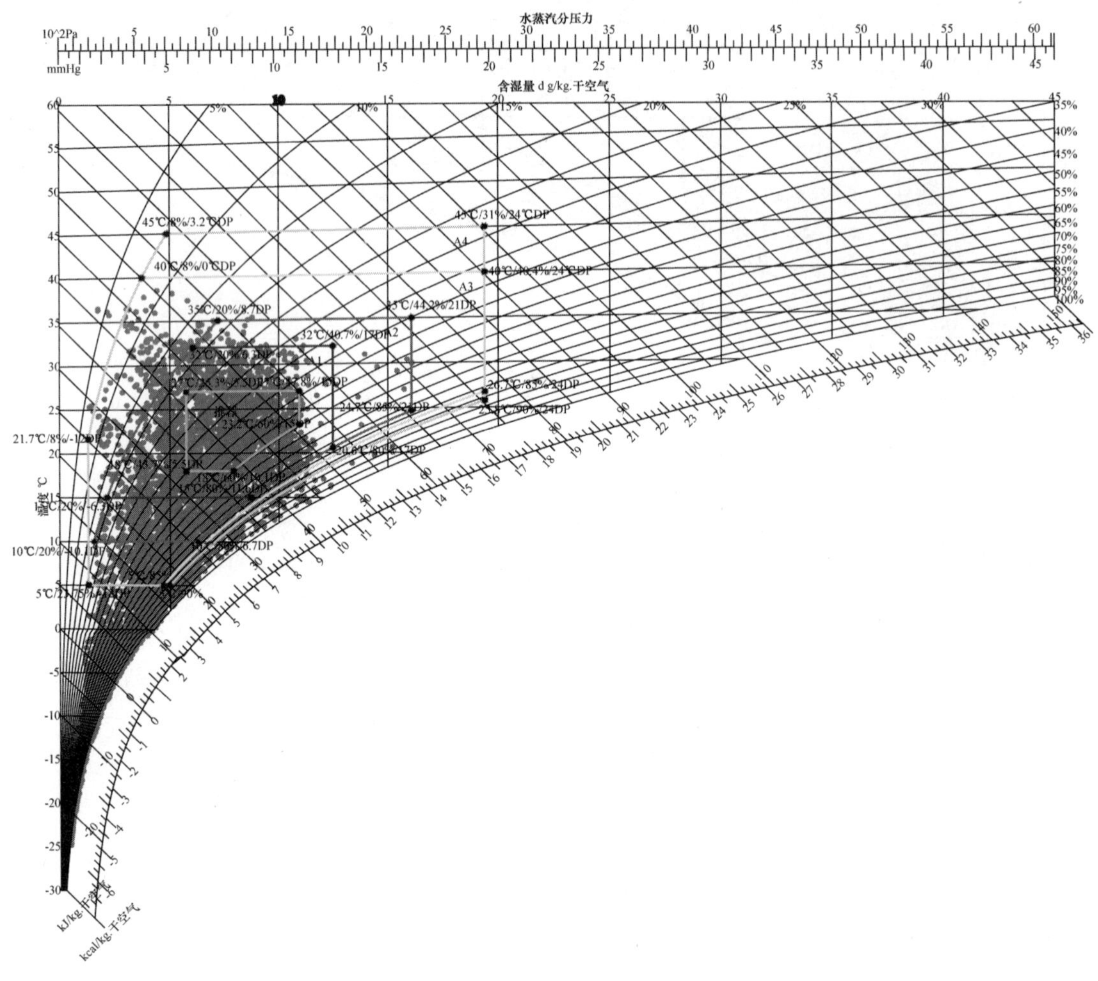

图 6-36　乌鲁木齐室外逐时参数

按照冷冻水系统的供回水温度为 12℃/18℃，板式换热器的换热逼近度为 1℃，湿球温度 5℃时开始自然冷却，通过统计乌鲁木齐市的室外逐时气象参数（湿球温度）可以得出：T_{sh}>11℃的时间为 2612h，占全年时间的 29.8%；5≤T_{sh}≤11℃的时间为 1730h，占全年时间的 19.7%，T_{sh}<5℃的时间为 4418h，占全年时间的 50.4%；由此可以得出：当在乌鲁木齐地区采用水侧自然冷却时，约 109d 的时间，系统在电制冷模式下运行；约 72d 的时间，系统在预冷模式下运行；约 184d 的时间，系统在完全自然冷却模式下运行。

按照冷冻水系统的供回水温度为 15℃/21℃，板式换热器的换热逼近度为 1℃，湿球温度 8℃时开始自然冷却，通过统计乌鲁木齐市的室外逐时气象参数（湿球温度）可以得出：T_{sh}>13℃的时间为 1824h，占全年时间的 20.8%；8≤T_{sh}≤13℃的时间为 1725h，占全年时间的 19.7%，T_{sh}<8℃的时间为 5211h，占全年时间的 59.5%；由此可以得出：当在乌鲁木齐地区采用水侧自然冷却时，约 76d 的时间，系统在电制冷模式下运行；约 72d 的时间，系统在预冷模式下运行；约 217d 的时间，系统在完全自然冷却模式下运行。

按照冷冻水系统的供回水温度为 17℃/23℃，板式换热器的换热逼近度为 1℃，湿球温度 10℃时开始自然冷却，通过统计乌鲁木齐市的室外逐时气象参数（湿球温度）可以得出：T_{sh}>15℃的时间为 871h，占全年时间的 9.9%；10≤T_{sh}≤15℃的时间为 2103h，占全年时间的 24.0%，T_{sh}<10℃的时间为 5786h，占全年时间的 66.1%；由此可以得出：当在乌鲁木齐地区采用水侧自然冷却时，约 36d 的时间，系统在电制冷模式下运行；约 88d 的时间，系统在预冷模式下运行；约 241d 的时间，系统在完全自然冷却模式下运行。

按照 IT 设备入口温度设计范围为 18～27℃，通过统计寒冷地区北京市的室外逐时气象参数（见图 6-37）（干球温度）可以得出：18≤T_g≤27℃的时间为 2401h，占全年时间的 27.4%，T_g<18℃的时间为 5411h，占全年时间的 61.8%；T_g>27℃的时间为 948h，占全年时间的 10.8%；。由此可以得出：当在北京地区采用直接风侧自然冷却时，约 100d 的时间，系统在全新风模式下运行；约 225d 的时间，系统在新回风混合模式下运行；约 40d 的时间，系统在全回风内循环模式下运行。（注：本段描述暂不考虑相对湿度，湿度将由除湿及加湿装置处理。）

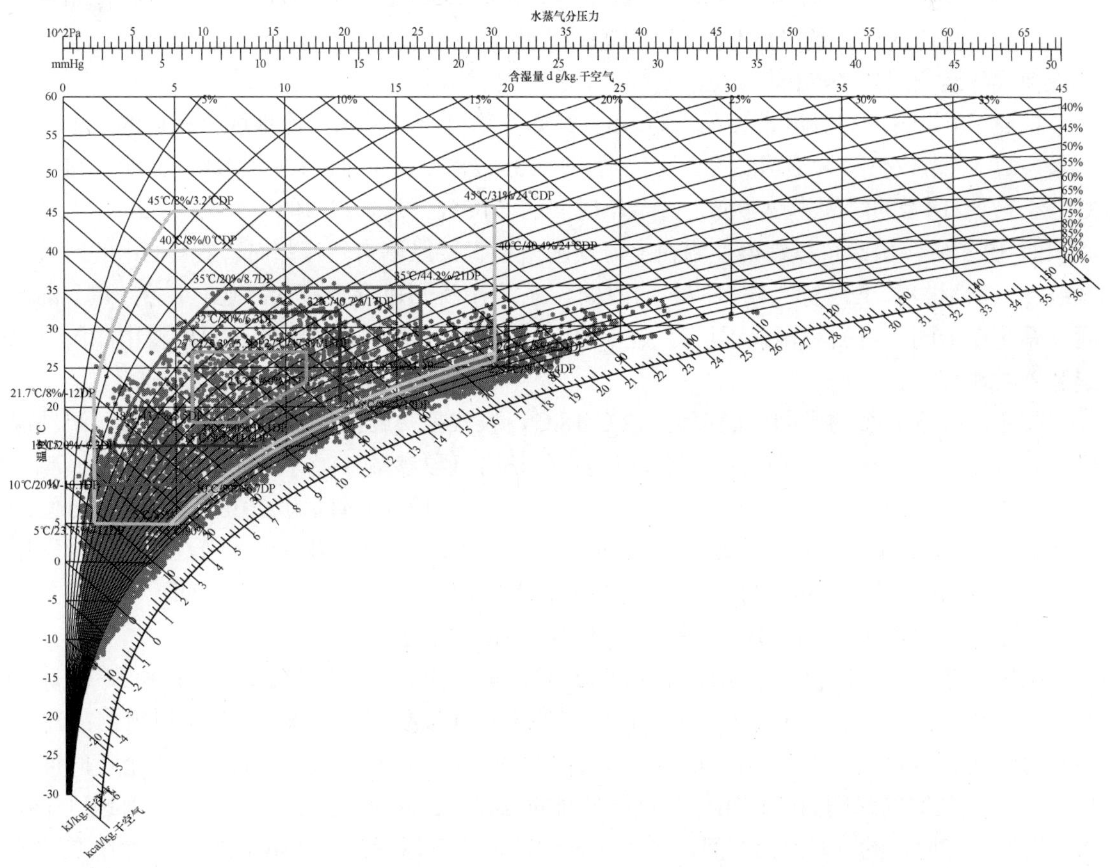

图 6-37　北京室外逐时参数

按照冷冻水系统的供回水温度为 12℃/18℃，板式换热器的换热逼近度为 1℃，湿球温度 5℃时开始自然冷却，通过统计北京市的室外逐时气象参数（湿球温度）可以得出：$T_{sh}>$ 11℃的时间为 3843h，占全年时间的 43.9%；5≤T_{sh}≤11℃的时间为 1282h，占全年时间的 14.6%，$T_{sh}<$5℃的时间为 3635h，占全年时间的 41.5%；由此可以得出：当在北京地区采用水侧自然冷却时，约 160d 的时间，系统在电制冷模式下运行；约 53d 的时间，系统在预冷模式下运行；约 152d 的时间，系统在完全自然冷却模式下运行。

按照冷冻水系统的供回水温度为 15℃/21℃，板式换热器的换热逼近度为 1℃，湿球温度 8℃时开始自然冷却，通过统计北京市的室外逐时气象参数（湿球温度）可以得出：$T_{sh}>$ 13℃的时间为 3382h，占全年时间的 38.6%；8≤T_{sh}≤13℃的时间为 1150h，占全年时间的 13.1%，$T_{sh}<$8℃的时间为 4228h，占全年时间的 48.3%；由此可以得出：当在北京地区采用水侧自然冷却时，约 141d 的时间，系统在电制冷模式下运行；约 48d 的时间，系统在预冷模式下运行；约 176d 的时间，系统在完全自然冷却模式下运行。

按照冷冻水系统的供回水温度为 17℃/23℃，板式换热器的换热逼近度为 1℃，湿球温度 10℃时开始自然冷却，通过统计北京市的室外逐时气象参数（湿球温度）可以得出：T_{sh} >15℃的时间为 2833h，占全年时间的 32.3%；10≤T_{sh}≤15℃的时间为 1258h，占全年时间的 14.4%，$T_{sh}<$10℃的时间为 4669h，占全年时间的 53.3%；由此可以得出：当在北京地区采用水侧自然冷却时，约 118d 的时间，系统在电制冷模式下运行；约 52d 的时间，系统在预冷模式下运行；约 195d 的时间，系统在完全自然冷却模式下运行。

按照 IT 设备入口温度设计范围为 18～27℃，通过统计夏热冬冷地区上海市的室外逐时气象参数（见图 6-38）（干球温度）可以得出：18≤T_g≤27℃的时间为 3140h，占全年时间的 35.8%，$T_g<$18℃的时间为 4496h，占全年时间的 51.3%；$T_g>$27℃的时间为 1124h，占全年时间的 12.8%；。由此可以得出：当在上海地区采用直接风侧自然冷却时，约 131d 的时间，系统在全新风模式下运行；约 187d 的时间，系统在新回风混合模式下运行；约 47d 的时间，系统在全回风内循环模式下运行（注：本段描述暂不考虑相对湿度，湿度将由除湿及加湿装置处理）。

按照冷冻水系统的供回水温度为 12℃/18℃，板式换热器的换热逼近度为 1℃，湿球温度 5℃时开始自然冷却，通过统计上海市的室外逐时气象参数（湿球温度）可以得出：$T_{sh}>$ 11℃的时间为 5227h，占全年时间的 59.7%；5≤T_{sh}≤11℃的时间为 2013h，占全年时间的 23.0%，$T_{sh}<$5℃的时间为 1520h，占全年时间的 17.4%；由此可以得出：当在上海地区采用水侧自然冷却时，约 218d 的时间，系统在电制冷模式下运行；约 84d 的时间，系统在预冷模式下运行；约 63d 的时间，系统在完全自然冷却模式下运行。

按照冷冻水系统的供回水温度为 15℃/21℃，板式换热器的换热逼近度为 1℃，湿球温度 8℃时开始自然冷却，通过统计上海市的室外逐时气象参数（湿球温度）可以得出：$T_{sh}>$ 13℃的时间为 4735h，占全年时间的 54.1%；8≤T_{sh}≤13℃的时间为 1512h，占全年时间的 17.3%，$T_{sh}<$8℃的时间为 2513h，占全年时间的 28.7%；由此可以得出：当在上海地区采用水侧自然冷却时，约 197d 的时间，系统在电制冷模式下运行；约 63d 的时间，系统在预冷模式下运行；约 105d 的时间，系统在完全自然冷却模式下运行。

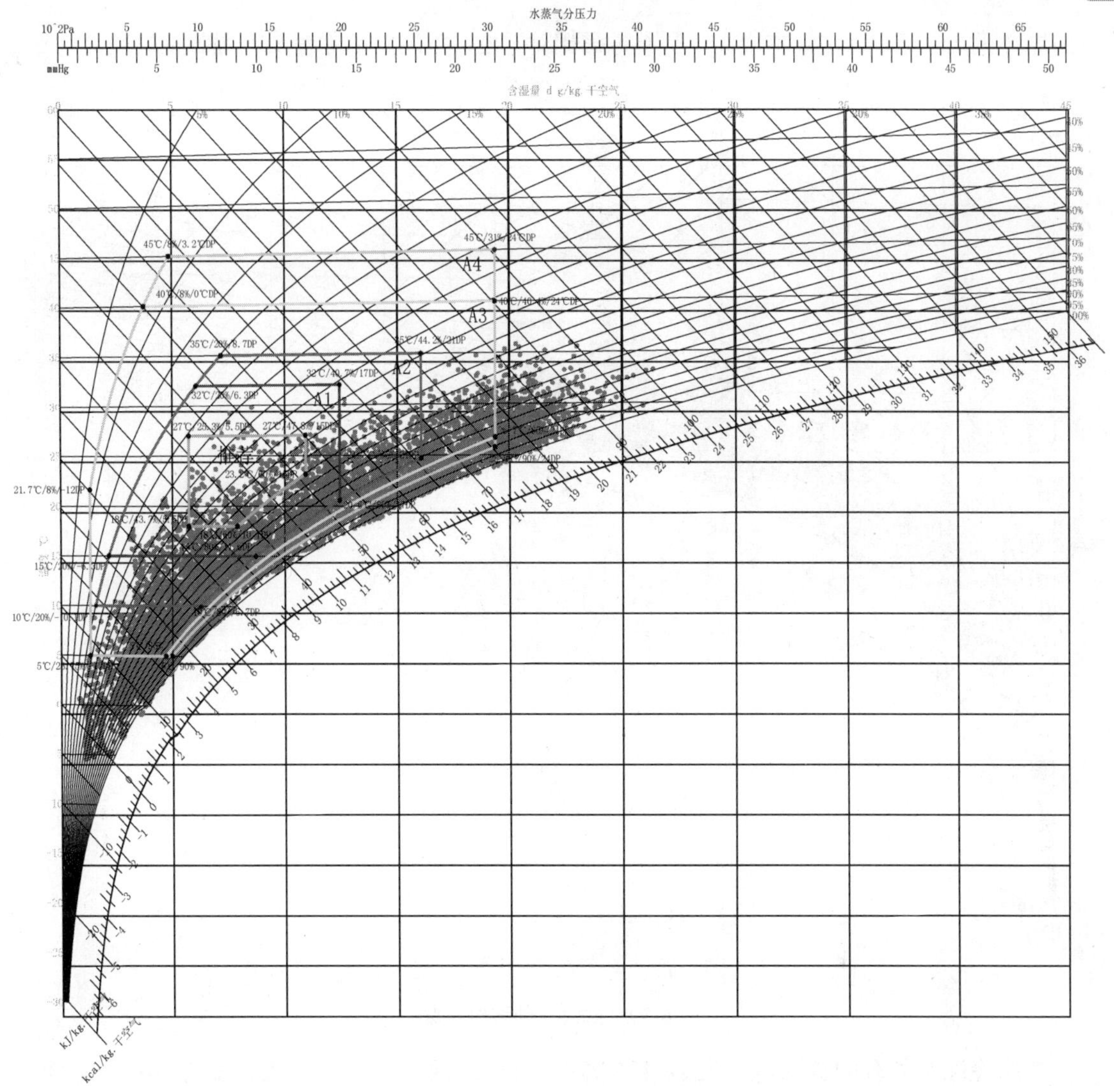

图 6-38　上海室外逐时参数

按照冷冻水系统的供回水温度为 17℃/23℃，板式换热器的换热逼近度为 1℃，湿球温度 10℃时开始自然冷却，通过统计上海市的室外逐时气象参数（湿球温度）可以得出：T_{sh}>15℃的时间为 4223h，占全年时间的 48.2%；10≤T_{sh}≤15℃的时间为 1312h，占全年时间的 15.0%，T_{sh}<10℃的时间为 3225h，占全年时间的 36.8%；由此可以得出：当在上海地区采用水侧自然冷却时，约 176d 的时间，系统在电制冷模式下运行；约 55d 的时间，系统在预冷模式下运行；约 134d 的时间，系统在完全自然冷却模式下运行。

按照 IT 设备入口温度设计范围为 18～27℃，通过统计夏热冬冷地区武汉市的室外逐时气象参数（见图 6-39）（干球温度）可以得出：18≤T_g≤27℃的时间为 2671h，占全年时间的 30.5%，T_g<18℃的时间为 4378h，占全年时间的 50.0%；T_g>27℃的时间为 1711h，占全年时间的 19.5%。由此可以得出：当在武汉地区采用直接风侧自然冷却时，约 111d 的时间，系统在全新风模式下运行；约 182d 的时间，系统在新回风混合模式下运行；约 72d 的时间，系统在全回风内循环模式下运行（注：本段描述暂不考虑相对湿度，湿度将由除湿及加湿装置处理）。

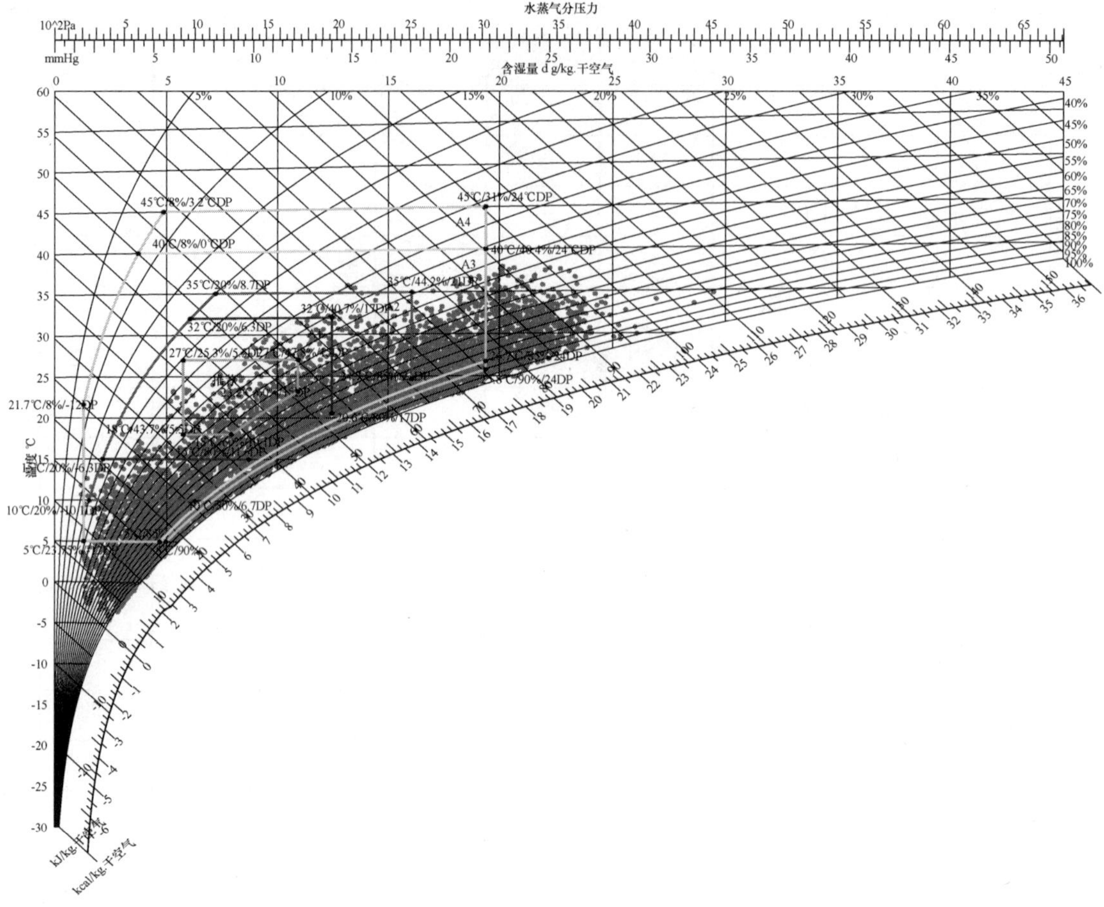

图 6-39　武汉室外逐时参数

按照冷冻水系统的供回水温度为 12℃/18℃，板式换热器的换热逼近度为 1℃，湿球温度 5℃时开始自然冷却，通过统计武汉市的室外逐时气象参数（湿球温度）可以得出：$T_{sh}>11$℃的时间为 5377h，占全年时间的 61.4%；$5\leqslant T_{sh}\leqslant 11$℃的时间为 1645h，占全年时间的 18.8%，$T_{sh}<5$℃的时间为 1738h，占全年时间的 19.8%；由此可以得出：当在武汉地区采用水侧自然冷却时，约 224d 的时间，系统在电制冷模式下运行；约 69d 的时间，系统在预冷模式下运行；约 72d 的时间，系统在完全自然冷却模式下运行。

按照冷冻水系统的供回水温度为 15℃/21℃，板式换热器的换热逼近度为 1℃，湿球温度 8℃时开始自然冷却，通过统计武汉市的室外逐时气象参数（湿球温度）可以得出：$T_{sh}>13$℃的时间为 5005h，占全年时间的 57.1%；$8\leqslant T_{sh}\leqslant 13$℃的时间为 1034h，占全年时间的 11.8%，$T_{sh}<8$℃的时间为 2721h，占全年时间的 31.1%；由此可以得出：当在武汉地区采用水侧自然冷却时，约 209d 的时间，系统在电制冷模式下运行；约 43d 的时间，系统在预冷模式下运行；约 113d 的时间，系统在完全自然冷却模式下运行。

按照冷冻水系统的供回水温度为 17℃/23℃，板式换热器的换热逼近度为 1℃，湿球温度 10℃时开始自然冷却，通过统计武汉市的室外逐时气象参数（湿球温度）可以得出：T_{sh}

>15℃的时间为 4529h，占全年时间的 51.7%；10≤T_{sh}≤15℃的时间为 1019h，占全年时间的 11.6%，T_{sh}<10℃的时间为 3212h，占全年时间的 36.7%；由此可以得出：当在武汉地区采用水侧自然冷却时，约 189dd 时间，系统在电制冷模式下运行；约 42d 的时间，系统在预冷模式下运行；约 134d 的时间，系统在完全自然冷却模式下运行。

按照 IT 设备入口温度设计范围为 18～27℃，通过统计夏热冬暖地区广州市的室外逐时气象参数（见图 6-40）（干球温度）可以得出：18≤T_g≤27℃的时间为 4220h，占全年时间的 48.2%，T_g<18℃的时间为 2352h，占全年时间的 26.8%；T_g>27℃的时间为 2188h，占全年时间的 25.0%；。由此可以得出：数据中心设计在广州地区采用风侧节能时，约 176d 的时间，系统在全新风模式下运行；约 98d 的时间，系统在新回风混合模式下运行；约 91d 的时间，系统在全回风内循环模式下运行（注：本段描述暂不考虑相对湿度，湿度将由除湿及加湿装置处理）。

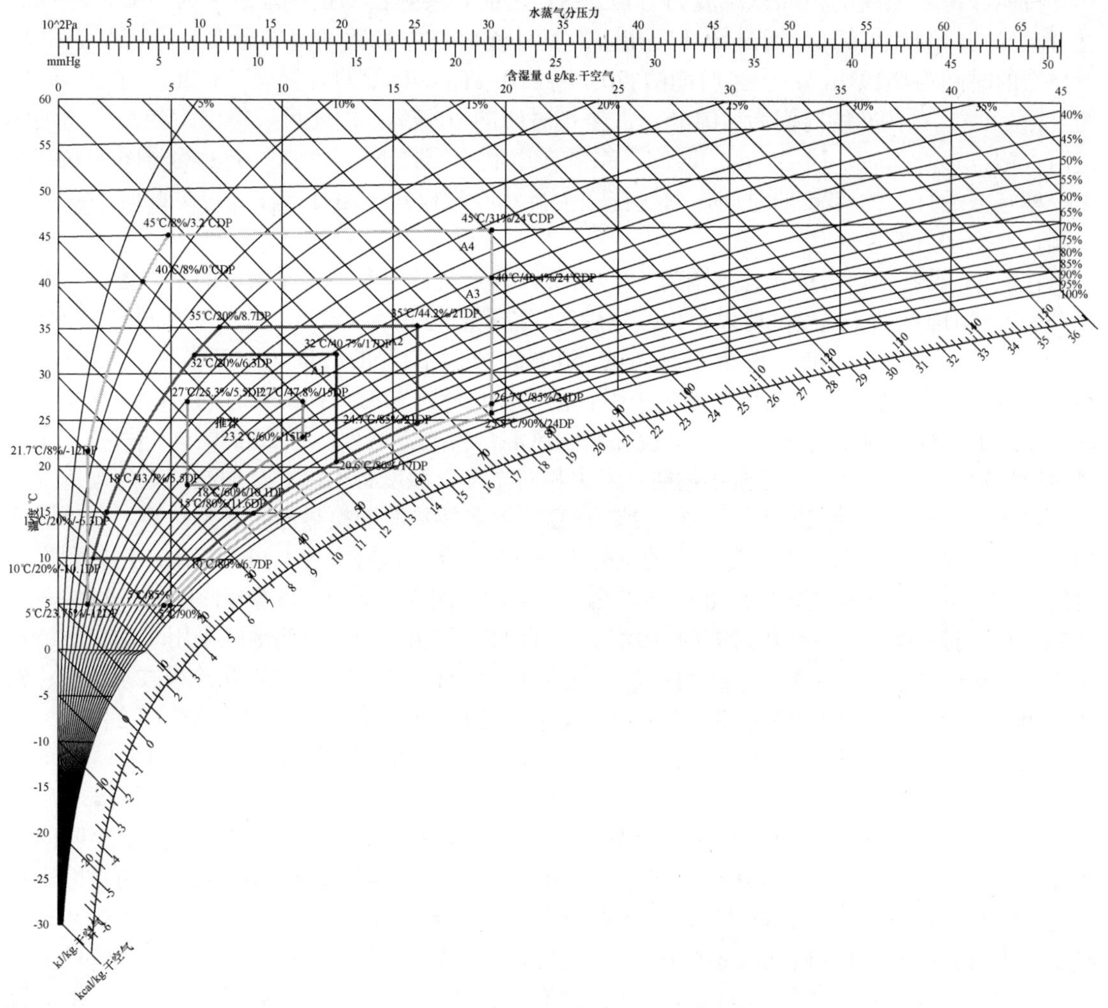

图 6-40 广州室外逐时参数

按照冷冻水系统的供回水温度为 12℃/18℃，板式换热器的换热逼近度为 1℃，湿球温度 5℃时开始自然冷却，通过统计广州市的室外逐时气象参数（湿球温度）可以得出：T_{sh}>11℃

的时间为 7414h，占全年时间的 84.6%；5≤T_{sh}≤11℃的时间为 1315h，占全年时间的 15%，T_{sh}<5℃的时间为 31h，占全年时间的 0.4%；由此可以得出：当在广州地区采用水侧自然冷却时，约 309d 的时间，系统在电制冷模式下运行；约 55d 的时间，系统在预冷模式下运行；约 1d 的时间，系统在完全自然冷却模式下运行（注：可见此时不宜采用水侧自然冷却方案）。

按照冷冻水系统的供回水温度为 15℃/21℃，板式换热器的换热逼近度为 1℃，湿球温度 8℃时开始自然冷却，通过统计广州市的室外逐时气象参数（湿球温度）可以得出：T_{sh}>13℃的时间为 6763h，占全年时间的 77.2%；8≤T_{sh}≤13℃的时间为 1556h，占全年时间的 17.8%，T_{sh}<8℃的时间为 441h，占全年时间的 5.0%；由此可以得出：当在广州地区采用水侧自然冷却时，约 282d 的时间，系统在电制冷模式下运行；约 65d 的时间，系统在预冷模式下运行；约 18d 的时间，系统在完全自然冷却模式下运行（注：可见此时不宜采用水侧自然冷却方案）。

按照冷冻水系统的供回水温度为 17℃/23℃，板式换热器的换热逼近度为 1℃，湿球温度 10℃时开始自然冷却，通过统计广州市的室外逐时气象参数（湿球温度）可以得出：T_{sh}>15℃的时间为 6197h，占全年时间的 70.7%；10≤T_{sh}≤15℃的时间为 1549h，占全年时间的 11.6%，T_{sh}<10℃的时间为 1014h，占全年时间的 17.7%；由此可以得出：当在广州地区采用水侧自然冷却时，约 258d 的时间，系统在电制冷模式下运行；约 65d 的时间，系统在预冷模式下运行；约 42d 的时间，系统在完全自然冷却模式下运行（注：可见此时不宜采用水侧自然冷却方案）。

按照 IT 设备入口温度设计范围为 18～27℃，通过统计温和地区昆明市的室外逐时气象参数（见图 6-41）（干球温度）可以得出：18≤T_g≤27℃的时间为 3409h，占全年时间的 38.9%，T_g<18℃的时间为 5318h，占全年时间的 60.7%；T_g>27℃的时间为 33h，占全年时间的 0.4%;。由此可以得出：当在昆明地区采用直接风侧自然冷却时，约 142d 的时间，系统在全新风模式下运行；约 221d 的时间，系统在新回风混合模式下运行；约 2d 的时间，系统在全回风内循环模式下运行（注：本段描述暂不考虑相对湿度，湿度将由除湿及加湿装置处理）。

按照冷冻水系统的供回水温度为 12℃/18℃，板式换热器的换热逼近度为 1℃，湿球温度 5℃时开始自然冷却，通过统计昆明市的室外逐时气象参数（湿球温度）可以得出：T_{sh}>11℃的时间为 4992h，占全年时间的 57.0%；5≤T_{sh}≤11℃的时间为 2859h，占全年时间的 32.6%，T_{sh}<5℃的时间为 909h，占全年时间的 10.4%；由此可以得出：当在昆明地区采用水侧自然冷却时，约 208d 的时间，系统在电制冷模式下运行；约 119d 的时间，系统在预冷模式下运行；约 38d 的时间，系统在完全自然冷却模式下运行（注：可见此时不宜采用水侧自然冷却方案）。

按照冷冻水系统的供回水温度为 15℃/21℃，板式换热器的换热逼近度为 1℃，湿球温度 8℃时开始自然冷却，通过统计昆明市的室外逐时气象参数（湿球温度）可以得出：T_{sh}>13℃的时间为 4200h，占全年时间的 47.9%；8≤T_{sh}≤13℃的时间为 2134h，占全年时间的 24.4%，T_{sh}<8℃的时间为 2426h，占全年时间的 27.7%；由此可以得出：当在昆明地区采用水侧自然冷却时，约 175d 的时间，系统在电制冷模式下运行；约 89d 的时间，系统在预冷模式下运行；约 101d 的时间，系统在完全自然冷却模式下运行。

按照冷冻水系统的供回水温度为 17℃/23℃，板式换热器的换热逼近度为 1℃，湿球温度 10℃时开始自然冷却，通过统计昆明市的室外逐时气象参数（湿球温度）可以得出：T_{sh}>15℃的时间为 3067h，占全年时间的 35.0%；10≤T_{sh}≤15℃的时间为 2352h，占全年时间的 26.8%，T_{sh}<10℃的时间为 3341h，占全年时间的 38.1%；由此可以得出：当在昆明地区采用水侧自然冷却时，约 128d 的时间，系统在电制冷模式下运行；约 98d 的时间，系统在

预冷模式下运行；约 139d 的时间，系统在完全自然冷却模式下运行。

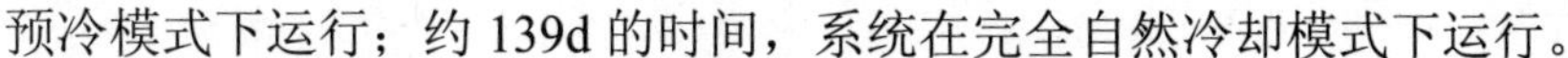

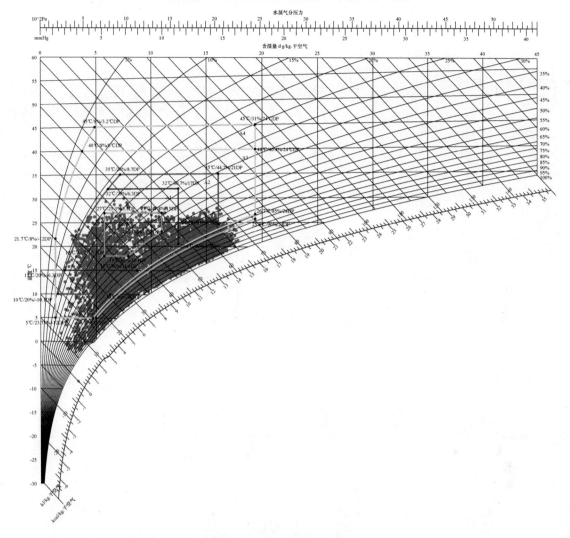

图 6-41　昆明室外逐时参数

6.5.2　不同气象区制冷系统的区别

即使数据中心采用同一种制冷系统，也会因为建设地点所在的气象区不同而大有区别，本章举例详述之。当数据中心都采用了冷冻水一二次泵系统时，水侧节能器的配置取决于数据中心建设地点所在的气象区，以下分严寒气象区、寒冷气象区、炎热气象区三个气象区分析制冷系统的区别；严寒地区的冷冻水系统原理如图 6-42 所示，冷却水系统原理如图 6-43 所示。

寒冷地区的冷冻水系统原理如图 6-44 所示，冷却水系统原理如图 6-45 所示。

炎热地区的冷冻水系统原理如图 6-46 所示，冷却水系统原理如图 6-47 所示。

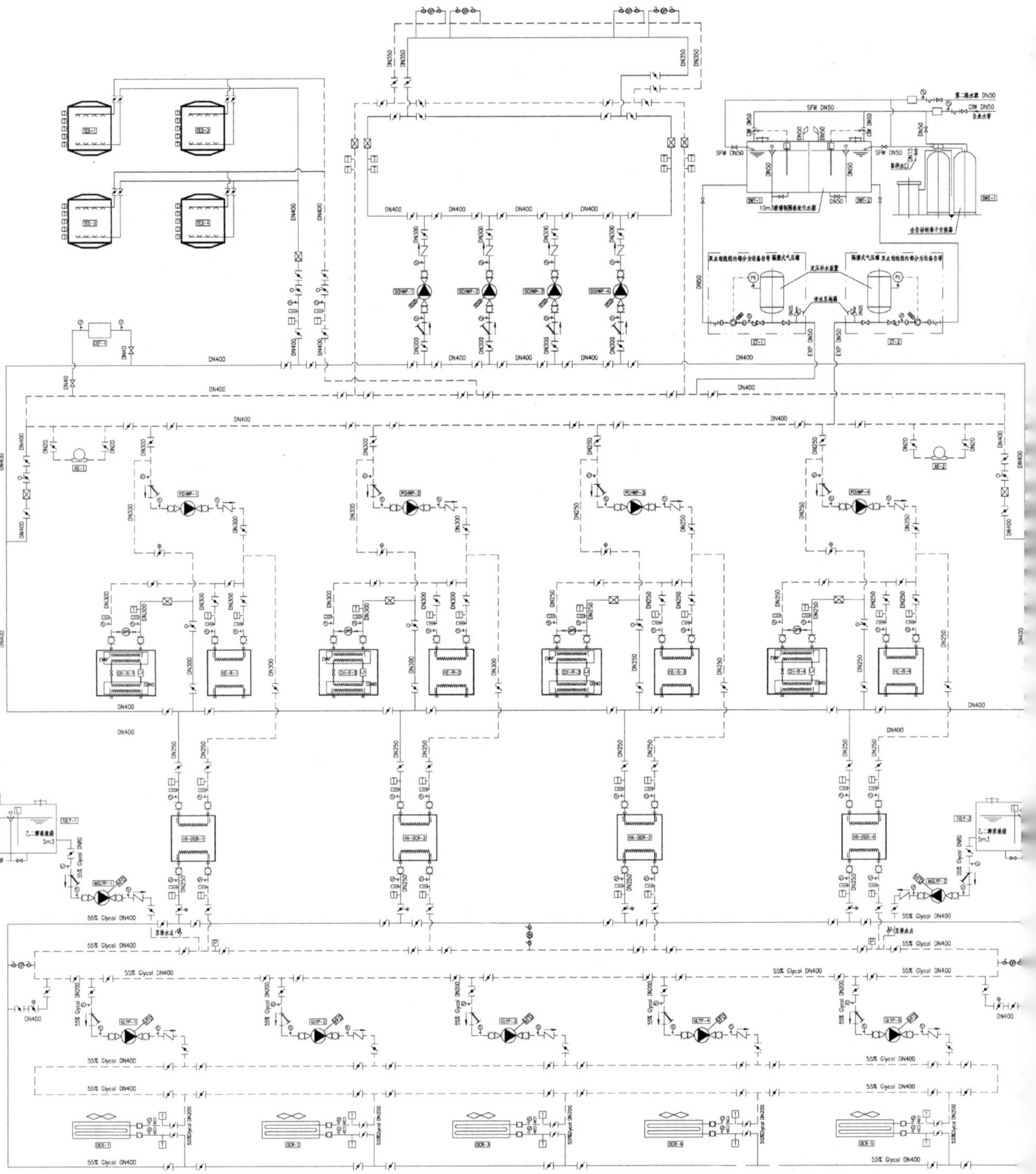

图 6-42　严寒地区冷冻水系统原理图

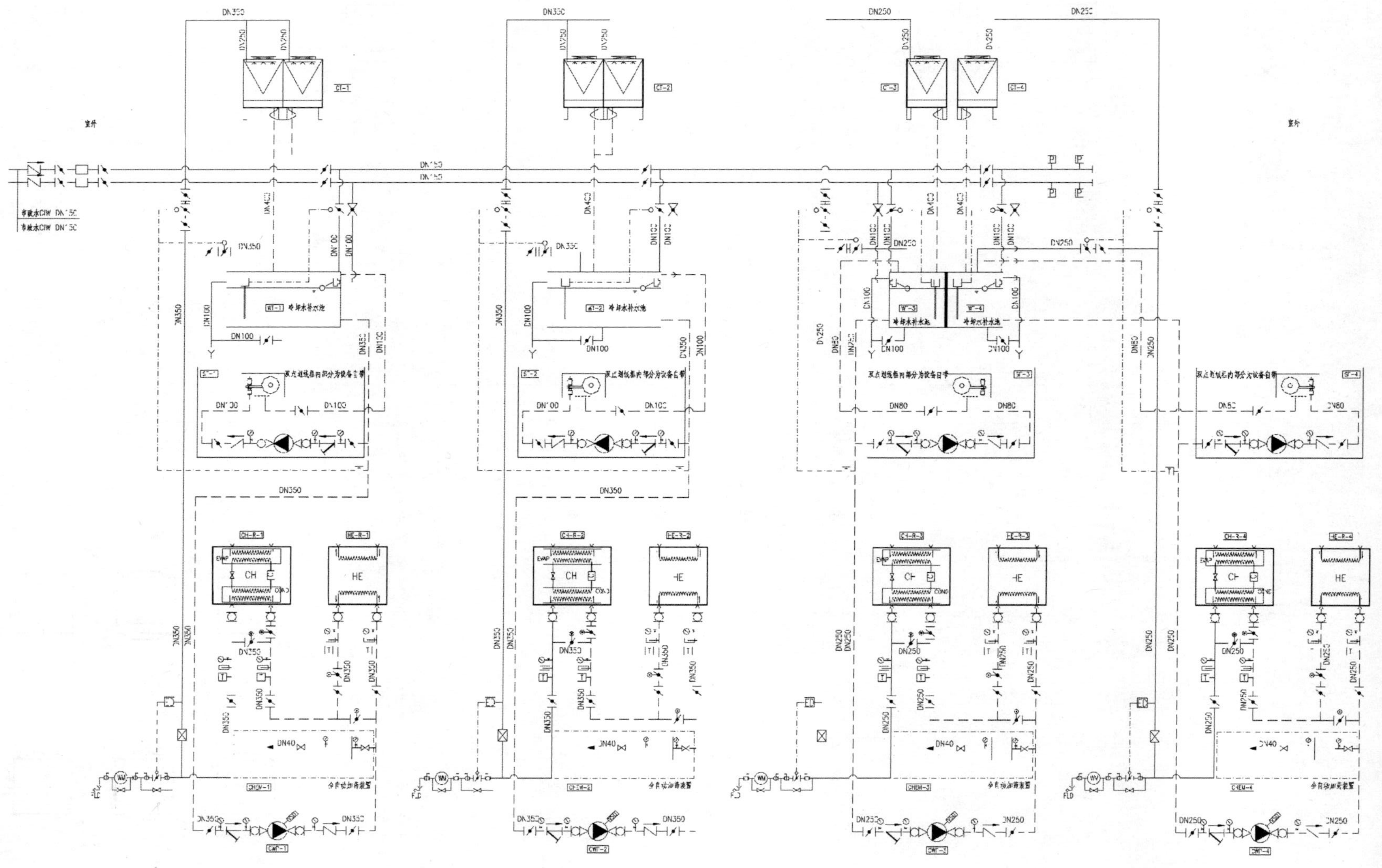

图 6-43　严寒地区冷却水系统原理图

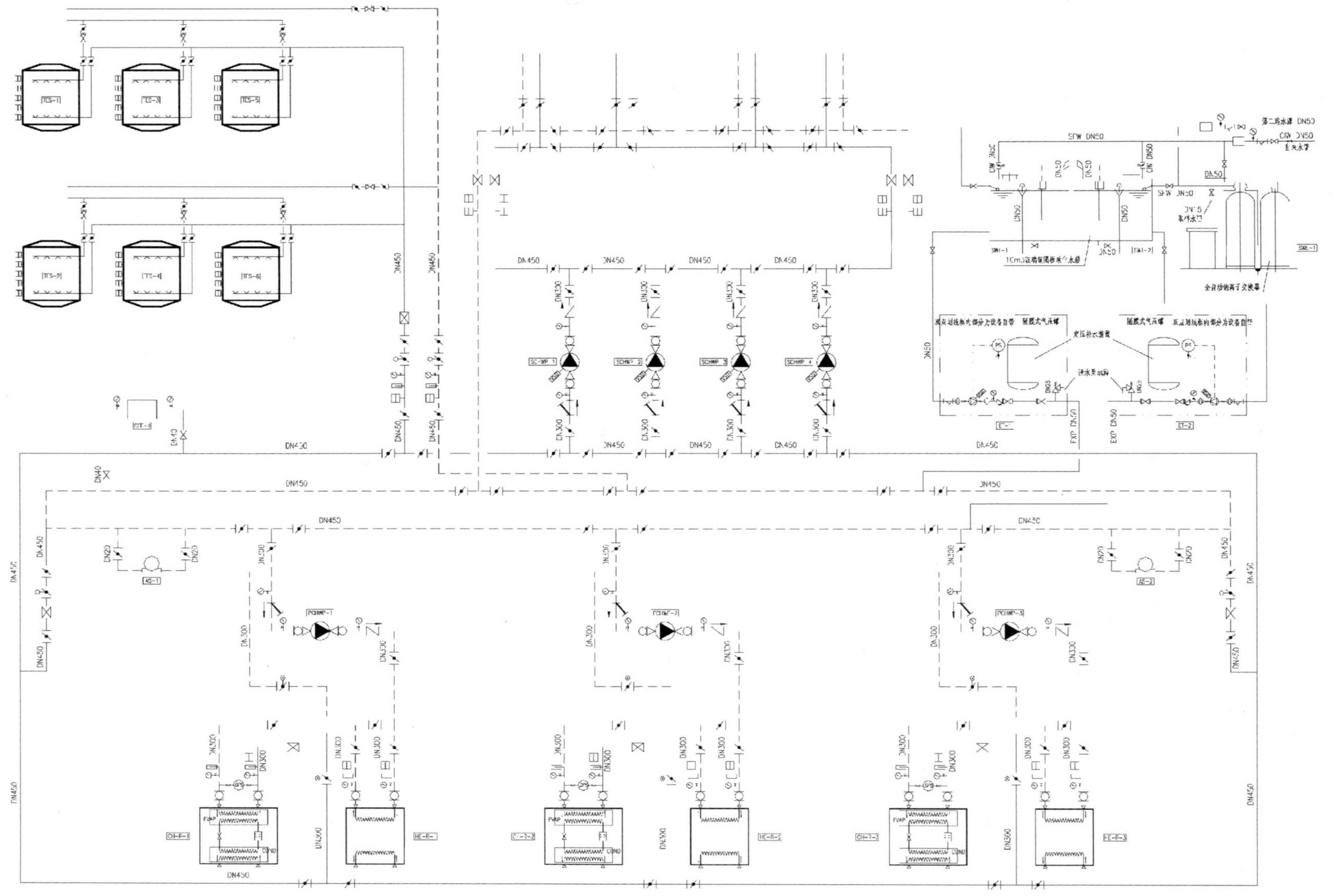

图 6-44　寒冷地区冷冻水系统原理图

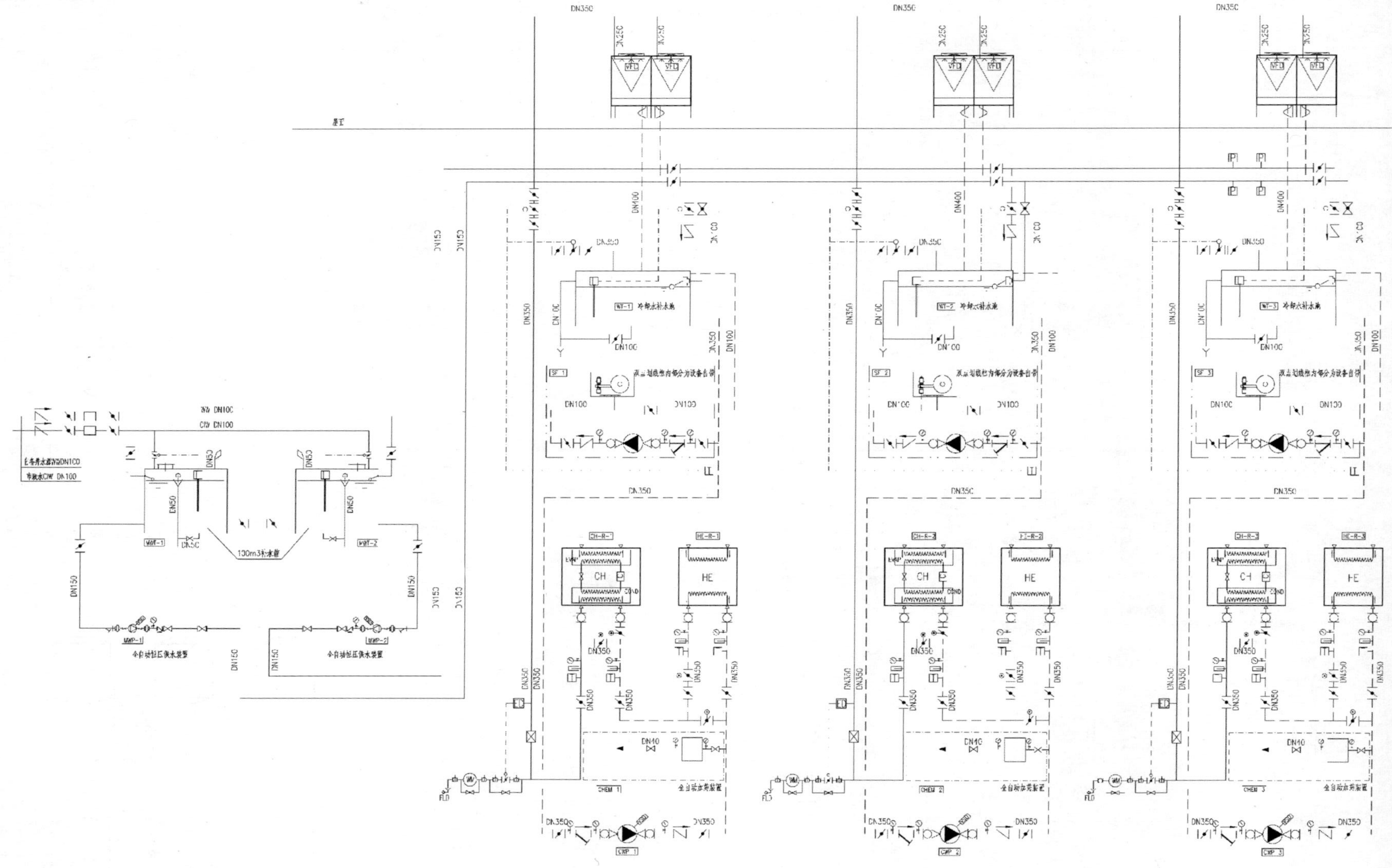

图 6-45　寒冷地区冷却水系统原理图

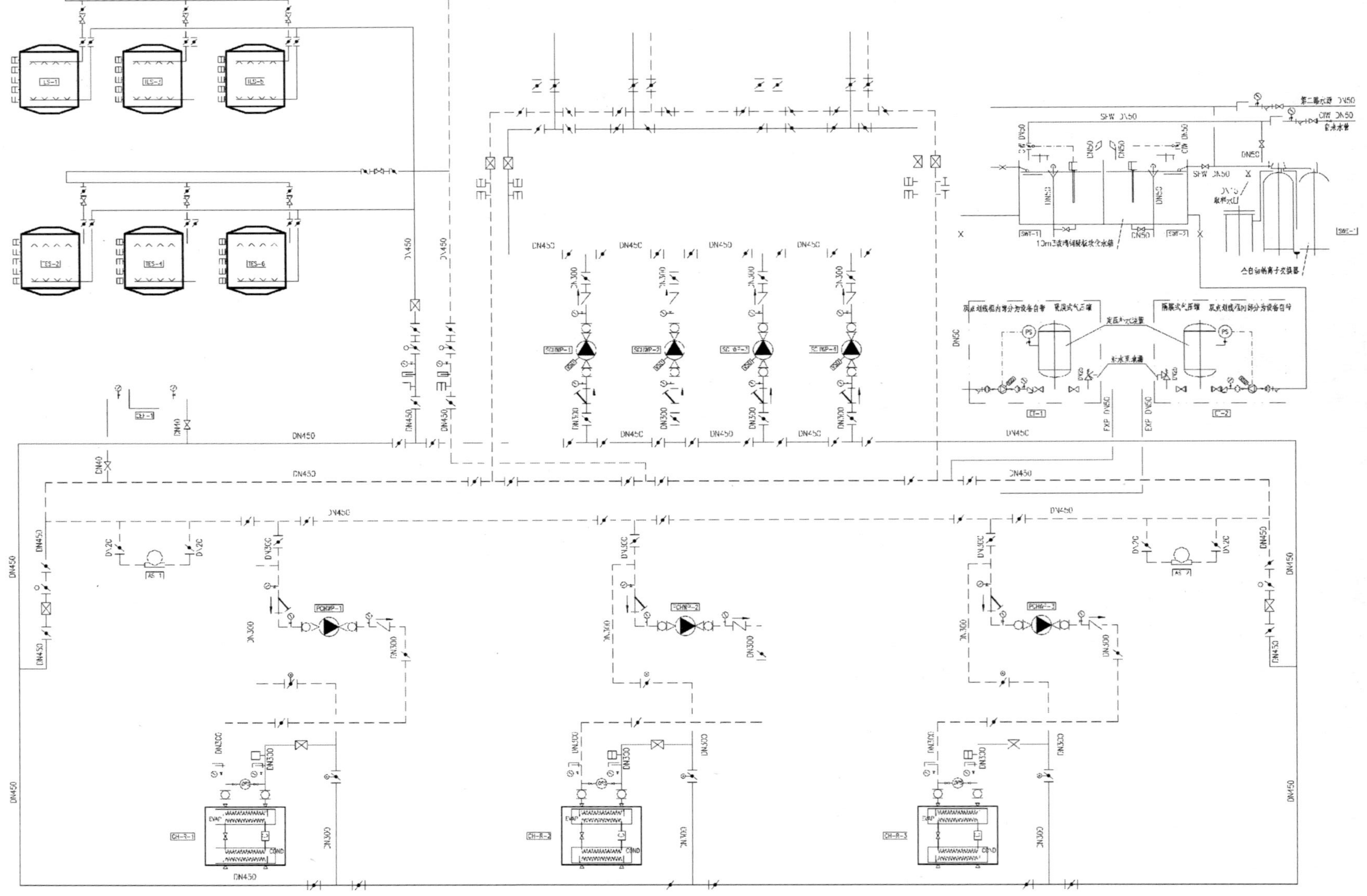

图 6-46 炎热地区冷冻水系统原理图

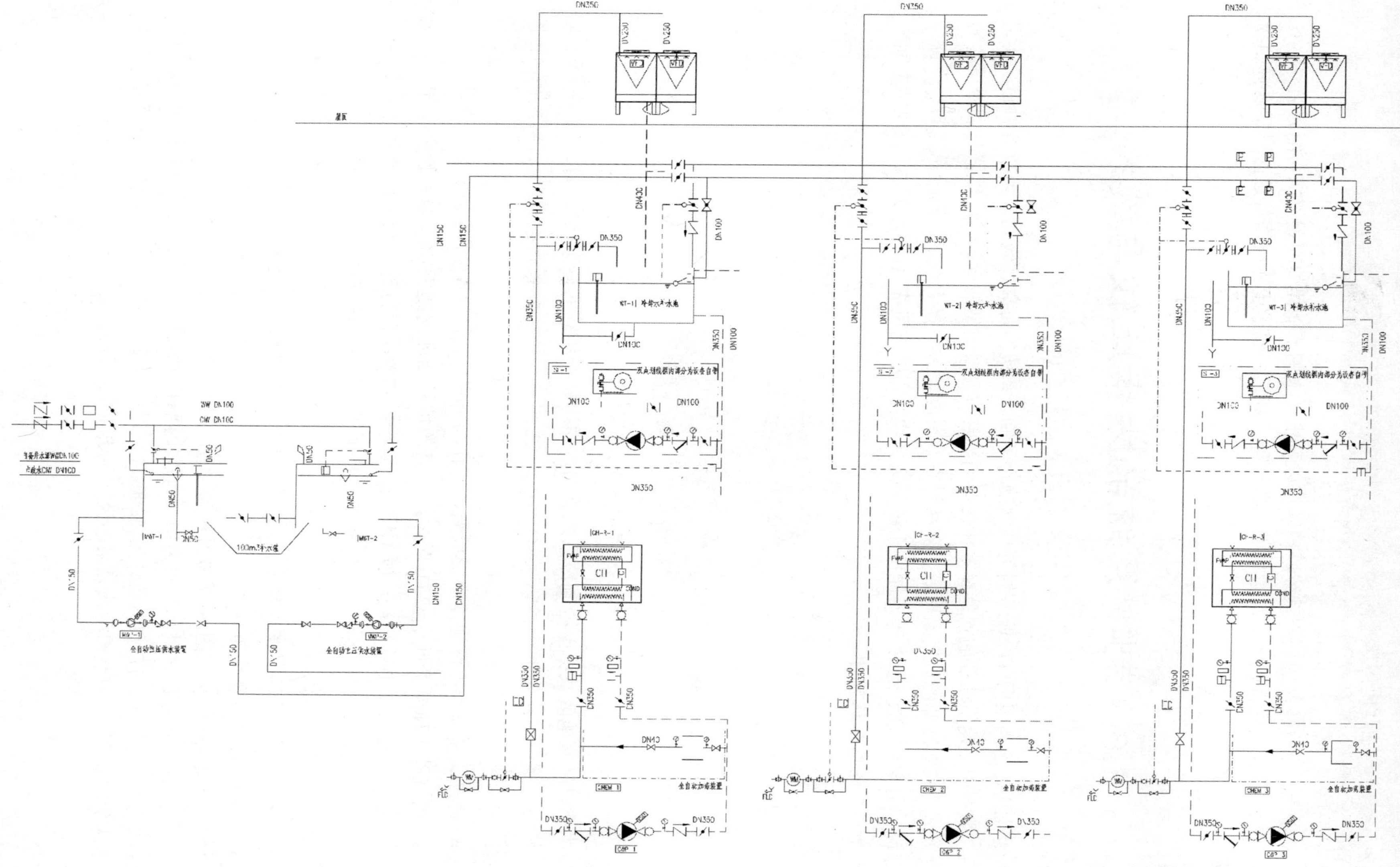

图 6-47　炎热地区冷却水系统原理图

从以上三个气象区的制冷系统原理图可以看出，水侧节能器的配置方法与配置类型随着气象区的不同大不相同，在实际数据中心的选址、规划、建设中应根据气象区科学选择制冷系统。

6.6 制冷系统的方案比较与选择

综上所述，当根据 IT 业务的可靠性确定了制冷系统的可靠性级别，当数据中心选址完成后，数据中心建设地点的气象参数往往深刻影响节能器类型的选择、节能器与制冷设备的组合方式、自然冷却的设定温度点、制冷设备及节能设备的容量设定、制冷系统的初投资与运行费、制冷系统的 PUE 等，制冷系统的选择往往需要在可靠性、能效比、总成本之间取得平衡点，如图 6-48 所示。

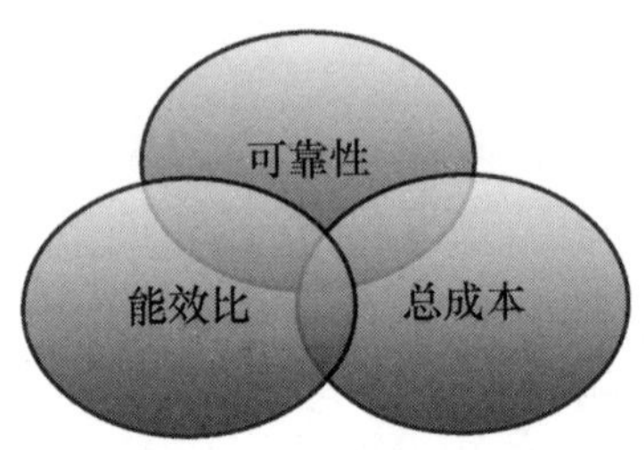

图 6-48　制冷系统选择需平衡的三要素

本章以严寒地区数据中心制冷系统为例，详述制冷系统的方案比较与选择。在严寒地区，室外干球温度常常低于−35℃甚至−42℃，采用冷却塔串联板换的水侧节能器存在如下问题：

- 冷却设备及相关设施需耐受低温，应在约-40℃的低温环境下保证安全可靠。
- 当室外干球温度低于−25℃时，冷却塔的填料结冰问题突出，如果整个冷却水系统充灌乙二醇，则系统运行成本增加、夏季的热效率降低并增加维护难度。

根据严寒地区的温度条件，可供选择的水侧自然冷却器制冷方案如下所述。

方案一：水冷水机+开式冷却塔+干冷器（当室外干球温度不高于−15℃时，采用干冷器自然冷却，当室外湿球温度不高于 12℃时，采用冷却塔自然冷却）；方案二：风冷水机+干冷器（采用干冷器自然冷却）。

两种方案系统架构如图 6-49 和图 6-50 所示。

本章以我国严寒地区具体项目为例，对以上两种方案进行对比分析。该数据中心建设地点在黑龙江省黑河市，IT 负荷统计为 5200kW。黑河市 20 年最低干球温度为−41.5℃，最高干球温度为 36.7℃，有气象记录以来的极端湿球温度为 26.4℃。

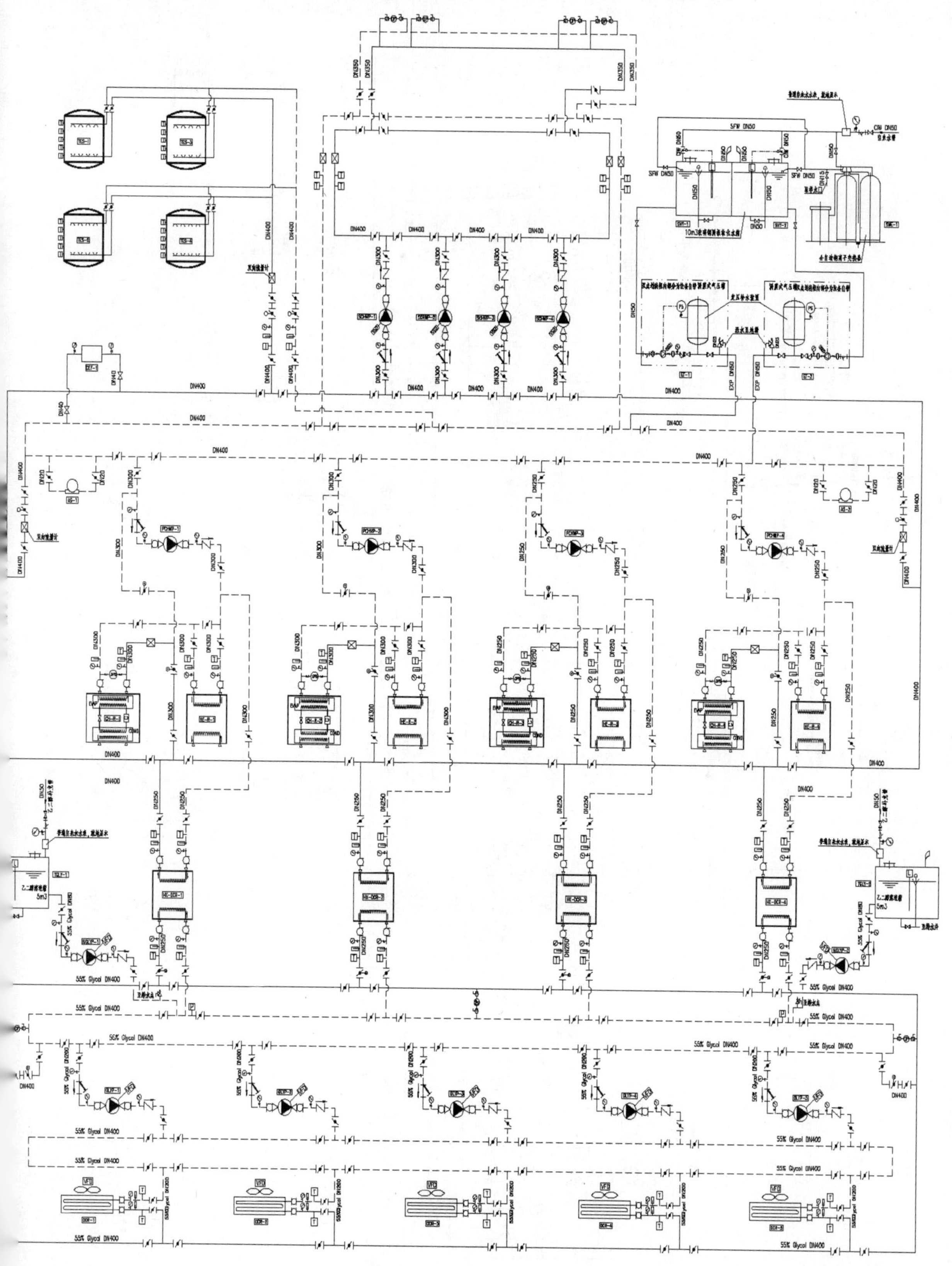

图 6-49 方案一系统原理图

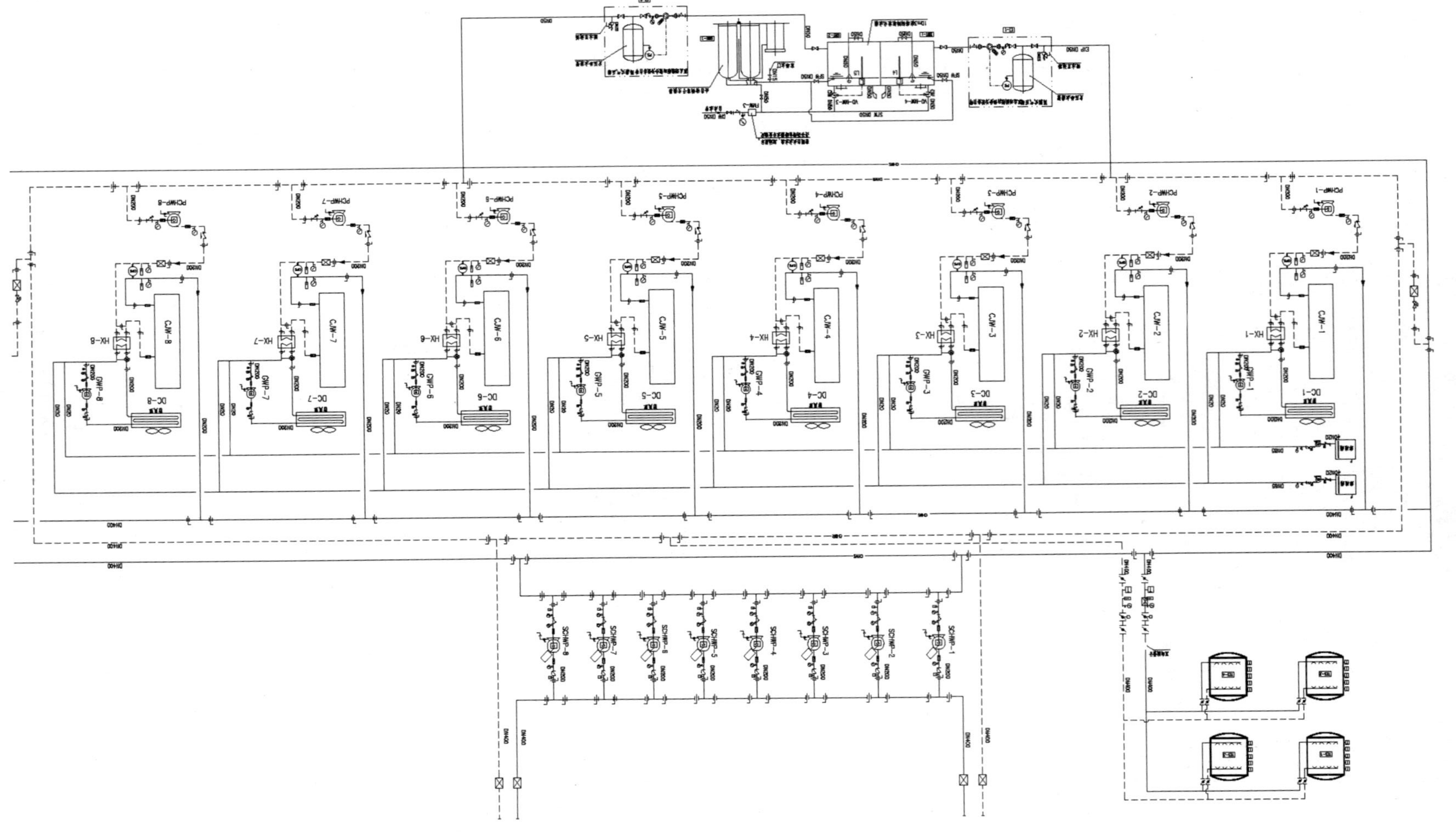

图 6-50　方案二系统原理图

方案一（水冷水机+开式冷却塔+干冷器）制冷空调系统主要设备配置及投资概算见表 6-8。

表 6-8　方案一设备配置及投资概算

序号	名　称	规　格	小计/万元
1	水冷离心式冷水机组	制冷量：3869kW（1100RT） 冷冻水供回水温度：12°C /18°C	360.0
	水冷离心式冷水机组	制冷量：1934kW（550RT） 冷冻水供回水温度：12°C /18°C	200.0
2	冷冻水一次泵	流量：560m³/h 扬程：18m	22.0
	冷冻水一次泵	流量：280m³/h 扬程：18m	12.0
3	冷冻水二次泵	流量：560m³/h 扬程：30m	36.0
	冷冻水二次泵	流量：280m³/h 扬程：30m	20.0
4	冷却水泵	流量：780m³/h 扬程：32m	40.0
	冷却水泵	流量：340m³/h 扬程：32m	20.0
5	乙二醇泵	流量：280m³/h 扬程：25m	32.0
6	钢制冷却塔	流量：780m³/h	150.0
	钢制冷却塔	流量：340m³/h	80.0
7	干冷器	换热量：1936kW	550.0
8	水-水换热器	换热量：3869kW	80.0
	水-水换热器	换热量：1934kW	40.0
9	水-乙二醇换热器	换热量：3869kW	90.0
	水-乙二醇换热器	换热量：1934kW	50.0
10	蓄冷罐	有效容量：30m³	48.0
11	冷冻水设备管道安装调试工程	包括定压罐、加药装置、水质抽样检测装置等，冷冻水和冷却水管道、阀门、保温、管道配件等	549.0
12	冷冻水精密空调机组	显冷量：120kW 风量：28 890m³/h 冷冻水供回水温度：12°C /18°C	1296.0
	冷冻水精密空调机组	显冷量：83kW 风量：19 260m³/h 冷冻水供回水温度：12°C /18°C	345.0
	冷冻水精密空调机组	显冷量：38kW 风量：8500m³/h 冷冻水供回水温度：12°C /18°C	48.0
13	吊顶式空调机组	额定风量：4000m³/h，显冷量：15kW	9.6
14	卧室暗装风机盘管	额定风量：850m³/h 显冷量：4kW	2.4

（续表）

序号	名 称	规 格	小计/万元
15	水源热泵机组	额定风量：9500m³/ h	32.0
	水源热泵机组	额定风量：3800m³/ h	7.0
16	定压装置水箱等		10.0
17	湿膜加湿器	加湿量：11kg/h	108.0
18	风机	各种类型	24.8
19	风管设备管道安装调试工程	包括管道、阀门、保温、管道配件等	188.3
20	辅助区域空调		30.0
	空调系统初投资合计		4480.1

方案一（水冷水机+开式冷却塔+干冷器）可比部分电气系统投资概算见表6-9。

表6-9 方案一可比部分电气系统投资概算

序号	名 称	精密空调风扇与二次泵运行总功率/kW	折算视在功率/kVA	UPS需求/kVA	柴油机需求/kW	UPS投资/(元/kVA)	柴油机投资/(/kW)	UPS及柴油机投资/万元	变压器及开关部分投资/万元	可比电气部分总投资/万元
1	CRAH	751	937.8	1050.0	1339.7	2200.0	2300.0	539.1	260.0	1557.9
2	二次泵	150	187.5	320.0	267.9	2200.0	2300.0	132.0		
3	产冷单元	1526	1907.5	0.0	2725.0	2200.0	2300.0	626.8		

方案二（风冷水机+干冷器）制冷空调系统主要设备配置及投资概算见表6-10。

表6-10 方案二设备配置及投资概算

序号	名 称	规格及型号	小计/万元
1	风冷螺杆式冷水机组	制冷量：1125kW（320RT） 冷冻水供回水温度：12/18°C	880.0
2	干冷器	换热量：1125kW	520.0
3	冷冻水一次泵	流量：170m³/h 扬程：18m	38.4
4	冷冻水二次泵	流量：170m³/h 扬程：30m	48.0
5	乙二醇泵	流量：170m³/h 扬程：25m	41.6
6	水-乙二醇换热器	换热量：1125kW	120.0
7	蓄冷罐	有效容量：30m³	48.0
8	冷冻水设备管道安装调试工程	包括定压罐、加药装置、水质抽样检测装置等，冷冻水和冷却水管道、阀门、保温、管道配件等	508.8

（续表）

序号	名　称	规格及型号	小计/万元
9	冷冻水精密空调机组	显冷量：153kW 风量：35 000m^3/h 冷冻水供回水温度：15/21°C	1008.0
	冷冻水精密空调机组	显冷量：120kW 风量：28 890m^3/h 冷冻水供回水温度：12/18°C	1296.0
	冷冻水精密空调机组	显冷量：83kW 风量：19260m^3/h 冷冻水供回水温度：12/18°C	345.0
	冷冻水精密空调机组	显冷量：38kW 风量：8500m3/h 冷冻水供回水温度：12/18°C	48.0
10	吊顶式空调机组	额定风量：4000m^3/h　　显冷量：15kW	9.6
11	卧室暗装风机盘管	额定风量：850m^3/h　　显冷量：4kW	2.4
12	水源热泵机组	额定风量：9500m^3/h	32.0
	水源热泵机组	额定风量：3800m^3/h	7.0
13	定压装置水箱等		10.0
14	湿膜加湿器	加湿量：11kg/h	108.0
15	风机	各种类型	24.8
16	风管设备管道安装调试工程	包括管道、阀门、保温、管道配件等	188.3
17	辅助区域空调		30.0
	空调系统初投资合计		5313.9

方案二（风冷水机+干冷器）可比部分电气系统投资概算见表 6-11。

表 6-11　方案二可比部分电气系统投资概算

序号	名称	精密空调风扇与二次泵运行总功率/kW	折算视在功率/kVA	UPS 需求/kVA	柴油机需求/kW	UPS 投资（元/kVA）	柴油机投资（元/kW）	UPS 及柴油机投资/万元	变压器及开关线缆投资/万元	可比电气部分总投资/万元
1	CRAH	751	937.8	1050.0	1339.7	2200.0	2300.0	539.1	475.0	2671.0
2	二次泵	175	218.4	320.0	312.0	2200.0	2300.0	142.2		
3	产冷单元	3688	4610.0	0.0	6585.7	2200.0	2300.0	1514.7		

方案一（水冷水机+开式冷却塔+干冷器）自然冷却时间分析如图 6-51 所示，经逐时计算分析 PUE 为 1.30。

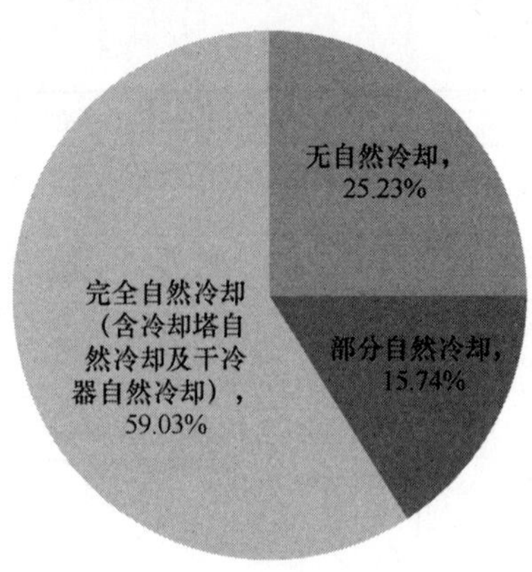

图 6-51　方案一自然冷却时间分析

方案二（风冷水机+干冷器）自然冷却时间分析如图 6-52 所示，经逐时计算分析 PUE 为 1.38。

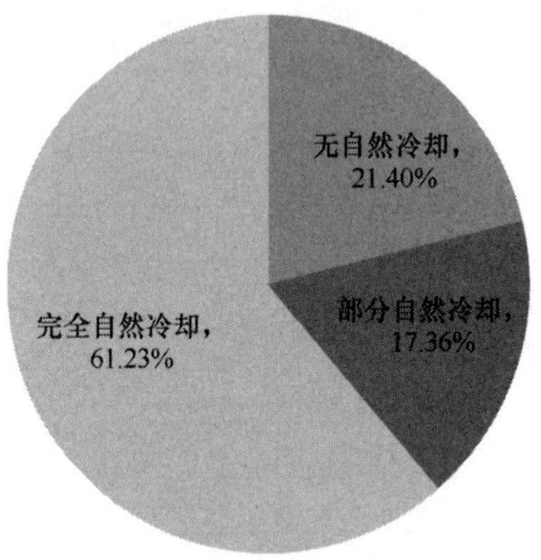

图 6-52　方案二自然冷却时间分析

方案一（水冷水机+开式冷却塔+干冷器）及方案二（风冷水机+干冷器）运行费用计算依据如下所述。

- 水价：3.8 元/ m^3
- 电价：0.538 元/ kWh

综合以上分析计算，方案一与方案二比较见表 6-12。

表 6-12　方案一与方案二的各项比较

项　目	方案一（水冷水机+开式冷却塔+干冷器）	方案二（风冷水机+干冷器）
设备占用空间	冷冻站及屋面空间（或地面）	屋面空间（或地面）
可靠性	A 级或 T3	A 级或 T3
对供水依赖性	高	低
可比部分初投资/万元	6038.0	7984.9
年耗电/kWh	59 673 120	62 861 760
年耗水量/m^3	189 025	0

（续表）

项　　目	方案一（水冷水机+开式冷却塔+干冷器）	方案二（风冷水机+干冷器）
年运行费用/万元	3282.24	3381.96
PUE	1.31	1.38
自控	易实现	较难实现
优点汇总	初投资及运行费低，节能，自控易实现	系统运行不依赖水资源
缺点汇总	系统运行依赖水资源	初投资高，运行费用高，较难实现自控

以上计算与分析表明，无论是初投资还是运行费用，方案一都有一定优势。

- 方案一初投资优势明显，主要是因为方案二（风冷水机+干冷器）中风冷水机与干冷器价格较高，且设备功率高，需配置更多的柴油发电动机组、变压器、柴油贮罐等设施，增加了电气系统的初投资。
- 方案一 PUE 更低，主要是因为方案二中风冷冷水机组的制冷效率较低；此外，由于采用风冷冷水机组配电容量增加，电气损耗也会增加。
- 方案二的干冷器侧补水为乙二醇溶液，其补水及水处理设备等相关费用也会高于方案一，由于该费用份额较小，不会对结论产生较大的影响，因此这里不作详细分析。
- 方案一的运行依赖水资源，如果项目所在地的水资源短缺，则不适合采用方案一。

综上所述，无论采用方案一还是方案二，均可以满足数据中心的可靠性要求，从初投资和运行费用的角度看，方案一更有优势，从水资源的依赖度看，方案二更有优势。因此，严寒地区的数据中心可根据项目初投资、运行费、维护难易及建设地点的资源情况等选择最优方案。

6.7　连续制冷

6.7.1　连续制冷的必要性

超出数据处理设备制造商推荐的温度范围和变化率将会导致计算机和通信设备内组件材料的过度扩张和收缩。当机房内设备的温度达到极高数值时，尽管设备可能不会立即发生故障，但接下来几天、几周和几个月内设备提前发生故障的可能性将会增加。虽然有时候也有可能立即发生故障，但大多数情况下，这样的故障起初不易被察觉，需要几天或几周时间才得以显现。在此期间，各项功能看似正常，但实际已开始受损，设备的可靠性开始下降，处理能力开始削弱，并让技术人员疲于寻找问题的根源。

由热量引起的故障中最简单的例子是印制电路板的接点（该接点插于互连布线背板上）不再进行物理接触，从而导致间歇性或彻底的故障。由热量引起性能问题的另一例子是高故障率。硬件持续运行，但速度却大幅降低。当扩张或收缩进行至物理存放数据的介质时，光盘驱动器内系统必须多次尝试访问正确的信息，进而降低了读取/写入吞吐量。最后一个例子发生于热扩张足够强劲时，承载内部信号的精密印制电路布线实际已经断裂。尽管此时尚未发生彻底的故障，但一颗定时炸弹已悄然形成。印制电路布线断裂数月后，或对断电设备进行维护时，故障会最终触发。

计算机设备热量密度不断提高，机房温度在冷却故障后上升的速度越来越快，机房的进气温度在冷却空气流动发生故障后将在 60 s 内迅速上升至破坏性水平（取决于热密度）。更糟的是，冷却恢复后机房冷却过快。在市电发生故障时，UPS 将继续为机房提供电源，而硬件功率则转换成热量，即使柴油发电动机可用，启动并成功产生负载，但由于冷却设备需要重新启动，极有可能无法在数分钟内进行冷却。如果热量未能持续消除，那么机房的温度必然上升。引起冷却故障的另一常见原因是冷却设备（如冷水机组）由于众多原因自我锁定，恢复冷却将花费 15～30min。在凌晨或周末，没有现场工作人员手动操作安全电路时，恢复冷却装置将花费更多时间。

在不同负载条件下，不同冷却方式发生中断时，某公司对环境温度的变化进行了大量的现场测试。由于这些测试将对硬件可靠性产生严重威胁，因此测试在能够模拟计算机设备通电时所产生热量的负载存储体上开展。这些大量现场测试的结果收集自 2 800m^2 的站点，如图 6-53 所示。

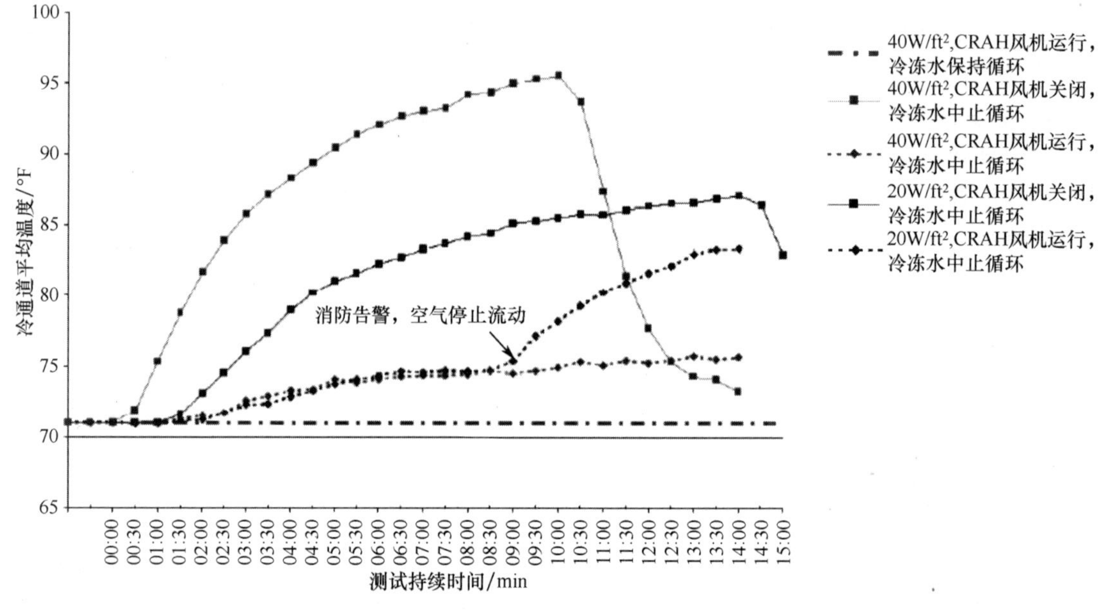

图 6-53　制冷中断时房间温升

可见，机房冷通道的平均温度在冷却中断后将上升。

- 在历史记录中最低的热负载下，仅有 20W/ft^2（215W/m^2）或（0.6kW/机架），在 14 min 内从 16°F（9°C）上升至 87.5°F（30.8°C）。19 个机房中有 17 个在 2005 年第四季度超过了这一密度。
- 在当今最低的密度下，仅有 40W/ft^2（431W/m^2）或（1.2kW/机架），在 10min 内从 25°F（14°C）上升至 96°F（35.5°C）。此前提到的 19 个机房中有 8 个机房在 2005 年第四季度的密度超过了 40W/ft^2（431W/m^2），而且其浓度远远超过了局部地区。

- 由于机房内的总湿度保持不变，相对湿度分别下降至 25%和 19%，或进入静电放电区域。
- 这些均为平均条件，高设备密度集中区域的局部温度将更高，其相对湿度将更低。

Site Uptime Network 的数据显示尽管发电动机能够正常启动，但是每年至少有一个成员站点将在延长期内发生冷却故障。识别出的原因是发电动机无法成功将负载转移，直至手动干预。在通常情况下，几乎需要花费 UPS 电池放电的全部时间（15min 左右）来辨别错误内容，并手动修复问题。

除了完全中断所有冷却，Computer Site Engineering, Inc. 还进行了制冷能力缺失、仍保持机房内空气流通的实验，保持空气流通能够让空气混合，因此含有充分冷却围护结构的房间内将产生大量热传递。与所有冷却停止时温度骤升不同，在保持冷却装置空气流通的情况下，到实验停止时的 14min 内温度呈现逐步上升趋势，总共增加了 4°F（2.2°C）。数据表明如果实验再持续 14min，温度将持续上升。

图中，冷却恢复后，在 4min 内，温度从 23°F (13°C) 开始迅速下降，变化的速度远远超过了制造商的推荐值，因此在实践中必须加以避免。人们的自然举动是迅速恢复全部冷却，为克服这种自然的举动，必须进行特殊的技术培训。

另外，室外冷凝器在极端气象参数下，有可能散热效果变差，造成制冷设备冷凝压力提高，制冷能力下降；冷凝器依靠冷却水的系统，在市政断水的情形下，如果蓄水供应不能及时到位，或者蓄水时间不够长，也有可能影响制冷的连续性，进而影响数据中心的可靠性。Uptime Institute 的白皮书对气象参数的依据有明确规定，Uptime Institutetechpaper_ATD_Makeup Water_100119 白皮书对冷却水补水的蓄水时间有明确规定。

UPS 系统采用固态电路，因此与计算机和通信设备同样易引起高温问题。为 UPS 设备机房提供持续冷却非常重要，以在 UPS 供电时，确保 UPS 设备机房内的温度不会超过影响其稳定性和可靠性的温度。

6.7.2 数据中心 Tier 级别与连续制冷

表 6-13 是 Uptime 白皮书中关于不同级别数据中心基础设施配置要求。

表 6-13 Uptime 不同级别数据中心基础设施配置要求

Uptime Institute 级别定义	Tier I 等级 I	Tier II 等级 II	Tier III等级III	Tier IV等级IV
在线设备数量及容量	N	N+1	N+1	N
分配路径	1	1	一路运行，另一路备用	单次故障之后两路同时运行
在线维护	不要求	不要求	能	能
容错	不要求	不要求	不要求	能
物理分隔	不要求	不要求	不要求	要求
连续冷却	不要求	不要求	不要求	要求

在 Uptime Institute 公布的关于连续制冷的白皮书中，详细规定了连续制冷的具体做法和要求，见表 6-14。

表 6-14　连续制冷的做法与要求

连续供冷级别	连续供冷要求	IT 功率密度级别	IT 功率密度数值
C	可间断冷却，没有冷却设备用 UPS 供电	低密度	P<0.6kW/rack P<20W/ft^2 或 215W/m^2
B	连续供冷，精密空调风机 UPS 供电，冷冻水泵不用 UPS 供电	中等密度	0.6kW≤P<1.2kW/rack 20W/ft^2≤P<40w/ft^2 215W/m^2≤P<430 W/m^2
B	连续供冷 精密空调风机 UPS 供电，冷冻水泵不用 UPS 供电	高密度	1.2kW≤P<3.3kW/rack 40W≤P<110W/ft^2 430W≤P<1184W/m^2
A	不间断供冷 精密空调风机 UPS 供电 冷冻水二次泵 UPS 供电 设蓄冷罐	超高 密度	P>4.0kW/rack P>133W/ft^2 或 1432W/m^2

6.7.3　制冷系统类型与连续制冷

制冷系统类型与连续制冷密切相关。风冷直膨（DX）空调系统在每个机房空调（CRAC）内装设压缩机，通过 UPS 系统为压缩机提供电力并不现实，而且成本较高，不易实现 A 级连续制冷，B 级连续制冷或 C 级冷却可供选择。对于 B 级连续制冷，需为风扇/控制部分配置与压缩机不同的电源，即空调风机通过 UPS 供电，发生电力故障时空调风机持续运转。配备了自然冷却循环的水和乙二醇的直膨空调系统，可实现 A 级连续制冷，但非常复杂和麻烦，需存储冷冻水作为发生电力故障时进行通风空调的后备，系统可以正常运行的持续时间受限于冷冻水储罐的体积。冷冻水系统容易实现 A 级连续制冷，由于机房空气处理（CRAH）装置未配备压缩机，因此无须分离空调风机和压缩机的电源，通过在冷冻水管路的适当位置接入冷冻水储罐，可以方便地储存冷冻水，从而实现蓄冷和连续制冷；采用此系统时 CRAH 的风机和冷冻水循环泵需 UPS 供电。

6.7.4　蓄冷技术在数据中心空调系统中的应用

传统的空调蓄冷技术通常是在电力负荷很低的夜间用电低谷期采用制冷水机制冷，利用蓄冷介质的显热或潜热特性，用一定方式将冷量存储起来。在电力负荷较高的白天，也就是用电高峰期，把存储的冷量释放出来，以满足建筑物空调或生产工艺的需要。由此可见，蓄冷技术的使用往往是为了节约运行费用和平衡电网负荷。

显然，数据中心采用的蓄冷技术和普通空调蓄冷的理念并不一致，主要区别有以下几点：

- 普通民用空调白天负荷大，夜晚负荷低，用电负荷也是如此。数据中心的热、电负荷是比较均匀的，日夜相差不大。
- 普通民用空调的蓄冷和放冷时间都较长，属于缓慢释放能量的过程。对于数据中心来说，如果作为备用冷源，需要迅速释放储存冷量，通常满足 10～15min 的用冷需求就可实现连续制冷的要求。
- 普通民用空调往往不需要全年制冷，而数据中心的制冷的要求是 365d，7×24h。

此外，数据中心的设计往往考虑了未来 10～15 年的发展，因此冷、热、电的使用都是分期分步实施的，一开始负荷往往不高，随着业务发展，逐步提升，最终达到设计容量。这样一来，在数据中心运营初期，IT 负荷不高时，蓄冷罐可以作为冷量调节的一个缓冲容器，解决初期低负荷冷水机难以运行或运行效率较差的问题。实现整个数据中心生命期间要冷冻系统均可以安全运行，而且能耗更为合理。水蓄冷可以采用开式和闭式两种。

如果采用开式蓄冷，水罐液位应高于空调系统最高点 3m 左右，高径比要考虑抗震及冷水分层的需求。如需满足 T4 要求，则要设置两套蓄冷罐。开式蓄冷罐的设置会对总图平面有一定影响，需要总体考虑园区规划并与建筑外观相协调。开式蓄冷罐的外观如图 6-54 所示。

图 6-54　开式蓄冷罐外观

闭式蓄冷罐可以设置在建筑的房间内，不影响园区的美观。但是闭式承压蓄冷罐一般规模都不大，相对应的蓄冷效率也较低，造价则相对较高。

闭式蓄冷罐属于压力容器范围，需要具有压力容器资质的专业厂家现场制作，施工难度较高，罐与基础需要通过支架连接，所以承压罐单体容积一般比较小。在罐内没有布水器的情况下，罐内的冷热水混合现象较严重，达不到稳定斜温层，蓄冷效率最多在 40%左右。

开式系统技术成熟，控制简单，造价相对最低，冷冻水的封层效果也较好。因此无论是造价上，还是控制管理上都优于闭式蓄冷罐，建议数据中心优先选用开式蓄冷。

综上所述，数据中心根据热密度不同，需要设置不同级别的连续制冷；对于广泛采用的冷冻水系统，需根据现场用地情况、园区规划、造价等因素选择开式蓄冷还是闭式蓄冷，从控制、冷冻水分层效果及造价方面考虑，推荐数据中心优先采用开式蓄冷。

6.8　主要制冷空调设备

为了兼顾制冷空调系统设置的技术要求和经济性能，普通民用建筑或工业厂房采用的室外设计条件允许存在一定的不保证时间。如《采制冷空调风与空气调节设计规范》（GB50019—2012）中规定：夏季空调室外计算干球温度应采用历年平均不保证 50h 的干球温度，夏季空调室外计算湿球温度应采用历年平均不保证 50h 的湿球温度。

数据中心不同于常规建筑，要求全年制冷，制冷量不足可能会直接影响计算机设备的运行，引起数据丢失或设备故障，造成重大损失。因此，数据中心制冷空调系统的散热设施（如冷却塔）应根据有气象记录以来的极端湿球温度设计选型，制冷空调系统设计干球温度应选取 20 年极端气象参数，确保系统在极端气象条件下仍然可以提供足够的冷量，可靠性不降低。

以北京为例，根据 ASHRAE 2009 公布的相关数据，北京市极端设计温度和常规设计温度对比见表 6-15。

表 6-15　北京市极端气象参数与常规设计温度

项　目	数据中心极端设计温度	普通民用建筑常规设计温度
夏季极端湿球温度/℃	31	27.1
20 年干球温度极高值/℃	41.4	34.8
20 年干球温度极低值/℃	−17.8	−12

没有考虑极端气象条件，造成数据中心宕机的案例有很多。某数据中心采用了风冷直膨型机房空调，设备配置时选择的空调标准产品配套的室外机设计环境温度为 35℃，使用地点是北京，夏季运行时，发生了空调机组冷凝压力过高报警、停机，从而引发数据处理设备宕机的事故。北京地区夏季温度可能为 41.4℃，在如此高温气象条件下，空调机组一旦满负荷运行，就容易出现上述现象，如果设计选型依据考虑极端气象条件，选择高温型的空调设备，则完全可以避免此类事故的发生。

同样，数据中心的空调机组、新风机组、冷水机组、冷却塔等设备也应按极端气象参数选择，才能避免制冷空调系统选择不当引起数据处理设备宕机。

本章着重介绍主要制冷空调设备容量配置及选型注意要点。

6.8.1 离心式冷水机组

离心式冷水机组是大型数据中心制冷系统经常采用的冷水机类型，机组主要由离心式制冷压缩机、冷凝器、蒸发器、节流装置、制冷剂、制冷剂系统、润滑油、润滑系统、控制系

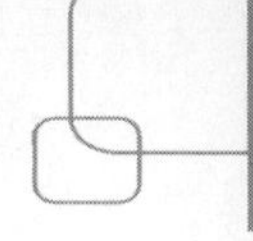

统、启动系统、保护系统、10kV 高压电动机（如采用）、启动控制柜、协议转换网关等支持设备运行的所有配套设备组成。

离心式冷水机组应根据 ARI 认定标准或相同级别的标准选型软件进行设备选型，并随机配选型报告，选型报告单台机组在设计工况下负荷为 100%、90%、80%、70%、60%、50%、40%、30%、20%、15%时的制冷量、输入功率及各工况下的能效曲线。

1. 冷却水供/回水温度设计值

离心式冷水机组冷却水供/回水温度应考虑极端湿球温度及夏季冷却塔的换热逼近度。例如，当数据中心的建设地点位于北京时，极端湿球温度为 31℃，冷却塔的夏季换热逼近度为 3℃，冷却水供/回水温度为 34℃/39℃，则冷水机组选型的冷却水供/回水温度为 34℃/39℃。

因此，冷水机组的冷却水供/回水温度设计值与普通民用建筑的 32℃/37℃思路不同，应考虑极端湿球温度及夏季冷却塔的换热逼近度。

2. 快速启动功能

数据中心需要冷水机组具备快速启动的能力。制冷系统设计师应考虑以下情况冷水机的启动时间：设备在正常运行时，突然断电停机，1min 内供电恢复后冷水机重新启动直到恢复停电前状态所需的时间。重新启动到恢复停电前的运行状态的时间不得超过 10min。制冷系统设计师还应考虑长期停机后，冷水机启动所需的时间及启动到 100%正常供冷所需要的时间。

在极端情况下，冷水机可能会发生频繁启动，制冷系统设计师选型时应考虑两次启动间隔约 3min 时，冷水机能正常启动和运行。

制冷系统设计师应考虑冷水机的部分负荷运行，冷水机的负荷调节应能在全负荷的 100%～15%无级调节，稳定运行。

3. 变工况自适应运行

冷水机组应具备自适应功能，当冷凝压力过高或过低时，可以在报警的同时自动调节负荷（如提高或降低蒸发器出水温度设定值），设备不会因此进入停机或待机状态。

制冷系统设计师应考虑冷水机工作时冷凝器水温、流量的最高和最低要求。冷水机组应能够在低冷却水供水温度下正常运行，在冷却水变流量的情况下，机组应在冷却水供水温度比冷冻水供水温度低 1℃以上的整个能力范围内连续可靠运行。当冷却水供水温度高于设计值 0～2℃时，冷水机组应能够在报警的同时保持制冷运行，当冷却水供水温度高于设计值时，允许冷冻水出水温度自动提高，允许机组制冷量低于设计值。

当制冷系统配置水侧自然冷却时，在冬季或过渡季利用自然冷却，冷水机组需根据室外温度的变化灵活调整机组和自然冷却的负荷分配。制冷系统设计师应考虑在正常开机运行的前提下，以及冷冻水设计温度条件下，机组负荷为 100%、90%、80%、70%、60%、50%、40%、30%时各工况能效值及所允许的最低冷却水温度。举例见表 6-16。

表 6-16　变冷却水温变负荷率时冷水机能耗

水冷式冷水机组，单机冷量 800RT，冷冻水供/回水温度 15℃/21℃，冷却水供/回水温度 33℃/39℃										
室外湿球温度/°C	冷却水回水温度/°C	冷却水供水温度/°C	每吨耗电量							
			30%	40%	50%	60%	70%	80%	90%	100%
28.33	38.22	32.22	0.612	0.56	0.522	0.496	0.481	0.471	0.472	0.485
27.22	37.11	31.11	0.602	0.551	0.513	0.486	0.47	0.461	0.462	0.473
26.11	36.00	30.00	0.593	0.542	0.504	0.477	0.46	0.452	0.452	0.461
25.00	34.89	28.89	0.586	0.533	0.495	0.468	0.451	0.444	0.442	0.462
23.89	33.78	27.78	0.582	0.526	0.486	0.459	0.442	0.435	0.433	0.45
22.78	32.67	26.67	0.591	0.52	0.478	0.45	0.434	0.427	0.424	0.439
21.67	31.56	25.56	0.631	0.518	0.469	0.441	0.426	0.42	0.416	0.429
20.56	30.44	24.44	0.498	0.37	0.462	0.433	0.419	0.412	0.408	0.42
19.44	29.33	23.33	0.497	0.417	0.457	0.425	0.412	0.405	0.4	0.412
18.33	28.22	22.22	0.491	0.432	0.463	0.418	0.405	0.397	0.392	0.404
17.22	27.11	21.11	0.485	0.433	0.505	0.411	0.396	0.389	0.384	0.397
16.11	26.00	20.00	0.477	0.428	0.589	0.41	0.387	0.381	0.376	0.391

4．机组自身控制系统

冷水机组应随机配专用控制柜及控制元件。控制柜内设控制器，控制器为基于微处理器的独立单元，所有内存都应存储在非易失性内存中，断电后可以自动记录最后状态，并在电源接通后无须重新编程就可以迅速恢复。机组应配备所有运行控制及监测所需的敏感元件（传感器）、执行器、继电器及开关等，与其配套的冷水机组的控制组成一套完整的系统。

冷水机组应配套提供 BACnet 标准协议的网关，可以接收来自楼宇自控系统的控制信号，也可以将内部信息上传至楼宇自控系统，操作人员可以从操作工作站远程控制和监测冷水机组。

冷水机组控制系统应可实现如下功能：

- 手动或自动启动开机和关机时间表。
- 冷冻水进、出口温度及设置点重置控制。
- 蒸发器液体温度可以根据某一温度重新设置，该温度可以是冷冻水回水温度、室外环境温度或室内环境温度，具体要求见设计图纸。
- 冷却水变流量运行：冷凝器允许的冷却水最低流量必须小于或等于额定流量的35%，最大流量必须大于或等于额定流量的 110%。
- 蒸发器变流量运行：蒸发器允许的冷冻水最低流量必须小于或等于额定流量的50%，最大流量必须大于或等于额定流量的 110%。
- 电动机负载限制。
- 电流限制和需求限制。

冷水机组自控系统应配套提供电子安全访问系统，通过身份验证和密码进入操作系统，系统至少设有三个级别的访问：

- 仅查看。
- 查看和操作。
- 查看、操作和维护。

冷水机组自控系统应配套提供控制权限系统，系统至少设有四种情况：

- 关机。
- 本地手动控制。
- 本地自动控制。
- 远程自动控制。

冷水机组自控系统应配套提供手动重置安全控制系统，在以下条件下，应当关闭冷水机组，并需要手动重置：

- 蒸发器压力过低。
- 冷凝器压力过高。
- 蒸发器液体温度过高。
- 油压差过低。
- 油压过高或过低。
- 油温过高。
- 压缩机排出温度过高。
- 冷凝器液体断流。
- 蒸发器液体断流。
- 电动机过电流。
- 电动机过电压。
- 电动机欠电压。
- 电动机反相。
- 电动机相位故障。
- 传感器或检测电路故障。
- 处理器通信中断。
- 电动机控制器故障。
- 制冷剂的泄漏量超标。

冷水机组自身控制器需要为 BMS（Building Management System）的 DDC 控制器提供以下两种通信模式。

A．总线模式，冷水机组自身控制器需提供开放的串行通信接口，供 BMS 承包商集成数据（通信协议选用 BACnet MS/TP），集成数据包含但不限于：

- 蒸发器压力。
- 冷凝器压力。
- 冷冻水供水温度。
- 冷冻水回水温度。
- 冷却水供水温度。
- 冷却水回水温度。
- 远程启动。

- 油压差。
- 电动机电流百分比（%FLA）。
- 冷冻水供水温度设定值。
- 电动机电流限制设定点。
- 蒸发器饱和温度。
- 冷凝器饱和温度。
- 压缩机排气温度。
- 油槽温度。
- 制冷量，kW/t。
- 冷却水侧三通阀开度。
- 机组运行时间。
- 机组系统状态。
- 控制屏启动/停止开关。
- 水流开关状态。
- 停机重启剩余时间。
- 机组告警代码。
- 机组运行代码。
- 机组安全错误代码。
- 周期性停机错误代码。
- 导流叶片位置。
- 三相电流。
- 输出电压。
- 输入功率。
- 使用电度数。
- 输出频率（如采用变频驱动）。

B．实点模式，冷水机组自身控制器需提供干结点信号给 BMS 控制器，干结点信号如下：

- 机组启停。
- 机组系统状态。

当冷水机组串联水侧节能器时，如图 6-55 所示，冷水机组的控制系统还需要负责冷却水变流量情况下冷却水入口的两个电动两通阀（或一个电动三通阀）的自动控制。

冷水机组的控制系统要保证机组在冷却水变流量工况下正常运行，同时要负责预冷模式下（即部分自然冷却模式下）冷却水的变流量控制，具体要求如下所述。

A．冷水机组要配置冷却水侧电动两通阀（三通阀）及相关控制设备：

- 每台机组应配一个电动三通调节阀，或两个电动两通调节阀。
- 电动两通阀（三通阀）应保证可靠性、耐用性及良好的调节及开关性能，阀体应采用铸铁或铸钢材质，阀轴采用不锈钢，阀座采用 EPDM 材质，连接方式采用标准法兰；为便于安装和维护，阀门与执行器应为可拆分型。
- 电动两通阀（三通阀）执行器的防护等级应能达到 IP67，并具有清晰的阀位指示和手动操作装置，应具有过力矩保护功能。控制信号为 4～20mA 或 0～10V，并能提供实时阀位反馈状态。

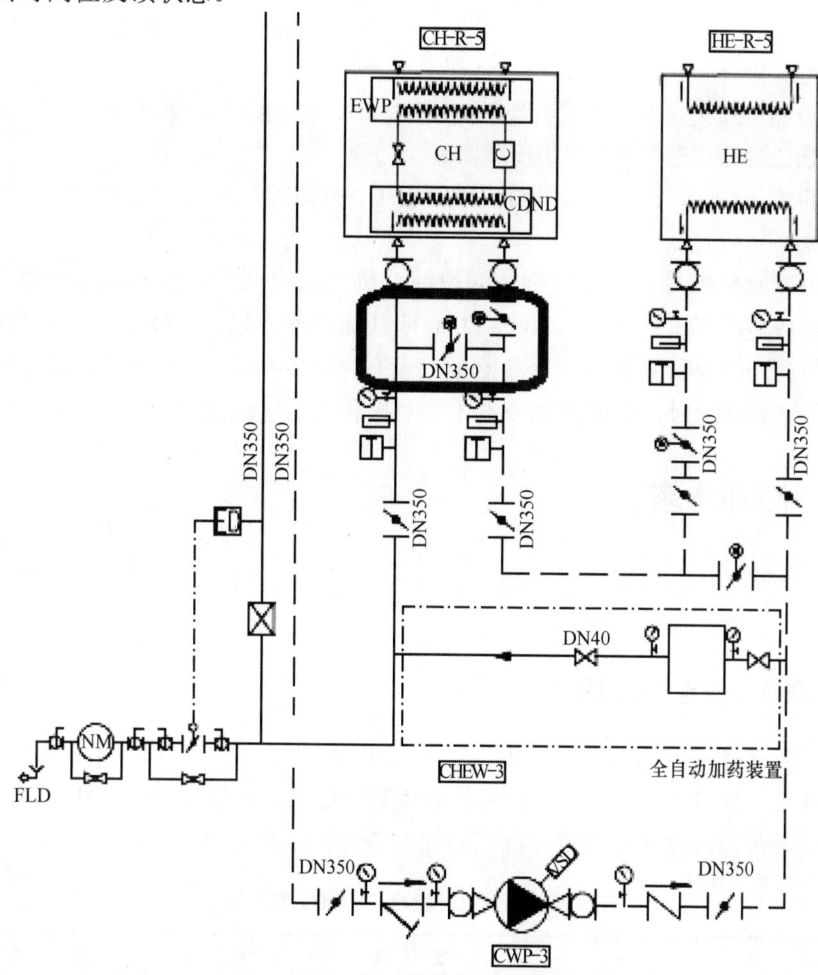

图 6-55 冷水机组串联水侧节能器

- 电动两通阀（三通阀）应适用于公称压力 PN16，介质温度在-10～100℃之间的环境。
- 冷水机组应配套提供控制器，用于控制并调节冷却水侧电动三通阀的开度，调节进入冷凝器的冷却水流量。
- 上述控制器应安装于冷水机组控制盘内，也可以安装于独立的控制盘内，且包括所需的保护开关、变压器，以及必要的继电器等，箱体达到 IP54 防护等级。
- 上述控制器应具备 32 位 CPU，1MB 以上内存，能够完成独立控制。
- 上述控制器应保证足够的控制精度，模拟量输入的模数转换至少应达到 10 位，调节量输出的数模转换至少应达到 12 位。

B．冷水机组配置冷却水侧电动两通阀（三通阀）的控制逻辑要求：

- 在预冷模式下，冷水机组与板换串联联合供冷。
- 当冷冻水经板换后仍未达到设计供水温度时，冷水机组需运行并制冷作为补充冷源，此时当进入机组的冷却水温低于定流量时机组允许的最低温度，机组应能根据冷凝器与蒸发器冷媒压差△P 自动调节冷却水侧电动两通阀（三通阀），减少进入机组冷凝器的冷却水流量，以保证机组安全稳定运行，提供补冷。

- 电动两通阀（三通阀）调节冷却水量至机组允许最低流量时，控制系统应停止调小该阀门开度并报警。
- 完全自然冷却模式下冷水机组处于关闭状态时，控制盘控制电动两通阀（三通阀）的开度，禁止冷却水进入冷水机组冷凝器。
- 冷水机组启动时，控制盘要调整电动两通阀（三通阀）开度，保证冷却水流经冷水机组冷凝器。

每台机组应随机配足量的制冷剂和润滑油。机组制冷剂年泄漏率要≤0.5%/年，润滑油年泄漏率要≤1%/年。制冷剂宜为 HFC-134a 或其他环保冷媒。为便于维修，机组应配冷媒隔离阀。采用管壳冷凝器的机组，冷凝器上应设有自动安全泄压阀。泄压阀的安装应确保出现泄压阀泄压紧急情况时，喷射的制冷剂不会对操作人员造成意外伤害。

6.8.2 冷却水塔

采用冷冻水作为空调冷源是大中型数据中心最常见的冷源方式。冷却塔是水冷式冷冻水系统的重要组件，在设备选型里不容忽略。

1. 冷却塔选择应考虑极端温度

湿球温度是选择冷却塔的重要依据，以北京市为例，根据“民用建筑供制冷空调风与空气调节设计规范”（GB50736-2012）和美国采暖制冷与空调工程师学会 2008 年公布的相关数据，该区域夏季极端温度和常规设计温度对比如表 6-17 所示。

表 6-17　空调设计温度和极端温度对比表

项　目	数　值	备　注
夏季极端湿球温度/℃	31	摘自 ASHRAE 手册
空调设计湿球温度/℃	26.4	摘自 GB50736—2012

采用湿球温度 26.4℃作为冷却塔的设计条件，适用于普通民用建筑或一般工业厂房的设计，此类空调设计需要兼顾系统配置的技术要求和经济性能，允许存在一定的不保证时间。正如《采制冷空调风与空气调节设计规范》（GB50019—2003）中所规定的：夏季空调室外计算干球温度，应采用历年平均不保证 50h 的干球温度。夏季空调室外计算湿球温度应采用历年平均不保证 50h 的湿球温度。

针对两种设计温度，冷却塔选型对比如表 6-18 所示。

表 6-18　不同夏季湿球温度时冷却塔的选型对比

项　目	按空调设计温度选择	按极端温度选择
冷却水流量/（m^3/h）	500	500

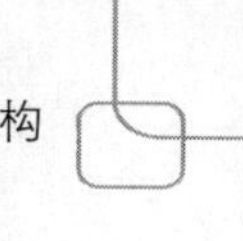

（续表）

项　　目	按空调设计温度选择	按极端温度选择
湿球温度/℃	26.4	31
冷却水温度/℃	32/37	34/39
可否满足全年供冷	不能，每年有 50h 不能保证满负荷供冷	可以，全年均可实现正常供冷
冷却塔风扇功率/kW	18.5	30
冷却塔体积/mm	3.627×6.401×3.663	4.237×6.834×3.663
冷却塔重量/t	11.6	14.36
冷却塔设备预估价/万元	43	55

可以看出，按极端湿球温度选择的冷却塔的体积、配电功率、设备重量和价格都会高于传统选型。此外，按极端温度选择冷却塔，冷却塔的出水温度需要提高，对冷水机选择也有很大影响。这是因为冷却塔出水温度和湿球温度的温差（冷却塔的逼近度）通常需要大于 3℃，逼近度低于 3℃冷却塔的性能将难以保证，经济性也不合理。当湿球温度为 31℃（极端温度）时，常规冷却塔的出水温度是无法达到 32℃的。总之，冷却塔一旦设计选择失误，可能会导致采购的设备无法满足需要，数据中心运行长期处于不安全状态，即使未来更换冷却塔也会受到安装环境的限制，遇到很多困难。

2．冷却塔选择应考虑节能预期

数据中心的能耗较高，应采用多种技术措施，降低能耗，降低 PUE，降低运行费用。自然冷却是空调设计中经常采用的一种节能手段，主要适用于冬季仍然需要制冷的场合。数据中心需要全年制冷，应尽可能利用自然冷却技术，减少压缩机的运行时间，达到节能的目的。

采用冷却塔+板式换热器的自然冷却系统是数据中心空调系统常用的节能模式。这种方式的运行特点是冬季不运行冷水机组，由冷却塔提供冷源，通过板式换热器为空调系统提供冷冻水。在这种系统中，冷却塔的选择对节能预期影响重大，主要是因为实现 100%自然冷却的设定点不同，全年可以利用自然冷却的时长就不同，冷却塔的选型也不同。

以北京地区为例，典型气象年全年湿球温度随时间变化曲线如图 6-56 所示。

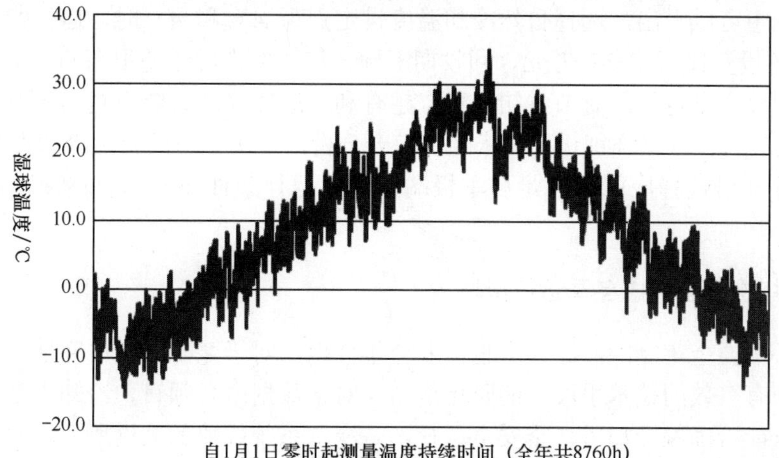

图 6-56　北京湿球温度变化曲线

显然，100%自然冷却设置点不同，全年可利用的时长就会不同，节能预期也会不同。以一个 1500kW 工艺热负荷（IT 发热量）的数据中心为例，不同的自然冷却温度设定点对节能效果的影响如表 6-19 所示。

表 6-19　不同自然冷却温度设定点对节能的影响

IT 负荷/kW	1500	1500	1500	1500	1500
制冷量估算/kW	2250	2250	2250	2250	2250
冷却水循环量/(m^3/h)	500	500	500	500	500
电费/(RMB/kWh)	0.7	0.7	0.7	0.7	0.7
自然冷却开始的设定温度/℃	−4	−2	0	2	4
全年可能利用的时间/h	1632	2140	2704	3177	3636
PUE（预期）	1.513	1.501	1.488	1.477	1.467
全年电费估算/万元	1391	1381	1369	1359	1349

为满足冬季工况，针对不同的温度设定点，冷却塔选型如表 6-20 所示。

表 6-20　不同冬季湿球温度时冷却塔的选型对比

冬季湿球温度/℃	−4	−2	0	2	4
冷却水流量/（m^3/h）	500	500	500	500	500
冷却水温度/℃	10/15	10/15	10/15	10/15	10/15
冷却塔风扇功率/kW	22	30	30	37	44
冷却塔体积/m	4.237×6.834×3.663	4.237×6.834×3.663	3.627×6.834×5.78	7.342×6.401×3.663	7.342×6.401×3.663
冷却塔重量/t	14.29	14.36	17.37	23.19	23.17
冷却塔设备估价/万元	约 51	约 56	约 65	约 83	约 88

PUE 是数据中心的总能耗与 IT 设备能耗的比值，是目前数据中心最常用的节能评价指标，该数值越低，数据中心的能源利用率越好。显然，自然冷却开始的温度越高，自然冷却可能利用的时间就越长，能效越理想。

从对比表中可以看出，选择自然冷却温度设定点为−4℃和 4℃时，运行费用相差 58 万元/年，而设备投资仅相差 37 万元，回收期不到一年，性价比还是很高的。事实上，自然冷却的湿球温度设定点越低，对节省初期投资越有利，湿球温度设定点越高，对节约能耗越有利。针对不同项目，应该详细进行技术经济综合分析，得出合适的自然冷却设置点。

总之，冷却塔选择应同时满足夏季极端工况的运行条件和冬季自然冷却设置点的运行条件。

3．冷却塔选择应考虑冬季运行策略

数据中心需要全年制冷，冷却塔也需要全年使用。对于寒冷或者严寒地区，布置在室外的冷却塔必须有有效的技术手段才能防止冻结。对于数据中心项目，冷却塔是否采用了适当的防冻措施，能否确保冷却塔冬季安全运行，是冷源系统成败的关键所在。根据笔者多年的技术分析和实践经验，针对新疆克拉玛依、内蒙古鄂尔多斯和黑龙江黑河等严寒地区的工程项目，在设计中采用了多项技术措施，可以参考和借鉴，在其他项目中加以利用。具体技术

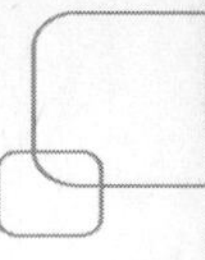

措施如下：

- 按照冷却塔供冷经验，为了确保冷却塔不会有冻结风险，冷却塔的出水温度不宜低于 6℃。严寒地区冷却塔出水温度设计值建议提高到 10℃左右，既能满足机房空调的需要，也高于设备规定的最低防冻运行温度。
- 冷却塔采用变频风扇，寒冷气象条件下可通过降低风扇转速，确保冷却塔出水温度在控制范围内，达到节能、减少循环水飘散量和防止冻结的功效。
- 冷却水供/回水管设有旁通管和电动控制阀，当冷却塔风机停止运行后，如果水温仍然低于设计值，可以打开此旁路，待水温升高后，再开启冷却塔。
- 冷却水泵定流量运行，始终维持设计流量，确保冷却塔不会因为水流量过低引起冻结。
- 建议设置冷却塔水池替代冷却塔集水盘，停止运行的冷却塔水流将全部汇集池内，水池设在冷冻站内，环境条件相对优越，不会发生冻结情况，如图 6-57 所示。

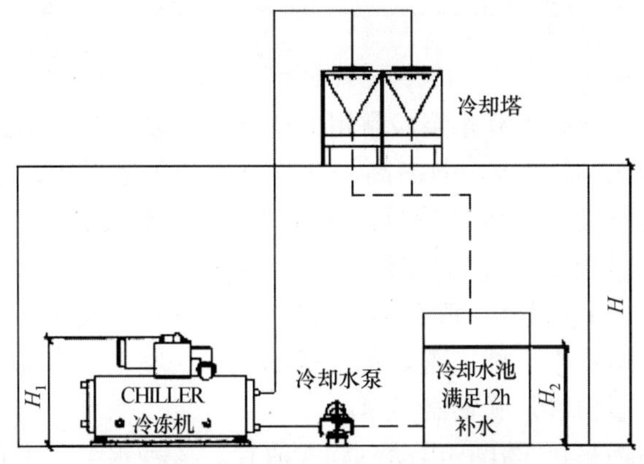

图 6-57　冷却水大容量水池防冻原理图

当然，冷却塔冬季运行对维护人员的要求较高，对设备品质的要求也较高，需要选择产品质量较好、技术先进、在防冻方面经验较为丰富的设备供应商。

4．冷却塔选择应考虑设备材质

数据中心工程项目对空调系统的可靠性要求较高，对空调系统各组件的技术要求也高于一般民用建筑。对于冷却塔来说，通常不建议选择玻璃钢材质，而是采用全钢结构的冷却塔，原因如下：

全钢结构塔体的强度高，抗震性能优越，可以承担更大风载荷。数据中心要求在极端气象条件下依然能够正常运行，包括在飓风条件下。

全钢结构的冷却塔更有利于应对火灾风险。同传统民用建筑相比，数据中心冷量需求较大，冷却塔的数量也会较多，往往会集中设置在屋面或室外空地上。虽然数据中心设置了冗余设备，发生事故时，一套机组故障不会影响数据中心的运行。但是一旦发生可蔓延性的火灾，对数据中心无疑是毁灭性打击。玻璃钢材质的冷却塔耐火性能差，在燃烧中产生的浓烟含有剧毒物质，容易蔓延至周边塔体，造成事故扩大，不利于数据中心的安全。

全钢结构的冷却塔更有利于环保，钢材属于可回收材料；而玻璃钢制品则无法回收，且在生产和使用过程中会造成环境污染。

总之，对于数据中心这种可靠性要求较高的工程项目，冷却塔材质的选择也是数据中心从业者必须关注的问题。

5. 冷却塔的补水系统

采用水冷冷水机组的数据中心，水资源的消耗量较大，为保证系统运行的可靠性，必须要考虑水资源的供应保障。设计者应充分了解水资源的相关信息，例如当地自来水公司能否有充足的水资源、能否获得双路供水、有无中水系统、有无其他后备水源等。

此外，还应该设置必要的储水措施。按照相关要求，数据中心冷却塔系统应设置不低于12h 的现场储水装置。当数据中心运行维护方与当地供水部门签署应急供水协议时，现场储水时间可根据协议供水时间调整。

6.8.3 水泵

数据中心的空调水系统离不开水泵，常用的空调泵主要有三种形式：

双吸水泵（中开泵）：流量大，效率高，管路一般为平进平出，电动机卧式放置，在建筑中主要应用于单台流量大于 400t 的项目，运行时无端吸水泵的径向压力，使用寿命长；

端吸水泵：使用数量最多，管路为端（水泵一端）进上出，有轴向压力，一般为单台流量为 400 t/h 以下使用，国内设计一般在单台流量 500 t/h 以下使用。注意要求：水泵泵脚与泵壳整体铸造，使泵头所受推力能完整地传到基础或者底座上。市面上不少水泵的泵头是悬空的，不利于运行，并影响水泵联轴器寿命。

立式管道泵：管路为平进平出，电动机立式放置。该种水泵主要在机房空间狭小，为节省空间时采用，一般在数据中心中很少使用。

与一般商业建筑不同，数据中心的运行一般是全年每天 24h 不停机。水泵就应该选择质量更有保障、维修更为简单的高品质产品。此外，数据中心全年运行，水泵能耗也不容忽略，水泵应该选择能效较高的产品。水泵具体要求如下：

- 水泵的配置应与空调系统的可靠性要求一致。
- 水泵规格及容量应满足设计要求，并保证水泵的高效率和水泵运行的稳定性。为保证水泵的可靠性，水泵应运行在最高效率点附近，并允许在超过设计流量 25%的情况下运行仍不超过破坏点。
- 当变频水泵需要在低负荷区域运行时，还要校核水泵在该区域运行的效率和稳定性。
- 水泵转速最高不宜大于 1450min，轴承温升应符合相关要求。
- 水泵维修时，装卸轴承、机械密封无须拆卸进出口管路和电动机。水泵配的其他零部件也应便于检修、更换。水泵应配套电动机、驱动轴及钢制底座。
- 水泵电动机应采用防过载电动机，电动机采用全封闭风冷电动机。
- 当水泵采用变频控制时，变频器应支持在 30～50Hz 范围内水泵可以长期稳定运行。

- 水泵应配套控制柜，其配置应符合空调系统的可靠性功能要求，控制柜应满足电气专业设计要求。
- 水泵应配套启动控制柜，其电磁兼容性应满足国家规范要求，保证满足水泵安全启动和正常运行的要求。

6.8.4　板式热交换器

自然冷却是空调设计中经常采用的一种节能手段，主要适用于冬季仍然需要制冷的场合。数据中心需要全年制冷，应尽可能利用自然冷却技术，减少压缩机的开启时间，达到节能的目的。采用水冷冷水机组为冷源的系统通常会采用冷却塔+板式换热器的自然冷却系统，随气候环境条件改变，冷却水温度会不断变化，根据冷却水的变化情况，冷冻水的制备分三种工况：电制冷模式、完全自然冷却模式和部分自然冷却模式。板式换热器作为节能组件，对数据中心的节能效果影响重大，选择板换应特别注意其对节能的影响，具体要求如下：

- 板式换热器的配置应与空调系统的可靠性要求一致。
- 板式热交换器之设计应确保高效的热传递，换热系统多采用平行逆流换热系统。
- 为接管方便，检修容易，通常要求一次侧水/二次侧水出/入接驳口设在板式热交换器的同一侧。
- 板式换热器选型应有计算书，计算书应包括总的传热面积、板片总片数、传热系数、压力降、流道数、流程数、换热器运行重量、外形尺寸等。计算书要满足现行的国家标准，更低的压力降有利于节能。
- 板式换热器的框架设计应允许在板片紧固系杆松开时，能提供足够的空间对所有的换热板片进行全面的维修和清洗。板式换热器的板片材质不应低于 SS304 不锈钢，所有板片均应为一次性冲压成型，不允许有拼接、焊接，以保证板片的强度和组装精度。板片宜采用电抛光工艺，使其表面附着污垢的可能减至最小。
- 板式热交换器的热交换量应满足设计要求，还应预留足够的扩容余量，即增加板片的可能性，通常要求在板式换热器的框架不更换的前提下，可容纳额外不低于 20%的板片。
- 板式热交换器组装应确保密封中心线始终保持在同一位置，高压力或大面积应用时不易发生板片变形、移位或窜动现象，不会由于工况条件的波动导致产品失效，保证安全、可靠、长寿命。
- 换热器框架应保证产品使用时不会发生挠曲变形并方便板片拆卸，防止动螺栓组合设计技术；除换热片外，整个框架及其他部位均进行防锈处理和防腐处理，并外加厚度在 100μm 以上的面漆。
- 板式热交换器承压应满足设计要求，打压实验应为单侧打压；板式热交换器应能接受长期单侧承压运行的工况。

6.8.5 水处理设备选择

中央空调循环水系统包括冷却水系统和冷冻水系统。冷却水多为开式，冷冻水多为闭式，这两套循环水系统各有特点，但都存在同一问题：结垢、腐蚀和生物黏泥，如不进行适当的处理，势必会引起管道堵塞，腐蚀泄漏、传热效率大为降低等一系列问题，影响整个空调系统的正常工作。

水处理的方式通常包括物理处理和化学处理。

水处理的必要性：一是延长管线和设备的使用寿命，减少管道腐蚀泄漏的发生，提高系统的可靠性。二是节能，当结垢和腐蚀产生锈垢堆积物，都会导致传热效率下降，为达到设定效果，必须加大能量消耗，同时还会缩短设备的使用寿命。在敞开式循环水系统中，采用水处理技术还会节省大量的补充水。

数据中心项目能耗高，空调系统比较庞大，因此水处理的量也比较大，特别需要注意可靠、节能、环保。浓缩循环倍率与冷却水电导率的关系见表 6-21，开式冷却塔水流量与浓缩循环倍率的关系如图 6-58 所示。

表 6-21　浓缩循环倍率与冷却水电导率的关系

电导率的设定点（μmhos）	浓缩循环倍率
1000	5
1250	6
1650	8
2150	8
2750	10
4000	16

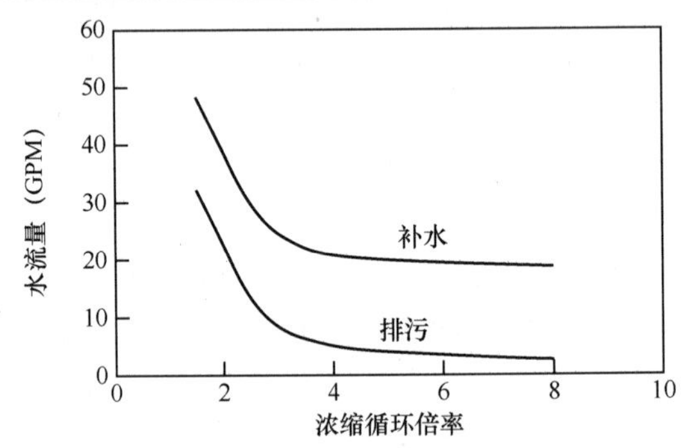

图 6-58　开式冷却塔水流量与浓缩循环倍率的关系

因此，可以在冷却塔的塔盘加装电导率仪，控制冷却水的浓缩循环倍率，以节约用水。

选择水处理设备时应该注意：

- 水处理设备的配置应与空调系统的可靠性要求一致。
- 为减少水泵能耗，过滤设备的阻力不应太大。更低的阻力将被优先选择。选择时需核对产品流量及压力损失对照曲线。

- 过滤设备应有技术措施，在保证过滤能力的同时降低排污量。投标方应提供详细的排污控制策略和排污量等参数。更低的排污量和更优的排污控制将被优先选择。
- 过滤设备应配有预先装配的管道以及预接线的自动排污系统，当时间达到预先设定值或水质达到设定值时，可自动清洗过滤器。
- 过滤设备应配有安装的手动强制排污装置。
- 添加的化学药剂应无毒无害，不会对操作运行维护人员造成危险。
- 含有该化学药剂的污水排放满足国家或当地污水排放标准。
- 添加的化学药品应对设备、管道无害，不会影响设备功能。
- 添加的化学药品应为市场普遍供应的产品，避免未来系统运行受到药剂市场的影响。

第 7 章　制冷空调系统与节能

数据中心建筑内设有大量服务器、存储设备等高散热量 IT 设施，耗电量高；另一方面 IT 服务器在运行过程中大量散热，耗冷量高。因此，在数据中心制冷空调系统的设计过程中，不但要考虑系统的可靠性，还要重点考虑系统节能。制冷空调系统的能耗在数据中心能耗中占据 30%～45%的比例，因此，在制冷空调系统规划中采取节能措施直接影响到 PUE 的数值和运行阶段的维护成本，对整个数据中心的节能有着十分重要的意义。

7.1　PUE 概念及数据中心能耗分析

PUE 是数据中心的总能耗与 IT 设备能耗的比率，如图 7-1 所示。如果对象是服务器和交换机等 IT 设备，则将其作为一个整体，被视作一部分功率，为该部分提供的能源消耗量应尽可能少，以提高能效。

机械系统的电能消耗包括数据中心制冷空调系统的所有部件，电耗量取决于制冷空调系统的类型、服务器进风温度、气象特点等因素，电耗值将随数据中心具体情况而变化。机械系统的服务对象为数据中心区（IT 设备间）和向数据中心提供服务的所有区域，例如，IT 用 UPS 间、机械用 UPS 间、电池室和配电间等。机械系统的电能损耗还包含为机械设备配电的中压（MV）到低压（LV）电源转换损失，为机械设备（如冷水机组、冷冻水泵、冷却水泵、冷却塔风机、干冷器风机、补水泵、新风机和 CRAC 单元）配电的线缆损耗，为某些机械设备（空调风机与冷冻水泵）UPS 供电的损耗。

电能消耗包括 IT 设备使用 UPS/HVDC、PDU 和 RPP 时耗费的所有电气系统的电能，电气系统包括通过 UPS 系统为服务器提供最终电源的主系统，其中包括通过静态变送开关（STS）和电源配送单元（PDU）向服务器供电的电源、UPS 电源及其配电系统。

除以上提及的几种主要数据中心电能消耗外，照明用电和数据大厅/机房用电、火警系统（包括气体灭火系统）、BMS（通常在 UPS 上）、EPMS（通常在 UPS 上）、安全系统（通常在 UPS 上）以及机房和控制室的 HVAC（BMS、EPMS、安全、设备管理和维护）等少量用电也包括在 PUE 的定义之内。然而用于数据中心照明的电能仅为所有电能消耗的一小部分，节能在很大程度上取决于数据中心无人时间的长短。现代化的数据中心使用“熄灯”理论，即仅当有需要的时候才为其提供照明。正确的照明控制系统能轻松节约 50% 的照明能源。这些系统的损耗将使 PUE 值增加 0.01～0.03。因为数值相对较小，总体评估某个数据中心时可将 PUE（其他各种设备）包含在 PUE（电气方面）之内计算。

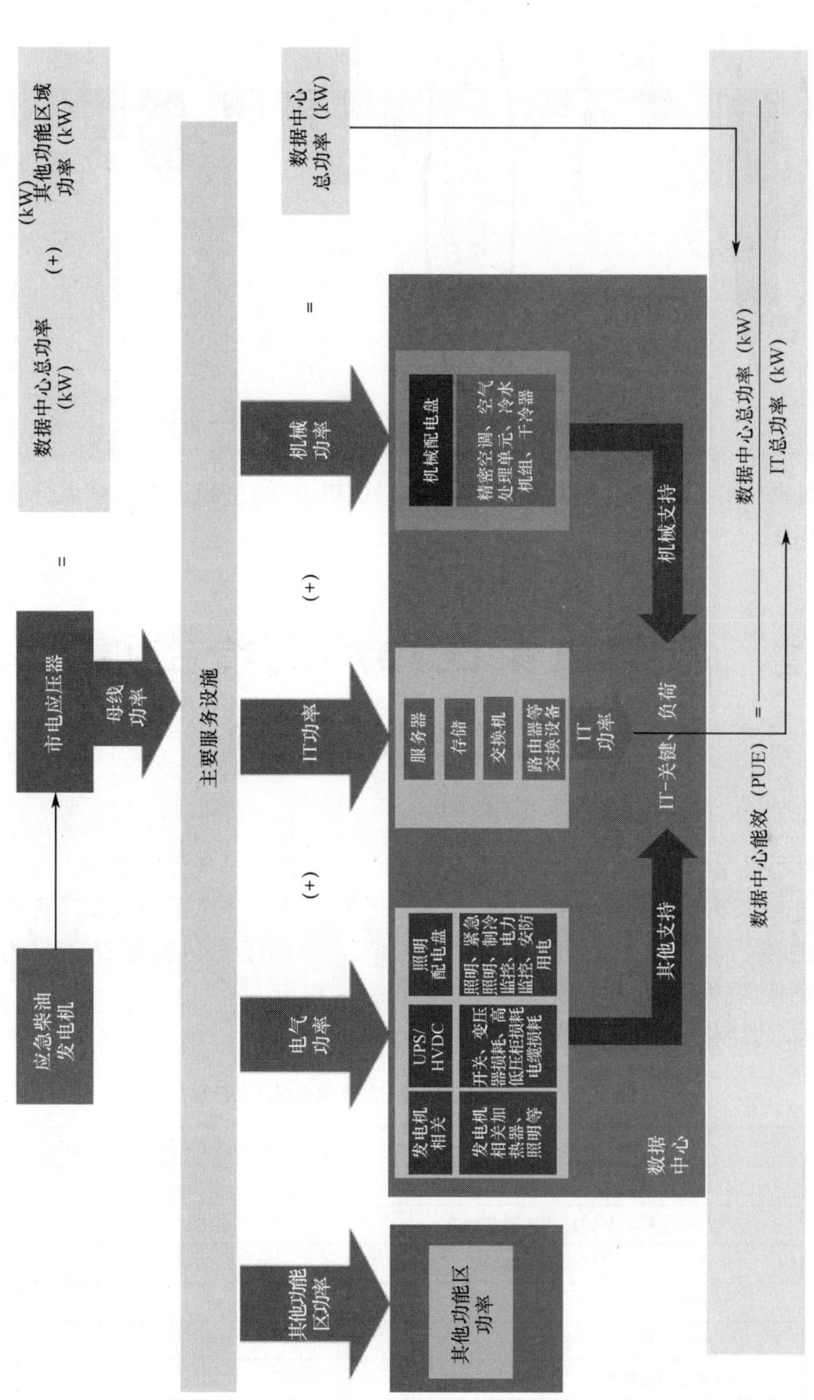

数据中心总功率（kW）
=
其他功能区域功率（kW）
(+)
数据中心总功率（kW）
应急柴油发电机
市电应压器
母线功率
主要服务设施
其他功能区功率
电气功率
(+)
IT功率
(+)
机械功率
=
其他功能区功率
发电机相关
发电机相关加热器、照明等
UPS/HVDC
开关、变压器损耗、高低压柜损耗、电缆损耗
照明配电盘
照明、紧急照明、制冷监控、电力监控、安防用电
服务器
存储
交换机
路由器等交换设备
IT功率
机械配电盘
精密空调、空气处理单元、冷水机组、干冷器
数据中心
其他支持
IT-关键、负荷
机械支持
数据中心能效（PUE）
=
数据中心总功率（kW）
IT总功率（kW）

图 7-1　PUE 定义

从图 7-2 中可以看出数据中心的电能消耗概况。

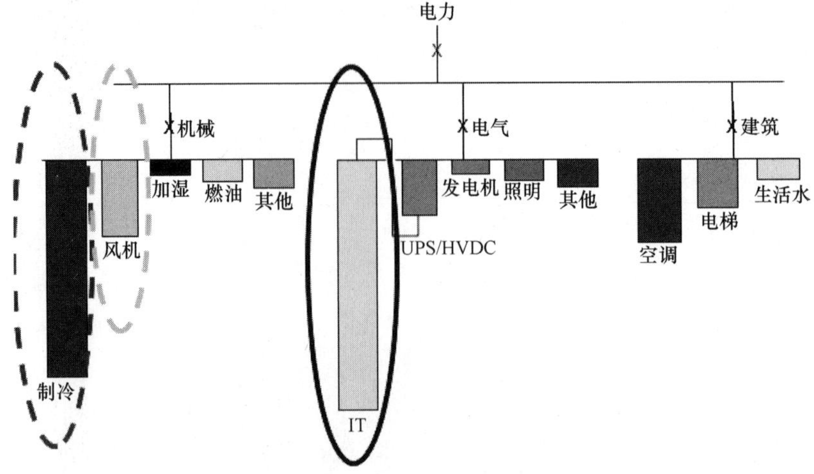

图 7-2 数据中心的电能消耗概况

因此，数据中心总 PUE 为机械 PUE 和电气 PUE 的总和。本书重点分析机械部分中制冷空调的 PUE。

7.2 不同气象区相同制冷空调系统对 PUE 的影响

当数据中心采用了相同的制冷空调系统，因为建设地点的气象区不同，自然冷却模式运行的时间不同，其制冷空调部分的 PUE 也大有差别。这里详述不同气象区相同制冷空调系统对 PUE 的影响。以冷冻水供/回水温度为 15/21℃，空调送/回风温度 26/38℃为基准，比较六大常用制冷空调系统在五大气象区典型城市的制冷 PUE。

长春地区六大制冷空调系统的 PUE 如表 7-1 所示。

表 7-1 长春地区六大制冷空调系统 PUE 值

系 统 类 型	制冷空调 PUE
风冷冷水机组加直接式风侧节能器	0.12
风冷冷水机组加间接式风侧节能器	0.16
水冷冷水机组串联水侧节能器	0.20
纯水冷冷水机组	0.29
风冷冷水机组加干冷器	0.31
纯风冷冷水机组	0.47

北京地区六大制冷空调系统的 PUE 如表 7-2 所示。

表 7-2　北京地区六大制冷空调系统 PUE 值

系 统 类 型	制冷空调 PUE
风冷冷水机组加直接式风侧节能器	0.15
风冷冷水机组加间接式风侧节能器	0.20
水冷冷水机组串联水侧节能器	0.23
纯水冷冷水机组	0.32
风冷冷水机组加干冷器	0.36
纯风冷冷水机组	0.48

上海地区六大制冷空调系统的 PUE 如表 7-3 所示。

表 7-3　上海地区六大制冷空调系统 PUE 值

系 统 类 型	制冷空调 PUE
风冷冷水机组加直接式风侧节能器	0.15
风冷冷水机组加间接式风侧节能器	0.22
水冷冷水机组串联水侧节能器	0.26
纯水冷冷水机组	0.32
风冷冷水机组加干冷器	0.37
纯风冷冷水机组	0.50

武汉地区六大制冷空调系统的 PUE 如表 7-4 所示。

表 7-4　武汉地区六大制冷空调系统 PUE 值

系 统 类 型	制冷空调 PUE
风冷冷水机组加直接式风侧节能器	0.15
风冷冷水机组加间接式风侧节能器	0.24
水冷冷水机组串联水侧节能器	0.26
纯水冷冷水机组	0.32
风冷冷水机组加干冷器	0.41
纯风冷冷水机组	0.50

深圳地区六大制冷空调系统的 PUE 如表 7-5 所示。

表 7-5　深圳地区六大制冷空调系统 PUE 值

系 统 类 型	制冷空调 PUE
风冷冷水机组加直接式风侧节能器	0.16
风冷冷水机组加间接式风侧节能器	0.30
水冷冷水机组串联水侧节能器	0.31
纯水冷冷水机组	0.33
风冷冷水机组加干冷器	0.50
纯风冷冷水机组	0.53

从以上数据可以看出，不同气象区相同制冷空调系统对 PUE 的影响巨大，因此数据中

心选址时应考虑气象区对能耗及运行费用的影响。

7.3 供水温度及送风温度设定点对 PUE 的影响

即使是采用了相同的制冷空调系统，因为冷冻水的供/回水温度设定点不同，送/回风温度设定点不同，制冷部分的 PUE 也有不小的差异。

当冷冻水供/回水温度为 12℃/18℃，空调送/回风温度为 18℃/30℃时，北京地区六大制冷空调系统的 PUE 如表 7-6 所示。

表 7-6　北京地区六大制冷空调系统 PUE 值（工况一）

系 统 类 型	制冷空调 PUE
风冷冷水机组加直接式风侧节能器	0.28
风冷冷水机组加间接式风侧节能器	0.39
水冷冷水机组串联水侧节能器	0.37
纯水冷冷水机组	0.46
风冷冷水机组加干冷器	0.51
纯风冷冷水机组	0.63

当冷冻水供/回水温度为 15℃/21℃，空调送/回风温度为 23℃/35℃时，北京地区六大制冷空调系统的 PUE 如表 7-7 所示。

表 7-7　北京地区六大制冷空调系统 PUE 值（工况二）

系 统 类 型	制冷空调 PUE
风冷冷水机组加直接式风侧节能器	0.15
风冷冷水机组加间接式风侧节能器	0.24
水冷冷水机组串联水侧节能器	0.23
纯水冷冷水机组	0.32
风冷冷水机组加干冷器	0.36
纯风冷冷水机组	0.48

当冷冻水供/回水温度为 15℃/21℃，空调送/回风温度为 26℃/38℃时，北京地区六大制冷空调系统的 PUE 如表 7-8 所示。

表 7-8　北京地区六大制冷空调系统 PUE 值（工况三）

系 统 类 型	制冷空调 PUE
风冷冷水机组加直接式风侧节能器	0.15
风冷冷水机组加间接式风侧节能器	0.20
水冷冷水机组串联水侧节能器	0.23

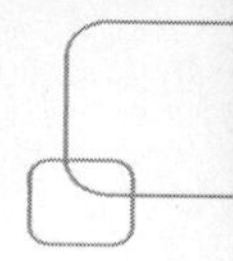

（续表）

系 统 类 型	制冷空调 PUE
纯水冷冷水机组	0.32
风冷冷水机组加干冷器	0.36
纯风冷冷水机组	0.48

当冷冻水供/回水温度为 15℃/21℃，空调送/回风温度为 29℃/41℃时，北京地区六大制冷空调系统的 PUE 如表 7-9 所示。

表 7-9　北京地区六大制冷空调系统 PUE 值（工况四）

系 统 类 型	制冷空调 PUE
风冷冷水机组加直接式风侧节能器	0.15
风冷冷水机组加间接式风侧节能器	0.19
水冷冷水机组串联水侧节能器	0.23
纯水冷冷水机组	0.32
风冷冷水机组加干冷器	0.36
纯风冷冷水机组	0.48

从以上表格数据可以看出，冷冻水供/回水温度的变化对制冷空调部分的 PUE 影响巨大，空调送/回风温度的变化，对制冷空调部分的 PUE 也有一定的影响。

7.4　不同制冷空调系统对 PUE 的影响

当数据中心采用不同的制冷空调系统时，其机械部分 PUE 有较大差别；即使采用相同的制冷空调系统，当冷冻水供/回水温度设定点不同，送风温度设定点不同，其机械部分 PUE 也有差别。以北京地区为例，不同冷源、不同空调末端、不同冷冻水供/回水温度、不同送风温度组合后，其制冷部分 PUE 如表 7-10 所示。

表 7-10　北京地区不同制冷空调系统制冷部分 PUE

冷 源 类 型	空 调 末 端	送 风 温 度						
		15°C	18°C	24°C	27°C	30°C	33°C	36°C
无节能器（冷冻水供水温度 10°C）								
水冷式冷水机组+冷却塔	AHU/CRAH	0.74	0.43					
风冷式冷水机组	AHU/CRAH	0.87	0.57					
风冷直膨式	CRAC	0.93	0.62					
直接风侧自然冷却								
直接室外新风+风冷直膨/风冷式冷水机组	AHU		0.42	0.27	0.23	0.21		
直接室外新风+直接蒸发冷却（湿膜）+风冷直膨/风冷式冷水机组	AHU		0.33	0.21	0.18	0.16		

（续表）

冷源类型	空调末端	送风温度						
		15°C	18°C	24°C	27°C	30°C	33°C	36°C
直接室外新风+闭式冷却塔冷却水间接蒸发冷却+风冷直膨/风冷式冷水机组	AHU		0.36	0.23	0.20	0.18		
间接风侧自然冷却								
热轮/热管+风冷直膨/风冷式冷水机组	AHU		0.46	0.27	0.25	0.18		
热轮/热管+新风直接蒸发冷+风冷直膨/风冷式冷水机组	AHU		0.44	0.26	0.24	0.17		
换热器自带喷淋+风冷直膨/风冷式冷水机组	AHU		0.45	0.27	0.24	0.18		
水侧自然冷却（冷冻水供水温度 12°C）								
开式冷却塔+板换+水冷式冷水机组	AHU/CRAH		0.33	0.18				
干冷器+风冷机	AHU/CRAH		0.44	0.29				
闭式塔+水冷式冷水机组	AHU/CRAH		0.48	0.32				
水侧节能器（冷冻水供水温度 12°C）								
开式冷却塔+板换+水冷式冷水机组	行间空调		0.23	0.16				
干冷器+风冷机	行间空调		0.34	0.27				
闭式塔+水冷式冷水机组	行间空调		0.37	0.3				
水侧节能器（冷冻水供水温度 12°C）								
开式冷却塔+板换+水冷式冷水机组	顶置盘管（OCC）		0.12	0.11				
干冷器+风冷式冷水机组	顶置盘管（OCC）		0.22	0.22				
闭式塔+水冷式冷水机组	顶置盘管（OCC）		0.25	0.25				
水侧节能器(冷冻水供水温度 12°C)								
开式冷却塔+板换+水冷式冷水机组	水冷前门自带风扇		0.19	0.14				
干冷器+风冷式冷水机组	水冷前门自带风扇		0.3	0.25				
闭式塔+水冷式冷水机组	水冷前门自带风扇		0.33	0.28				
水侧节能器（冷冻水供水温度 12°C）								
开式冷却塔+板换+水冷式冷水机组	水冷背板		0.12	0.11				
干冷器+风冷式冷水机组	水冷背板		0.22	0.22				
闭式塔+水冷式冷水机组	水冷背板		0.25	0.25				
水侧节能器（冷冻水供水温度 19°C）								
开式冷却塔+板换+水冷式冷水机组	AHU/CRAH			0.17	0.15	0.15		
开式冷却塔+板换+风冷式冷水机组	AHU/CRAH			0.23	0.22	0.21		
干冷器+风冷式冷水机组	AHU/CRAH			0.25	0.24	0.23		

（续表）

冷源类型	空调末端	送风温度						
		15°C	18°C	24°C	27°C	30°C	33°C	36°C
闭式塔+风冷式冷水机组	AHU/CRAH			0.35	0.34	0.33		
闭式塔+水冷式冷水机组	AHU/CRAH			0.3	0.28	0.27		
水侧节能器（冷冻水供水温度 19°C）								
开式冷却塔+板换+水冷式冷水机组	行间空调			0.15	0.14	0.13		
开式冷却塔+板换+风冷式冷水机组	行间空调			0.21	0.2	0.19		
干冷器+风冷式冷水机组	行间空调			0.23	0.22	0.21		
闭式塔+风冷式冷水机组	行间空调			0.33	0.32	0.31		
闭式塔+水冷式冷水机组	行间空调			0.28	0.27	0.26		
水侧节能器（冷冻水供水温度 19°C）								
开式冷却塔+板换+水冷式冷水机组	顶置盘管（OCC）			0.1	0.1	0.1		
开式冷却塔+板换+风冷式冷水机组	顶置盘管（OCC）			0.16	0.16	0.16		
干冷器+风冷式冷水机组	顶置盘管（OCC）			0.18	0.18	0.18		
闭式塔+风冷式冷水机组	顶置盘管（OCC）			0.28	0.28	0.28		
闭式塔+水冷式冷水机组	顶置盘管（OCC）			0.23	0.23	0.23		
水侧节能器（冷冻水供水温度 19°C）								
开式冷却塔+板换+水冷式冷水机组	水冷前门自带风扇			0.13	0.12	0.12		
开式冷却塔+板换+风冷式冷水机组	水冷前门自带风扇			0.19	0.19	0.18		
干冷器+风冷式冷水机组	水冷前门自带风扇			0.21	0.21	0.2		
闭式塔+风冷式冷水机组	水冷前门自带风扇			0.31	0.31	0.3		
闭式塔+水冷式冷水机组	水冷前门自带风扇			0.26	0.25	0.25		
水侧节能器（冷冻水供水温度 19°C）								
开式冷却塔+板换+水冷式冷水机组	水冷背板			0.1	0.1	0.1		
开式冷却塔+板换+风冷式冷水机组	水冷背板			0.16	0.16	0.16		
干冷器+风冷式冷水机组	水冷背板			0.18	0.18	0.18		
闭式塔+风冷式冷水机组	水冷背板			0.28	0.28	0.28		
闭式塔+水冷式冷水机组	水冷背板			0.23	0.23	0.23		
水侧节能器(冷冻水供水温度 25°C)								

（续表）

冷源类型	空调末端	送风温度						
		15°C	18°C	24°C	27°C	30°C	33°C	36°C
开式冷却塔+板换+水冷式冷水机组	AHU/CRAH					0.12	0.12	
开式冷却塔+板换+风冷式冷水机组	AHU/CRAH					0.14	0.14	
干冷器+风冷式冷水机组	AHU/CRAH					0.17	0.16	
闭式塔+风冷式冷水机组	AHU/CRAH					0.33	0.32	
闭式塔+水冷式冷水机组	AHU/CRAH					0.32	0.32	
水侧节能器（冷冻水供水温度 25°C）								
开式冷却塔+板换+水冷式冷水机组	行间空调					0.11	0.10	
开式冷却塔+板换+风冷式冷水机组	行间空调					0.13	0.12	
干冷器+风冷式冷水机组	行间空调					0.16	0.15	
闭式塔+风冷式冷水机组	行间空调					0.31	0.31	
闭式塔+水冷式冷水机组	行间空调					0.31	0.31	
水侧节能器(冷冻水供水温度 25°C)								
开式冷却塔+板换+水冷式冷水机组	顶置盘管（OCC）					0.08	0.08	
开式冷却塔+板换+风冷式冷水机组	顶置盘管（OCC）					0.10	0.10	
干冷器+风冷式冷水机组	顶置盘管（OCC）					0.13	0.13	
闭式塔+风冷式冷水机组	顶置盘管（OCC）					0.28	0.28	
闭式塔+水冷式冷水机组	顶置盘管（OCC）					0.28	0.28	
水侧节能器（冷冻水供水温度 25°C）								
开式冷却塔+板换+水冷式冷水机组	水冷前门自带风扇					0.10	0.09	0.06
开式冷却塔+板换+风冷式冷水机组	水冷前门自带风扇					0.12	0.11	0.06
干冷器+风冷式冷水机组	水冷前门自带风扇					0.14	0.14	0.08
闭式塔+风冷式冷水机组	水冷前门自带风扇					0.30	0.30	0.30
闭式塔+水冷式冷水机组	水冷前门自带风扇					0.30	0.29	0.34
水侧节能器（冷冻水供水温度 25°C）								
开式冷却塔+板换+水冷式冷水机组	水冷背板					0.08	0.08	0.05
开式冷却塔+板换+风冷式冷水机组	水冷背板					0.10	0.10	0.05

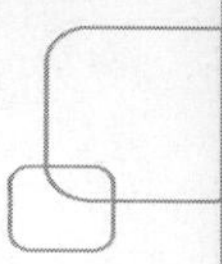

（续表）

冷源类型	空调末端	送风温度						
		15°C	18°C	24°C	27°C	30°C	33°C	36°C
干冷器+风冷式冷水机组	水冷背板					0.13	0.13	0.07
闭式塔+风冷式冷水机组	水冷背板					0.28	0.28	0.28
闭式塔+水冷式冷水机组	水冷背板					0.28	0.28	0.33

由表 7-10 以看出，制冷空调系统对 PUE 的影响巨大，数据中心节能应着重优化制冷空调系统。

7.5　制冷空调系统节能措施

制冷空调系统的节能可采用如下措施：

- 对于较大规模的数据中心，可采用冷冻水型精密空调替代传统的 DXA 直膨型空调。
- 条件许可（室外空气质量满足服务器进风要求）时，可以采用直接风侧自然冷却等技术手段，减少使用电制冷的时间和比例。
- 环境条件具备时，可以利用其他能源，如风能、太阳能等清洁能源。
- 在满足设备要求的前提下，尽量提高冷冻水的供水温度。

传统的空调水温为 7°C/12°C，供/回水温度提高到 12°C/18°C 后，可以提高冷水机组的 COP，冷冻水供水温度及冷却水供水温度对冷水机组 COP 的影响见表 7-11。

表 7-11　组 COP 变化趋势

冷冻水供水温度/℃	冷却水供水温度/℃			
	29.4	23.9	18.3	15.6
7.2	6.27	7.65	9.41	10.47
8.3	6.62	8.06	10.03	11.24
9.4	6.95	8.55	10.66	12.25
10.6	7.33	9.15	11.46	13.06
11.7	7.71	9.65	12.29	13.51
12.8	8.19	10.23	13.26	13.83

提高冷冻水供水温度，还可延长自然冷却时间，减少冷冻机的运行时间，节省耗电，减少冷水机组的初投资。以北京地区典型气象年的气象参数为例，自然冷却时间比较见表 7-12 可见，提高冷冻水供水温度可以有效延长完全自然冷却的时间。

表 7-12　冷却时间比较

项　目	完全自然冷却时间/（小时数/%）	部分自然冷却时间/（小时数/%）	无自然冷却时间/（小时数/%）
冷冻水供水温度 7℃	2825/32.2	1080/12.3	4855/55.4
冷冻水供水温度 12℃	3281/37.5	1070/12.2	4409/50.3

- 采用自然冷却系统和部分自然冷却技术。

冬季冷水机组无须运行，过渡季节将减少冷机的运行负荷，降低能耗。该时段越长，能耗下降越明显，对 PUE 的降低影响巨大。

- 改善精密空调系统。

可取消冷冻水型精密空调加湿段、加热段。

- 改善加湿方式

采用湿膜加湿取代电极加湿，可以降低能耗。

- 冷却塔风机变频驱动，在低负荷时节省能源。
- 机房用精密空调采用变频风扇，通过调整转速，降低能耗。
- 尽可能减少旁通气流，如减少地板出线，必须出线的孔洞也应在穿线后严密封堵；利用盲板密接服务器柜内各服务器之间的未安装服务器处。
- 地板开孔格栅采用可调节型，关闭无用的开孔地板。
- 外墙尽量不要设外窗，对于设外窗的 IT 机房内采取封堵，最大限度降低室外辐射量热，节约空调能耗。
- 建筑结构墙体做外保温，降低建筑冷负荷。
- 机房区与非机房区之间做保温，降低建筑冷负荷。
- 机房区之间的楼板进行保温处理，降低建筑冷负荷。
- 主机房区内做防潮处理，保持房间内湿度，降低湿负荷。
- 精密空调加湿采用湿膜法直接排放方式时，将此部分水收集至室外雨水收集池，用于绿化浇洒，充分节约水资源。

综上所述，数据中心空调系统节能包含许多内容，在设计过程中应根据项目具体情况选用适宜的节能措施，优化系统设计，进一步降低能源消耗，改善数据中心的 PUE 值。

7.6　制冷空调系统节能新趋势

7.6.1　高温数据中心

随着 IT 技术的日新月异，IT 设备对环境的要求也在发展，2011 ASHRAE TC 9.9 中 IT 设备的环境要求如表 7-13 所示。

表 7-13　2011ASHRAE TC9.9 中 IT 设备的环境要求

级别	设备环境参数							
	工作状态		停机状态					
	干球温度/°C	湿度范围（不结露）	最高露点温度/°C	最大海拔高度/m	最大温度变化率/(°C/h)	干球温度/°C	相对湿度/%	最高露点温度/°C
推荐（适用于所有 A 类、单独的数据中心，可以根据文档中描述的分析，选择适当扩大该范围）								
A1～A4	18～27	5.5°C DP～60% RH 和 15°C DP						
允许								
A1	15～2	20%～80% RH	17	3050	5/20	5～45	8～80	27
A2	10～35	20%～80% RH	21	3050	5/20	5～45	8～80	27
A3	5～40	-12°C DP & 8%RH～85% RH	24	3050	5/20	5～45	8～80	27
A4	5～45	-12°C DP & 8%RH～85% RH	24	3050	5/20	5～45	8～80	27
B	5～35	8%～80% RH	28	3050	NA	5～45	8～80	29
C	5～40	8%～80% RH	28	3050	NA	5～45	8～80	29

可以看出，A1 类服务器工作温度的上限可达 32℃，A2 类服务器进风温度的上限可达 35℃，A3 类服务器进风温度的上限可达 40℃，A4 类服务器进风温度的上限可达 45℃。目前采用 A2、A3、A4 类服务器的数据中心越来越多，服务器的进风温度可设定为 30℃，甚至可设定为 35℃。当服务器的进风温度可设定为 30℃时，数据中心可称为高温数据中心。这里着重讨论高温数据中心制冷架构，并与传统数据中心的制冷架构进行对比。

传统数据中心的制冷架构如图 7-3 所示。

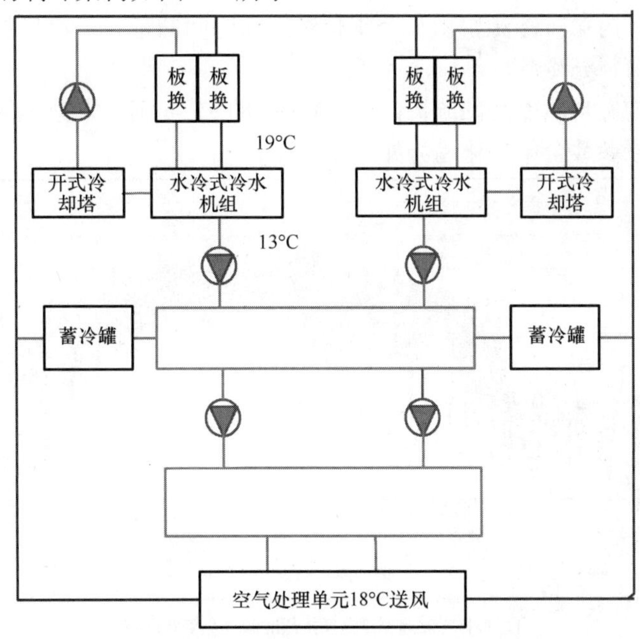

图 7-3　传统数据中心的制冷架构

对于传统数据中心，服务器的进风温度常设定为 18℃，冷冻水的供水温度常设定为

13℃。此时冷水机组为第一冷源，冷却塔+板换的水侧自然冷却为第二冷源。当服务器的进风温度为 30℃时，冷冻水的供水温度允许提高至 25℃，但是冷水机组的供水温度上限为20℃，已经不适合做第一冷源，可采用冷却塔（或干冷器）为第一冷源，如下所述。

高温数据中心的制冷架构如图 7-4 所示。

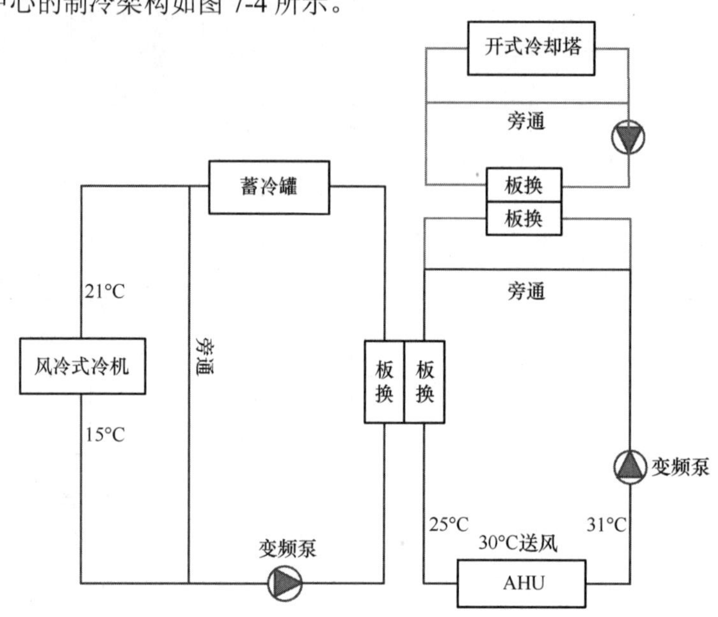

图 7-4　高温数据中心的制冷架构

对于高温数据中心，服务器的进风温度可设定为 30℃，冷冻水的供水温度可设定为25℃，可选用冷却塔为第一冷源，由于全年自然冷却时间的延长，冷机的补冷时间缩短，可采用风冷冷水机组为补充冷源。

对两种制冷架构做自然冷却的分析，以 10MW 的 IT 负荷、北京地区气象条件为分析前提，北京地区的气象参数全年变化趋势如图 7-5 所示。

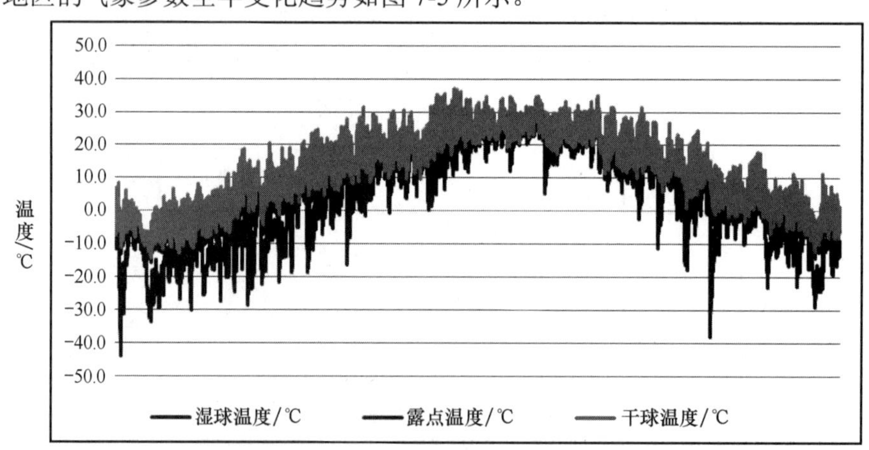

图 7-5　北京地区的气象参数全年变化趋势

传统制冷架构。冷水机组为第一冷源，开式冷却塔与板换的组合为自然冷却的第二冷源，冷水机组的供/回水温度为 13/19℃，末端空气处理单元 AHU 的送风温度为 18℃，当室外空气湿球温度低于等于 4℃时，系统完全自然冷却，当室外空气湿球温度高于等于 10℃时，系统完全电制冷，当湿球温度介于 4℃与 10℃之间时，系统以预冷模式运行，自然冷却时间如图 7-6 所示。

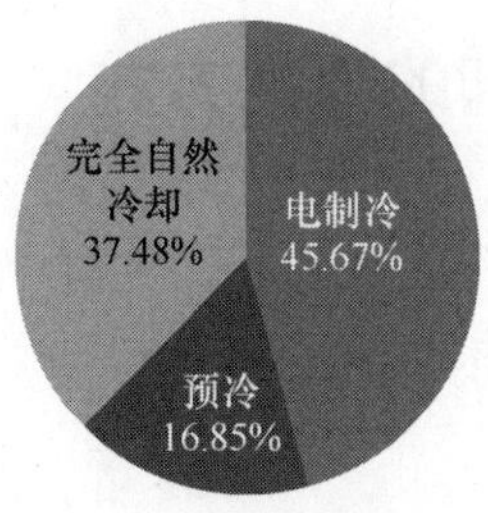

图 7-6　传统制冷架构自然冷却时间

高温数据中心制冷架构。因为冷水的供水温度允许提高至 25℃，则开式冷却塔与板换的组合为第一冷源，同时为自然冷却的冷源，冷水机组为第二冷源，因为冷水机组的全年使用时间短，可以配置风冷式冷水机组。当室外空气湿球温度低于等于 20℃时，系统完全自然冷却，当室外空气湿球温度高于等于 26℃时，系统完全电制冷，当湿球温度介于 20℃与 26℃之间时，系统以预冷模式运行，自然冷却时间如图 7-7 所示。

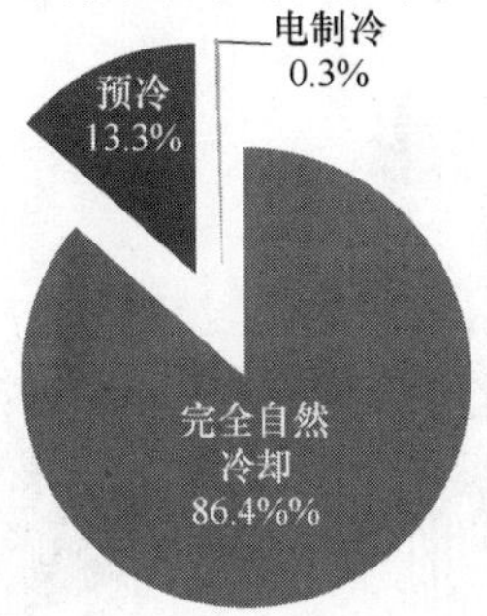

图 7-7　高温数据中心制冷架构自然冷却时间

对两种制冷架构做 TCO 分析，数据中心的生命周期一般为 10 年，以 10MW 的 IT 负荷、北京地区气象条件为分析前提，对以上两种制冷架构数据中心进行 10 年 TCO 分析，如表 7-14 所示。

表 7-14　两种制冷架构的 10 年 TCO 分析

项　　目	传统数据中心制冷架构	高温数据中心制冷架构
制冷空调 PUE	0.43	0.14
可比部分制冷空调系统初投资/万元	3500	4900
维护费用/（万元/年）	42.0	57.4
用电量/（kWh/年）	37 668 000.0	12 264 000.0
电费/（万元/年）	3013.4	981.1
用水量（m^3/年）	199 248.7	178 998.3
水费/（万元/年）	91.7	82.3
10 年 TCO/万元	34 970.9	16 108.6

可见，只要服务器允许进风温度提高，空调系统的送风温度可以相应提高，冷冻水供水温度也可进一步提高，高温数据中心的制冷架构虽然增加了初投资，但可以大幅度降低PUE、降低运行维护成本，在类似于北京地区的气象区具有广泛的应用价值和推广价值。

7.6.2 芯片/IT 节点冷却的节能方式

随着散热设施越来越贴近热源，近年来，芯片/IT 节点冷却的节能方式出现在公众视野种，主要分为风冷散热片、热管散热器与液冷三种。

1. 风冷散热片

风冷散热片是最常见的散热器件，一般是导热性能比较好的铝或铜等材料加工成散热翅片增加散热面积和效率，然后通过特殊的介质（通常是导热硅胶）紧贴住发热量很大的芯片，然后再在散热片上固定一个风扇，增加流速提升换热能力，更快带走热量，从而达到对芯片散热的目的。提升风冷散热片的途径是提高散热面积，提高换热系数，提升辐射散热效率，以及使用散热效率更佳的材料黏合，充分接触保证降低传导热阻，如图 7-8 所示。

图 7-8　风冷散热片

风冷散热片的优点是简单实用，且价格低廉；但其缺点是冷却效率不高，不能完全将CPU 发热量散发出去，仅依靠传导和对流的风冷法散热器容易接近导热极限；随着风扇的功率和转速的增大，产生的噪声也随之增大；由于风扇是运动部件，比较容易损坏。

2. 热管散热器

热管散热器的原理及简图如图 7-9 所示。

热管散热器在最贴近 CPU 部分使用高效的热管替代常规金属基座，通过封闭的金属腔体和毛细芯，充分利用了换热工质在热端蒸发后在冷端冷凝相变（即利用液体的蒸发潜热和凝结潜热）和热传导原理，使热量快速传导透过热管将发热物体的热量迅速传递到热源外，其导热能力高于同等质量金属，而且平板型热管的热温度场均匀，局部换热量大，但是成本偏高。

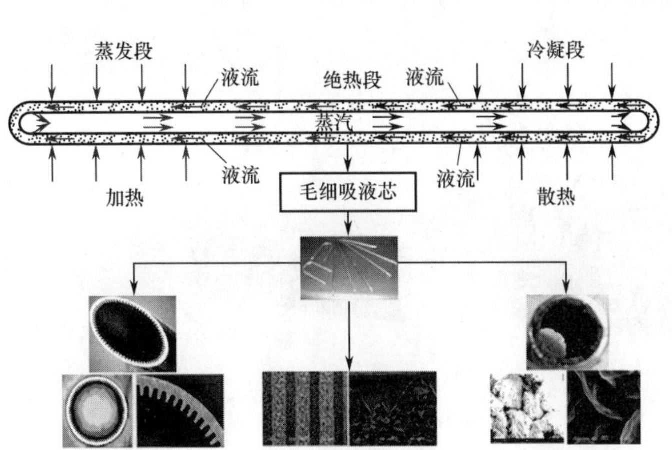

图 7-9　热管散热器原理及简图

3．液冷

所谓液体冷却，是指通过某种液体，比如水、氟化液或某种特殊不导电的油来替代空气，把 CPU、内存条、芯片组、扩展卡等器件在运行时所产生的热量带走。

如图 7-10 所示，液冷的工作方式按照液体与热源的距离大致可以分为三种：第一种是风液混合的方式，即先通过空气为服务器相关部件散热，再通过液体冷却热空气，热空气和冷液体通过热交换器进行热交换；第二种是间接的冷板方式，即设备元件本身不直接接触液体，而是先把热量传给装有液体的冷板，再通过液体循环带走热量，由于冷板只能覆盖部分发热元件，其他元件的热量仍然需要风扇带走；第三种是直接浸没的方式，即把设备元件甚至是整机直接浸泡在液体中，再通过液体循环把热量带出去，完全不需要风扇。

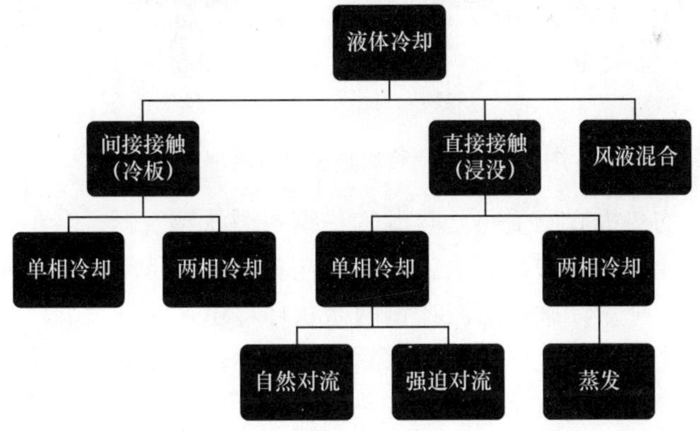

图 7-10　液冷的工作方式

用一个形象的比喻：冷板方式像是把水壶放在电炉上烧水，直接浸没的方式是用“热得快”烧水，前者是对风冷方式的改良，后者则是革命性的。

➢　风液混合方式（真空腔均热板技术）

传统风冷散热器底部为金属铜或铝材质，芯片热量传导到散热器翅片，然后通过强迫风冷对流将翅片热量带走，为了提高冷却能力，真空腔均热板技术可代替传统金属散热器，其导热系数是普通金属的 100 倍以上。风冷散热器与风液回合散热器如图 7-11 所示。

图 7-11　风冷散热器与风液混合散热器

真空腔均热板技术原理上类似于热管，但在热传导方式上有所区别。热管为一维线性热传导，而真空腔均热板中的热量则是在一个二维的面上传导，因此效率更高。具体来说，真空腔底部的液体在吸收芯片热量后蒸发扩散至真空腔内，将热量传导至散热鳍片上，随后冷凝为液体回到底部，这种类似冰箱内冷媒蒸发、冷凝的过程在真空腔内快速循环，实现了相当高的传热效率。如图 7-12 所示，真空腔均热板的工作原理如下所述。

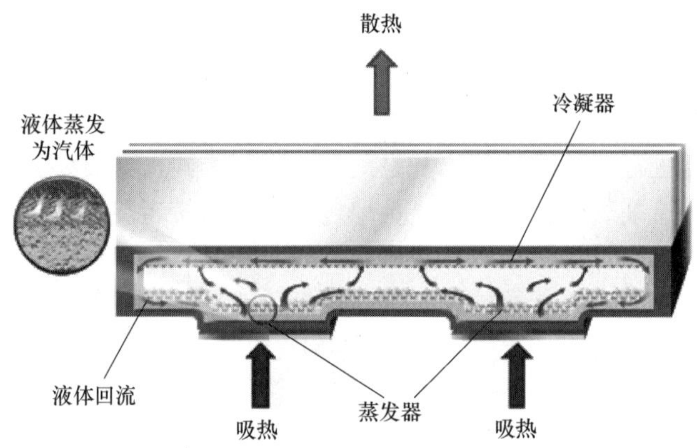

图 7-12　真空腔均热板散热原理示意图

（1）吸热过程：均热板底座受热，热源加热铜网微状蒸发器。

（2）吸热过程：冷却液（去离子水或纯水）在真空环境下受热迅速蒸发为蒸汽。

（3）导热过程：真空设计确保蒸汽在铜网微状环境迅速流通。

（4）散热过程：蒸汽受热上升，遇上部冷源后散热，并重新冷凝为液体。

（5）回流过程：冷却液通过铜微状结构毛细管道回流至均热板底部蒸发器（回流的冷却液通过蒸发器受热后再次汽化并通过铜网微管吸热、导热、散热，如此反复）。

（6）热量传到均热板上方的翅片，然后通过风扇强迫对流将热量带走。

➢　间接接触液冷（冷板技术）

冷板技术的原理为利用泵驱动散热管中的冷却液流经热源，吸热后高温液体流经换热器散热后变回冷却液并循环使用，实质是冷却液与发热元件被导热材料分离，不直接接触，而是通过液冷板、液冷头等高效传热部件将被冷却对象的热量传到冷却液中，冷却液再通过冷却系统实现降温和循环，冷板散热原理如图 7-13 所示。由于同体积时水的散热（显热）能力是空气的 3500 倍，所以冷板的散热能力同比空气冷却有大幅的提升。

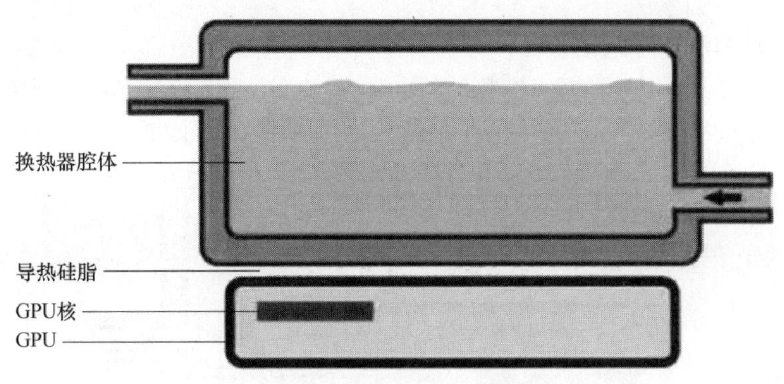

图 7-13　冷板散热原理示意图

在常规情况下，芯片工作温度为 20～60℃，可以使用无相变的水（去离子水+铜缓蚀剂）或者氟化液进行吸热，再通过外部冷却水或冷冻水系统实现散热，其整体冷却原理如图 7-14 所示。

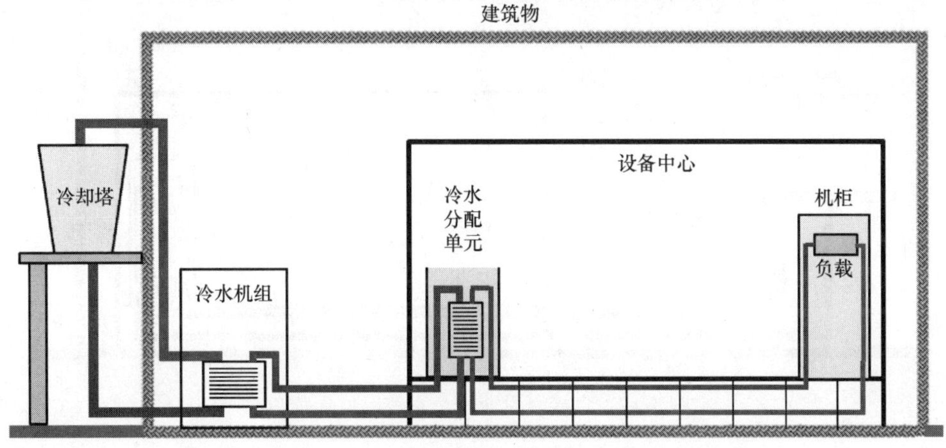

图 7-14　冷板散热全系统原理示意图

该系统重点在于选择合适的冷却液，并设计复杂的冷却液管路到达每个机架，还需为每台设备设计并安装无滴漏的快速接头（如图 7-15 所示），以避免冷却液流出，并确保在快速接头热插拔维护时不中断整个系统；另外，冷却液大量管路的在线维护和水力平衡都是难题。

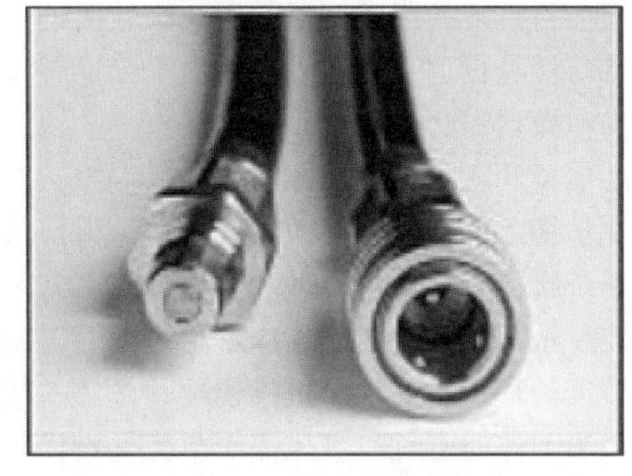

图 7-15　冷板管路及快速接头

➢ 直接浸没的液冷方式

直接浸没冷却是采用密闭的氟化液等非导电液体直接浸泡冷却数据处理设备的芯片、内存等发热部件，形成密封的一级散热循环系统，如图 7-16 所示。

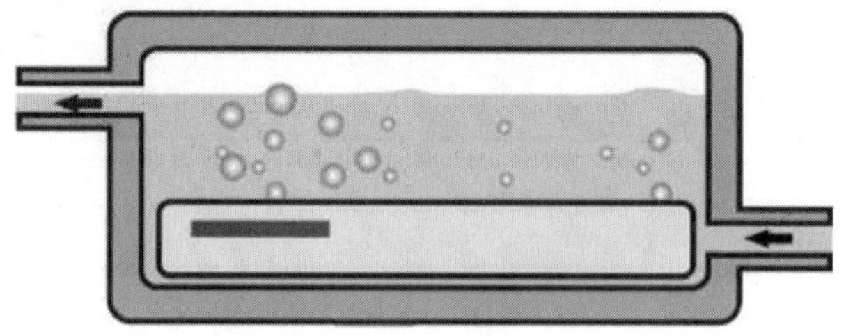

图 7-16　直接浸没液冷原理图

而二级循环系统可以采用自然风冷或冷却水系统进行冷却，其整体冷却原理如图 7-17 所示。

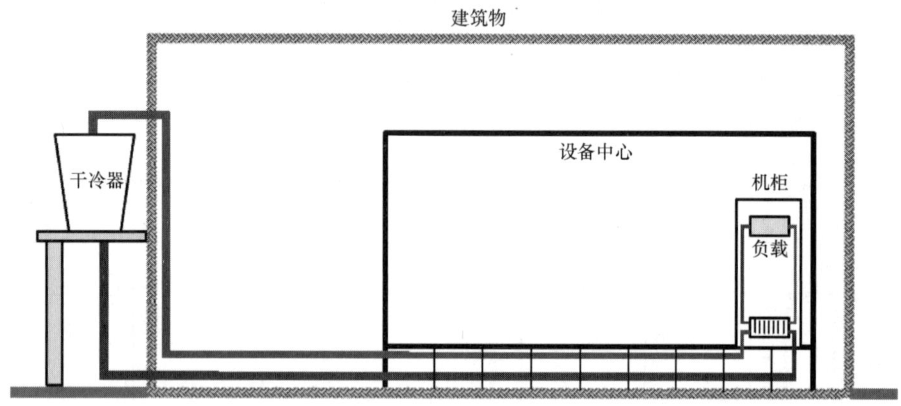

图 7-17　直接浸没液冷全系统原理示意图

对比间接冷板，发热元器件的冷却均匀度更好，冷却液的温度可以更高，还可选择一定温度下相变的液体，则局部散热能力更强，散热效果更佳。例如，对于 60℃的芯片，可采用 50～55℃冷却水来冷却蒸发温度在 55～60℃的冷媒，那么即使在夏季高温 45℃的天气，也可实现直接新风冷却或完全采用干冷器、冷却塔，从而实现全年利用自然冷却，大大降低冷却系统的能耗。

液冷固然有许多的优点，但是也面临较多的挑战：

（1）目前液冷更适合于高功率密度和全新的服务器架构设计，无法兼容目前主流的风冷服务器架构和数据中心设计，改造难度大。

（2）因规模和应用范围的限制，尤其是部分数据处理设备部件材料在直接冷却液体中的兼容性和化学稳定特性需要长期测试验证，目前液冷的成本较高。

（3）系统设计有待项目验证和优化，如针对每台设备液冷需要大量管路的优化设计、平衡水力、控制水流量、控制冷媒冷却温度，并需要二级循环冷却系统的联动控制等。

（4）数据处理设备的维护更换需要快速接头支持快速插拔无渗漏，供电电缆和传输光缆连接器等有源部件的密封和散热都需要优化设计。

液冷作为一种新兴的技术，还处在完善和不断发展的过程中，但随着人们节能意识的逐渐觉醒，其路途必然会越走越宽。

第 8 章　制冷空调自动控制一体化设计

数据中心制冷空调系统全年 7×24h 不间断运行，可靠性要求高，制冷空调系统中的组件故障需及时替代并告警；随着全年气象条件的变化和末端负荷的变化，制冷空调系统的运行模式、运行台数也相应调整。故障替代、告警、运行模式切换、空调设备台数控制等均需要控制器和控制系统完成；同时，无论制冷系统采用何种节能器，都需要控制系统根据室外气象参数及制冷系统设备、管路状况准确、平稳地切换系统的运行模式，最大限度地节能，并在切换的过程中保障系统可靠运行。因此，自动化控制系统（以下简称自动控制系统或 BA 系统）是数据中心制冷空调系统不可分割的一部分。自动控制系统将直接影响制冷空调系统的稳定、可靠、节能和运行维护等方面。

自动控制系统包括传感器、指示器、执行器、最终控制元件、接口设备、其他设备附件和软件。自动控制系统设计应从制冷空调系统监控和 IT 设施环境监控管理两个功能出发，满足制冷空调系统正常运行及 IT 设施环境温湿度相对恒定的需求。

8.1　自动化控制系统的可靠性

自动控制系统的架构、可靠性要求与数据中心的可靠性等级有关，Uptime Institute 对自动控制系统的可靠性要求如下所述。

- TⅠ与 TⅡ级数中心无特殊控制要求。
- TⅢ级数据中心要求：任一控制元件有计划地校准、检修、替换时，关键设施所处环境需保持稳定。
- TⅣ级数据中心控制系统需满足：
  - 能检测到系统单次故障；
  - 能隔离系统单次故障并容错；
  - 任一控制元件或信号传输路径有故障时，仍然能维持住控制系统“N”容量。

对于 T1、T2 级或 B 级、C 级数据中心，自动控制系统只需满足制冷系统监控的功能要求；对于 T3 级或 A 级的数据中心，自动控制系统还需要满足数据中心整体可靠性的要求，即控制系统任一组件有计划地校准、维护、更换时，不应影响制冷系统的正常运行；对于T4 级数据中心，自动控制系统需自动检测系统单次故障、隔离并包容单次故障，任一组件或路由故障后自动控制系统仍能维持住控制系统“N”的容量。

T1 级的数据中心自动控制系统如图 8-1 所示。

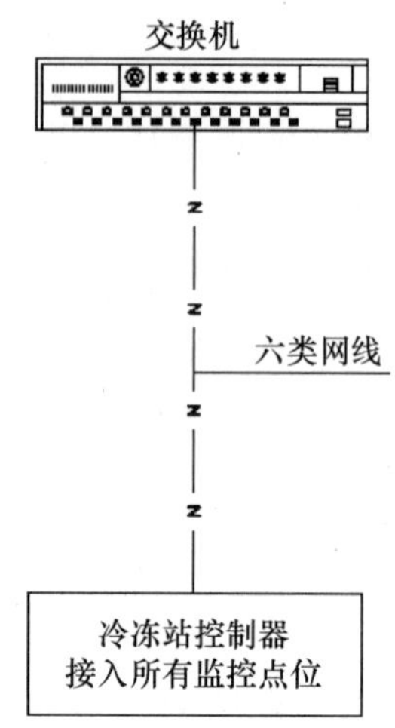

图 8-1　T1 级别自动控制系统

从图可以看出，T1 级的控制系统无论是控制设备还是信号传输路径都没有冗余，

T2 级的数据中心自动控制系统如图 8-2 所示。

从图可以看出，T2 级的控制系统控制设备设有冗余，信号传输路径没有冗余。

T3 级的数据中心自动控制系统如图 8-3 所示。

从图可以看出，T3 级的控制系统控制设备设有冗余，信号传输路径也设有冗余。

T4 级的数据中心自动控制系统如图 8-4 所示。

从图可以看出，T4 级的控制系统中控制设备设有冗余，信号传输路径也设有冗余，自动控制系统可自动检测单次故障、隔离并包容单次故障，任一组件或路由故障后自动控制系统仍能维持住“N”的容量。

从以上分析可以看出，T3、T4 级的控制系统任意组件（传感器、通信线路、控制器、交换机等）发生故障，不应影响供冷系统的正常运行；另外，不仅控制设备与信号传输路径设有冗余，通信组件如交换机、通信路由等也设置冗余，不应因单一通信故障引起控制系统的整体故障。

从工程实施及软件的角度，无论何种等级的控制系统，工程扩建、程序调试或程序升级时，不应影响供冷系统的正常运行。另外，在电气配置方面，控制系统组件应配备 UPS 供电。

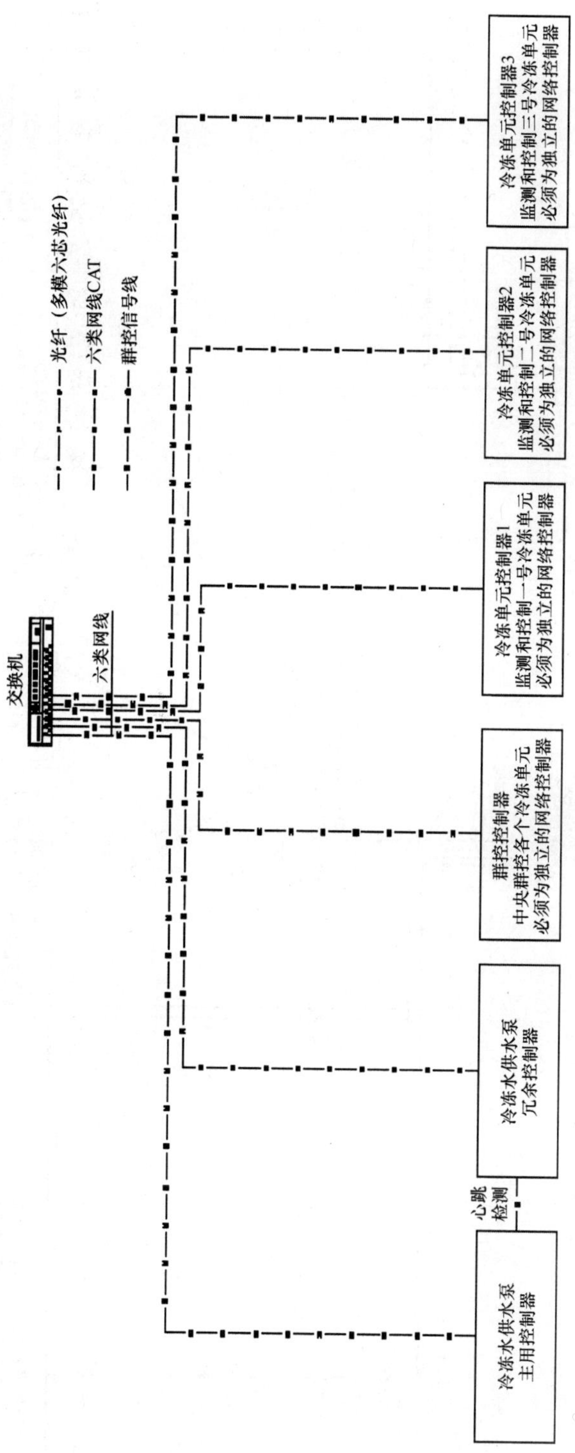

图 8-2　T2 级别自动控制系统

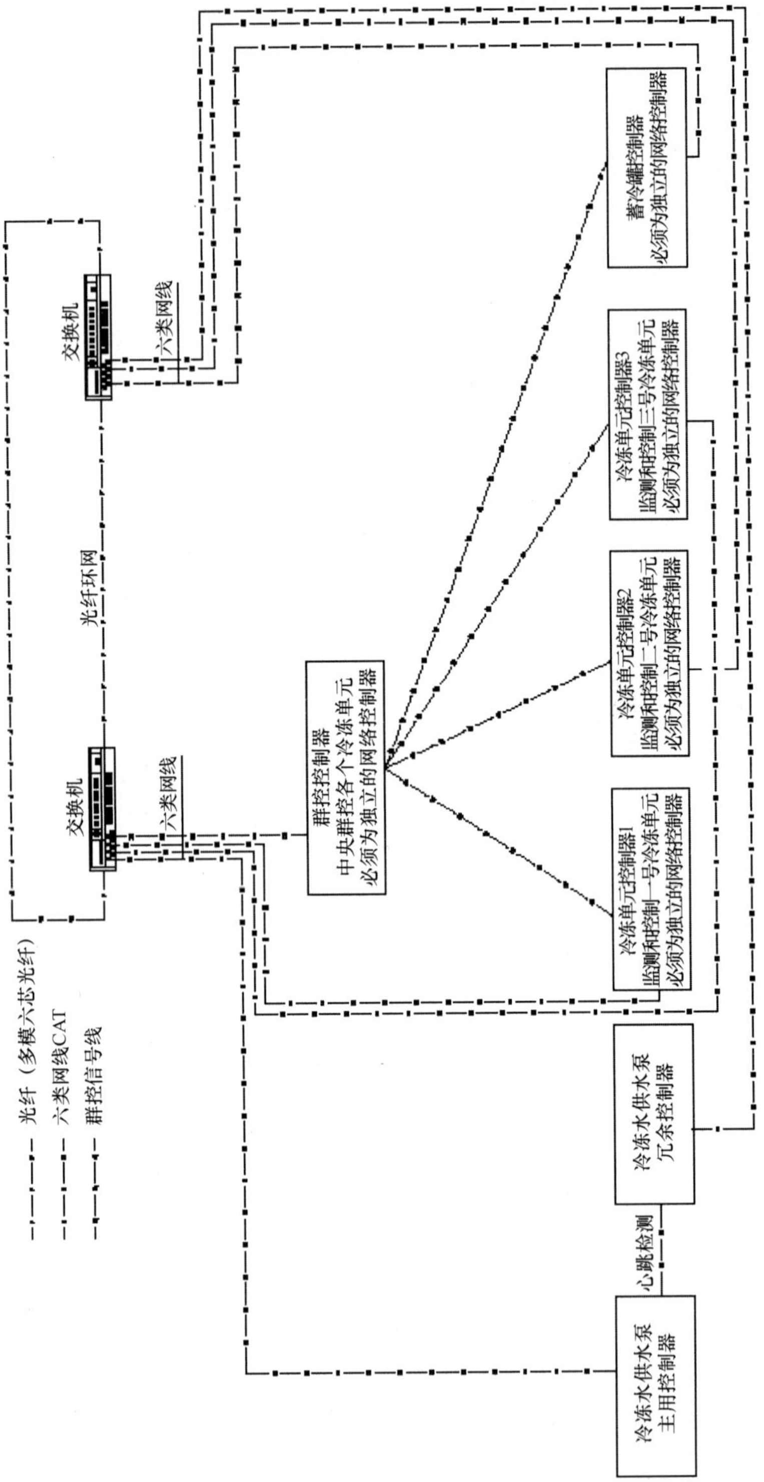

光纤（多模六芯光纤）
六类网线CAT
群控信号线
交换机
光纤环网
交换机
六类网线
六类网线
群控控制器
中央群控各个冷冻单元
必须为独立的网络控制器
冷冻水供水泵
主用控制器
心跳检测
冷冻水供水泵
冗余控制器
冷冻单元控制器1
监测和控制一号冷冻单元
必须为独立的网络控制器
冷冻单元控制器2
监测和控制二号冷冻单元
必须为独立的网络控制器
冷冻单元控制器3
监测和控制三号冷冻单元
必须为独立的网络控制器
蓄冷罐控制器
必须为独立的网络控制器

图 8-3　T3 级别自动控制系统

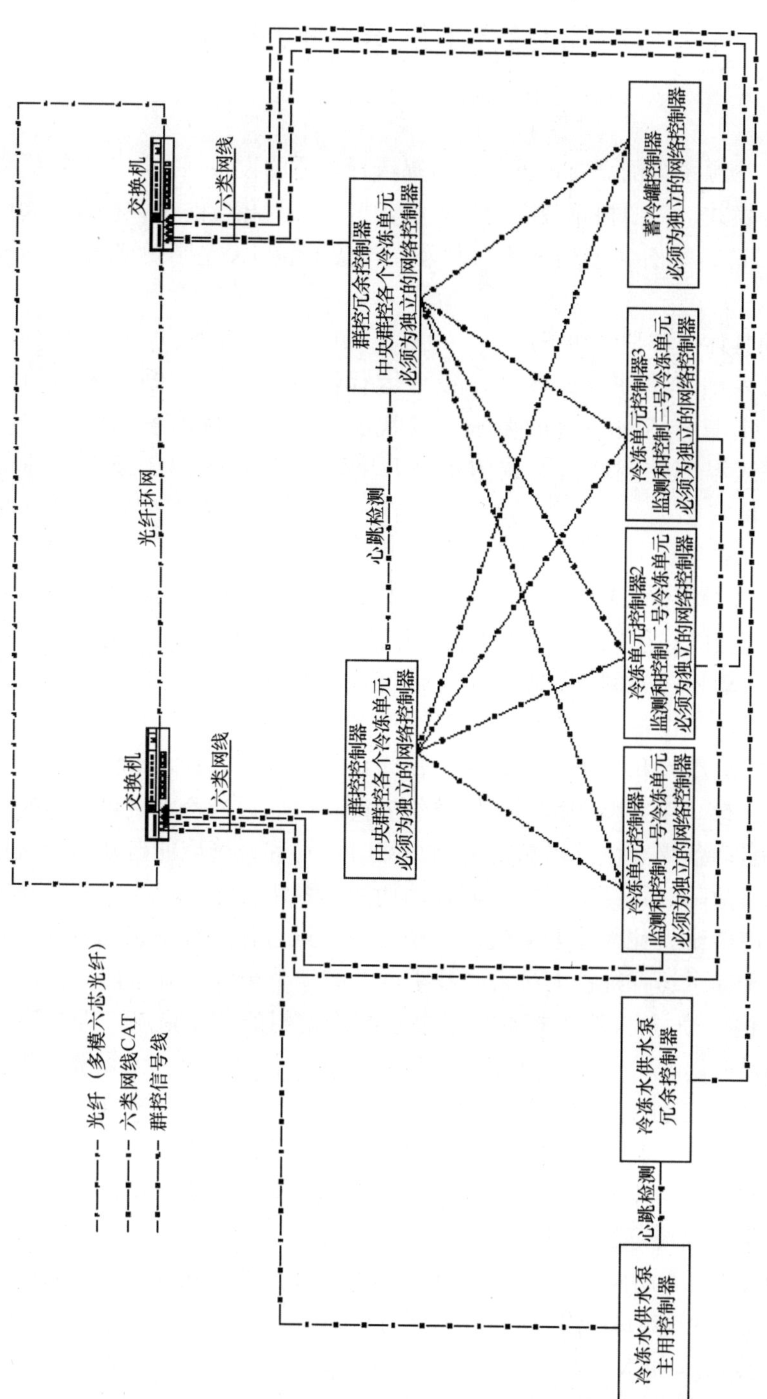

图 8-4　T4 级别自动控制系统

8.2 自动化控制系统的功能

对于制冷系统而言，冷源系统侧需要根据负荷情况选择合适的设备运行，需要根据气象参数选择冷源的节能运行模式，需要根据故障场景自动告警并选择相应的设备状态、阀门状态等，需要蓄冷罐应急放冷，另外需要监测机房环境温湿度、漏水、湿膜加湿器、新风设备、风阀等。

自动控制系统管控的具体内容举例如下。

- 系统可根据机房内部、室外气象条件、设备运行情况，严格控制服务器的空间环境。系统可根据服务器对环境的要求，监视服务器的进风温度、相对湿度，并以服务器的进风温度控制精密空调的水阀开度，以送/回风温差或者其他信号输入为依据控制精密空调 EC 风机的转速。当进风温度、相对湿度数值异常时，管理系统告警。
- 系统应按事先确定的顺序完成加机、减机：断电后，市政电网或柴油机发电恢复供电，自动控制系统应能按照预设的顺序启动制冷空调设备；加载时，管理系统应能按照预设的顺序启动相应的制冷空调设备，减载时，管理系统也应能按照预设的顺序关闭相应的制冷空调设备。
- 系统需自动替换故障组件和故障系统：制冷管理系统可以针对故障组件告警，并选取备用机组投入运行，以减少运行维护人员的失误。比如，当冷水机组故障时，管理系统应能自动启动备用冷机；当精密空调故障时，管理系统应能自动启动备用精密空调；当控制器故障时，管理系统应能自动切换至备用控制器；当管理系统灾难性故障时，系统应能维持住控制器的最后一个命令、维持住制冷空调设备的运行状态，同时声光告警提示运行维护人员将制冷空调系统调整至满负荷运行状态。
- 系统需平滑切换运行模式:自然冷却是数据中心制冷常用的节能措施，即当室外温度和湿度条件满足时，充分利用室外空气自然冷量满足制冷需求，无须开启机械制冷。运用自然冷却需在制冷空调系统中增设节能器，分为水侧自然冷却器和风侧节能器。无论制冷系统采用何种节能器，都需要制冷管理系统根据室外气象参数及制冷系统设备、管路状况，准确、平稳地切换系统的运行模式，最大限度地节能，并在切换的过程中保障系统可靠运行。
- 系统需实现应急冷源（如水蓄冷罐、冰蓄冷）的充冷、放冷及快速充冷：管理系统应能响应紧急情况，并能自动控制应急冷源运行状态。
- 系统需实现应急冷源（如水蓄冷罐、冰蓄冷）运行状态的平稳切换:为了保障制冷连续，数据中心的制冷系统常常配置应急冷源，如蓄冷罐、冰蓄冷槽等，以确保市电断电、冷机重新启动的时间，冷量可持续供给。制冷管理系统可以准确感知冷机的市电供给状况，并在冷机掉电或其他紧急工况时，平稳切换至应急冷源供冷，保障服务器的冷量持续供应；在蓄冷系统放冷完毕时，制冷管理系统应自动切换至快

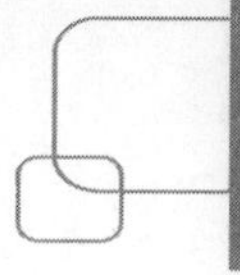

速充冷的运行状态。

- 系统自动加载、减载：制冷管理系统可以监视末端冷负荷，并根据末端负荷加载、减载制冷设备的运行，实现产冷量与需冷量的匹配，避免过度制冷或制冷不足。

8.3　控 制 器

自动控制系统的控制器可以完全采用 DDC/PLC 控制，为方便扩容，每个控制器的点位数应设置 20%的冗余。DDC（Direct Digital Control）与 PLC（Programmable Logic Controller）均为控制系统中经常采用的控制器，其特性和应用特点有所不同，究竟哪种控制器更适用于数据中心制冷空调的控制系统？下面进行如下分析。

信号处理速度：PLC 可在毫秒级的时间完成信号处理，工艺和电气领域需要这样的处理速度，以实现"实时"监控，确保状态信息的准确性和复杂流程的精确控制。发电机并机、电压异常响应、工艺监控等，均需要即时信号处理。根据过往项目的实施经验， DDC 系统可满足制冷空调系统监控需求，而且应作为制冷空调控制系统首选。

编程应用：根据过往实施项目的经验，采用 PLC 往往需依赖单一的程序员开发程序并对程序作出解释和调试，PLC 程序员更熟悉非 HVAC 的应用，对于数据中心制冷空调控制系统，PLC 程序员需要完全理解关键设施的可靠性需求，并根据 PLC 硬件特性编制适用于关键设施环境下的程序。由于 PLC 程序员熟悉工业应用，对于关键设施环境的 HVAC 控制系统缺乏了解，在程序编制过程中容易产生困惑和错误。相反，DDC 供应商更熟悉 HVAC 的应用，如西门子、奥莱斯和江森自动控制等公司提供 HVAC 相关的控制设备、编程工具和培训，其产品更倾向于 HVAC 行业，并开发出 HVAC 控制相关的许多编程工具。采用 DDC 可开发出可靠的控制操作系统，比采用 PLC 花费更少的时间，而且故障率更低。因此，DDC 更适用于数据中心制冷空调控制系统。

点位密度与网络架构：每个 PLC 控制器可携带更多点、扫描速度更快，这些特性适用于工业环境，但在制冷空调的控制应用中需重新考虑。

硬件尺寸趋于紧凑，需处理的数据却越来越多，这推动硬件配置不断改良。控制器需处理的数据对应控制点位功能，例如，西门子的 PXC 产品，可容纳多达 500 个输入/输出点；另一方面，数据处理强度大时，高密度控制器容纳的点位不宜超过 300 个，以维持控制器最佳性能。在数据中心项目控制系统的设计中，每个控制器的点位数低于 100 个，也可能最多 50 个点位，少数复杂的冷冻站控制系统中也最多 200 个点位，这就为控制器留出了大量储备容量，可缩短处理时间和改善系统性能。通过平衡点密度和调整数据处理的级别，控制器可有效满足系统信号处理的时间要求。

最佳设计采用以太网作为核心通信主干，每个控制器配有一个板载以太网接口。数据中心项目控制系统不允许采用菊花链、星形或其他 MSTP（主从令牌传递）网络作为通信主干。在以太网内，每个控制器作为网络的一个 IP 节点，直接汇报给服务器，进行轮询和数据传输。数据中心项目控制系统需要这样的通信特性，例如，风管静压箱的常规控制需要网络时，仅接受以太网层级的通信。而采用 MSTP 网需要轮询，MSTP 常用于商业通信，可削减成本。数据中心控制系统采用以太网标准，不予采用 MSTP，不进行轮询，网络不会经常因流量过剩陷入拥堵，从而无法快速响应。在需要轮询的系统中，每个控制器的状态定期接受检查，检查周期基于时钟、由编程设定。因为所有控制器的全部点位需按顺序进行轮询，所以轮询需耗费时间。基于以太网的系统，某事件发生时即进行记录，独立于系统的轮询延迟。当数据趋势（用于预测性控制和制定管理决策）设置时，数据实时存放于控制器中，然后发送至服务器进行存储备案。如果发生报警，则警报注明发生时间并即时传送至服务器进行告警。根据过往实施项目的经验，MSTP 网络由于轮询协议延迟，传递关键数据需花费长达数分钟的时间，而以太网可在一秒内完成告警。

通信协议问题：Modbus 是一个数字接口系统，允许基于不同微处理器代码的系统之间传递和共享信息，常用于不同制造商设备之间的系统集成。从该接口到 Modbus 协议的通信存在延迟，Modbus 非常缓慢，在反馈时高度依赖其节点的点位数量。在项目现场，发生过 Modbus 接口速度缓慢，需花费长达 10min 传递数据的情形。这貌似应该是 DDC 性能问题，实际情形却并非如此。Modbus 协议通信的本质决定了通信延迟，而 PLC 是基于 Modbus 的。 PLC 通过在控制器上直接安装以太网接口，显著改善了通信速度，访问速度可与基于以太网的 DDC 系统等同。基于以太网的 PLC 和基于以太网的 DDC 均有应用案例，数据传输速度相差无几。二者均受限于某给定 GUI（图形用户界面）上信息请求的信息量。例如，用户在某图形界面搜索 100 个值，由于数据处理量的问题，无法立即完成搜索。当然，告警总是优先，不受数据处理量的限制，尽管 GUI 上搜索数据导致网络数据量激增，但是告警将总是通过以太网通信即时传递。

另外，DDC GUI（图形用户界面）基于 Web（网页），支持远程控制，这个特性很有价值，只要操作员拥有密码授权，任何本地执行的命令均可远程执行。这就允许操作员可现场或远程地进行状态监视和告警，可对问题进行响应并按照需要修改运行策略。而 PLC 控制器不支持可视化的网页访问，只能通过服务器去查看控制器的数据。

针对冷冻站控制系统的 DDC 应用与 PLC 应用细节比较如表 8-2 所示。

表 8-2　冷冻站控制系统的 DDC 应用与 PLC 应用对比

冷冻站中使用 PLC 控制器与 DDC 控制器的比较			
序　号	项　目	DDC 控制器	PLC 控制器
1	品牌	DDC 控制器一般为西门子、江森、霍尼韦尔、ALC 等知名品牌	西门子、霍尼韦尔
2	产地	主要产自美国和欧洲	主要产自美国和欧洲

（续表）

冷冻站中使用 PLC 控制器与 DDC 控制器的比较			
序　号	项　目	DDC 控制器	PLC 控制器
3	控制器针对冷冻站的应用比较	（1）冷冻站作为制冷空调行业的一个重要组成部分，绝大多数执行过的项目都使用 DDC 控制器做相应的控制。 （2）DDC 控制器的厂家专门为冷冻站开发了很多固化程序算法，对冷冻站的逻辑判断、延时、控制等有专门的程序语句。 （3）往往自动控制厂家一个项目的程序可以很容易移植到其他类似数据中心项目中	（1）PLC 主要应用于工业领域或成套的大型机电设备中，在冷冻站行业及制冷空调行业应用较少。 （2）PLC 在冷冻站行业的固化程序并不完善，需要非常专业的程序工程师再次编写。 （3）美国的数据中心也曾使用过 PLC 实施，但是很多复杂的逻辑控制并不能实现，有些甚至中途停止，例如： a）冷冻水二次泵的群控，当一个运行水泵发生故障后，自动启动第二台备用水泵；当第二台备用水泵也发生故障后，应自动启动第三台，依此类推；当都出现故障后，自动复位故障水泵，重新启动。 b）当不满足节能模式时，自动切换到预冷模式，当不满足预冷模式时，自动切换到制冷模式等
4	控制器拓扑架构比较：	冷冻站的设计要求 DDC 以独特的网络形式的架构配置来实现可靠性和可使用性： （1）每个 DDC 控制器都要求为独立的以太网控制器（如 4 套冷冻单元的冷冻站需要 8 个网络控制器）。 （2）每个 DDC 控制器与服务器能同时通信，每个 DDC 控制器之间采用等同的架构。 （3）可靠的冷冻站系统的控制器设计不应采用链式结构，不应采用主从结构，不应采用星形结构，只有采用完全的 DDC 网络控制器才能实现这种工作机理	冷冻站的设计： （1）如都使用网络形式的 PLC 控制器，成本价会远远高于使用 DDC 控制器（如 4 套冷冻单元的冷冻站需要使用 8 个网络形的 PLC 控制器）。 （2）服务器与 PLC 控制器之间的通信采用轮询的方式，而不能同时进行数据通信。 （3）服务器与 PLC 控制器之间采用主从的通信结构。
5	控制器可视化访问	DDC 控制器完全支持可视化网页访问，自身可以作为一个网页服务器供运行维护人员通过密码登录，查看相关数据，更改相应参数	PLC 控制器不支持可视化的网页访问，只能通过服务器查看控制器的数据
6	控制器的数据密度	如果理论 DDC 控制器可以支持 500 个数据采集量，为了可靠性往往只接入 100 个数据，这将大大减轻控制器处理数据的压力，提升了控制器的运算速度	只有 100 个左右的监控点位，不适合使用网络型 PLC 控制器
7	控制器之间的通信是否依赖服务器	DDC 控制器之间的通信完全不依赖服务器，控制器之间可以互相调用数据，例如，如当一个室外温度传感器接入一个 DDC 控制器时，其他 DDC 控制器可以直接在网络层面上访问数据，而不依赖于服务器进行	PLC 之间不能进行数据通信，必须依靠服务器进行数据通信，基于 Modbus 的机理，控制器之间不能互相访问数据，只能通过服务器访问数据，所以当服务器出现故障时，控制器之间的通信也就中断了

（续表）

冷冻站中使用 PLC 控制器与 DDC 控制器的比较			
序　号	项　目	DDC 控制器	PLC 控制器
8	控制器厂家的支持	方便调用 DDC 控制器厂家的资源，当一个项目实施过程中出现问题时，可以直接寻求 DDC 厂家的支持	PLC 控制器主要有代理商负责，当项目出现问题的时候，会陷入僵局，无法继续开展；同时 PLC 控制器也缺少 PLC 生产厂家的直接支持

综上所述，数据中心制冷空调控制系统重视可靠性，可靠性与产品质量、一致性、适用性、告警、数据追踪分析、供应商的服务、网络架构都有关系。从控制器的角度，数据中心制冷空调控制系统应优先选用 DDC，主要因素如下：

- 对 HVAC 行业的熟悉程度，常用的编程、服务工具；
- 从控制器到服务器的以太网通信；
- 服务器故障时，控制器仍可执行必要的命令，命令的发布不依赖网络；
- 支持本地和远程访问；
- 不依赖于个别编程解释。

因此，基于以太网通信的 DDC 网络控制系统是数据中心制冷空调控制系统的最佳选择，它更简单、更易于编程，执行命令的速度更快、同时也更可靠。

8.4　自动化控制系统工作站软件

工作站软件是控制系统不可或缺的一部分，工作站软件特性如下所述。

A. 工作站软件应为实时磁盘操作系统。

B. 系统软件包含图形、程序及其他软件功能，用户可现场配置系统。

C. 系统软件提供用户图形界面，可用鼠标在界面上进行查看和下发指令，仅文字和数字输入的功能需使用键盘。

D. 用户图形界面还应提供如下功能和特性.

（1）提供可视化用户窗口界面，基于 Windows 操作系统，同时支持查看和系统操作命令。操作员可定义窗口尺寸，系统通过窗口可同时显示并执行如下功能中的最少三项功能。

a. 每天的时间表（查看和更改）；

b. 动态彩色图形（查看和命令）；

c. 报警屏幕（查看和确认）；

d. 数据趋势屏幕（查看）；

e. 图形构建（查看和构建）；

f. 图形符号（查看和粘贴到图形中）；

g. 编程（查看和更改）。

（2）系统配有在线文档目录，可按需要单击选择，不需查看笔记本或其他书面材料。

（3）每天的时间表采用一周概览日历格式，便于手动更改一周的时间表。系统组件（如泵、冷却塔等）之间的逻辑关系应清晰，便于操作员保持该逻辑关系的同时根据名字手动启停设备。可在单一时间表中进行多天时间表相关的编程。

（4）针对节假日和特殊日提供非正常工作时间表，这些时间表可提前一年进行编程设定，可在图形显示的日历上用鼠标选取节假日和特殊日。

（5）图形指示状态用的颜色或图案由操作员选定。仅用图形和鼠标即可完成指令，鼠标选中图标，然后从下拉菜单（或采用功能键）选择命令。图形分层次有序链接，符合系统逻辑关系。

（6）采用动态模拟条显示模拟量（如温度），这些动态图形可叠放于原理图或其他图形上，显示相关数值；可在动态模拟条上用鼠标移动指针来更改此模拟量的设定值。

（7）背景帮助文件可提供当前操作的正确指导。

（8）操作员可选择点位组合，按名称检索并查看点位的当前状态。

（9）灵活的排序功能，以便操作员采用普通字符和/或数字串查找并显示点位。

（10）自动收集场地控制器的趋势数据，每天至少收集 12 次。操作员可定义数据收集的如下模式。

a．基于时间，按操作员定义的时间间隔采样并存储数据。

b．基于值的变化，操作员设定阈值，当值的变化超出阈值，系统采集并存储数据。

（11）手绘：可用鼠标实现计算机构建图形。提供标准全屏模式、常用符号和常用形状，以协助构建图形；可在一个窗口中选中符号或形状，然后用鼠标将这些符号或形状转移至第二个窗口，为了实现快速构建图形，操作过程中不必退出任一窗口。

（12）自动上传和下载：工作站的数据库软件更改可自动下载到控制器，同样，控制器数据库软件更改可自动上传到工作站，以确保数据库的连续性和一致性。

E. 彩色图形构建软件允许操作员用鼠标选择和更改标准图形形状，如矩形、椭圆形、圆形或线条，软件还应提供标准图标代表风机、空气处理设备等，同样，标准图标可被选中并更改。系统还应允许操作员选择显示动态点位值，并将数值放置于图形的任意位置。软件有至少 256 种颜色可用。

F. 动态彩色图形一旦构建完成并经过标记，应存储至磁盘，供操作员随时查看；访问图形可通过下拉菜单进行。

G. 系统自动收集控制器的存储数据，数据基于用户预定的时间表进行收集；系统允许一天最少 12 次数据收集，收集次数由用户确定。如果在预定收集数据的时间网络计算机被占用，则弹出消息指示用户在数据自动传输和存储期间暂缓操作网络计算机。

H. 系统允许操作员用“剪切和粘贴”命令转移数据至 Excel，便于进一步分析数据。

I. 系统支持存储并下载控制器的所有点位值和数据库，以便随时轻松启动或返回至正常运行。

J. 系统软件应支持全屏表格式点位编辑器，允许轻松添加、删除和更改点位。可通过在屏幕表格内填空来完成点位的定义；不当的输入可被自动禁止，并以简洁的文字说明错误原因。

K. 系统软件应支持全屏、文字处理型程序编辑器，可供操作员现场创建或修改控制顺序。编辑器可打开整个文档，便于现场使用。编辑器可随时显示至少 20 行程序，并允许添加、删除或修改字符、字符组或整行程序。编辑器允许在定制的程序中插入评论，允许复制程序的任何部分，插入评论时自动重新编号所有评论。在操作员定制的程序部分，编辑器支持点位名称的查找和自动替换,支持自动语法检查并进行错误标记。

L. 操作员访问权限如下所述。

（1）访问限制：操作员可通过用户定义的密码来访问系统，系统提供至少 10 个访问等级。每位操作员输入唯一的用户名和密码组合，验证后可访问系统。

（2）系统应提供至少 5 个工作站授权，以支持各工作站同时与 BMS 服务器对话。

（3）要返回系统至安全模式，操作员应注销系统。注销系统时，可生成操作员姓名、操作时间和日期的纸介报告。如果操作员长达 15min（可调）未进行系统操作，则系统将自动注销当前用户并返回安全模式。

（4）除了生成关于有效或无效登录、注销的纸介报告，系统还应在内存中保存至少 300 次系统登录的历史记录，不论登录有效还是无效，具有最高级别访问权限的操作员方可查看该记录。

（5）当系统在线并全面运转时，与操作员访问有关的所有信息均为用户自定义信息。

典型操作员访问级别如下：

1 级　常规操作功能，如查看日志和显示窗口、报警确认；

2 级　包括一级的所有权限，并可更改模拟量限值、锁定点和发布命令。

3 级　包括一级和二级的所有权限，并可添加、修改或删除任一用户自定义的参数和访问级别，可更改点位描述和用户名。

M. 用户对系统配置的控制如下所述。

（1）数据库创建和修改：目的在于允许用户独立修改系统，所有修改可依照标准程序完成，且修改可在系统在线运行时进行。为了帮助操作员修改系统，程序软件应提供指导性提示，操作员只需简单回答“是”和“否”，并提供诸如用户名、所需的控制盘、点位描述等信息。

（2）用户可全面配置系统，以执行图形、编程及其他软件的如下功能。

a. 添加和删除点位；

b. 修改任一点位参数；

c. 更改、添加或删除中（英）文描述；

d. 更改、添加或删除控制器；

e. 在启/停程序、趋势日志等文件中更改、添加或删除点位；

f. 选择模拟量报警限值；

g. 调整模拟量偏差；

h. 创建并定制点位之间的关系；

i. 编辑图形。

N. 系统可通过客户的内网进行访问。客户可通过远程计算机访问系统，远程计算机配有调制解调器，可高速访问互联网，或以 VPN 接入互联网，远程访问的客户可获取系统工作站的所有可用信息，同样可获取报警信息。客户应提供局域网连接的配置、路由器及安全措施。承包商多方协调配合，以实现互联网接入。客户不必在计算机上安装系统软件即可获取系统信息。承包商不应采用需专门编程的第三方硬件来实现互联网/内网接入。

O. 报警发布。

（1）系统设置专用报警窗口 LCD 屏，用于查看报警。

（2）新的报警发生时，闪烁报警，并以声音警示。

（3）在专用报警窗口，操作员可以加载图形和/或显示与报警点相关的消息（最多 280 个字符）。

（4）正在发生的报警、已经恢复正常的报警，以及已经确认的报警，这些信息都应输出到系统打印机中。

（5）报警打印应显示时间，时间格式为时—分—秒，时间显示尽量精确到秒。

P. 点组/状态报告。

（1）在图形显示器上应可获取各制冷空调设备的点组状态报告。状态报告示例如下：

CRAH-A1 送风机启停；

CRAH-A1 送风机状态；

CRAH-A1 送风温度；

CRAH-A1 回风温度；

CRAH-A1 水阀开度；

CRAH-A1 报警状态。

（2）系统报告点位的任何更改或调整，每天自动生成报告：

a. 何时进行的更改；

b. 谁进行的更改；

c. 进行了哪些更改；

d. 其他相关数据有哪些。

综上所述，工作站软件是数据中心空调自动控制系统的重要组成部分，良好的软件功能齐全、方便运行维护人员操作、安全可靠，是空调系统平稳运行的重要辅助手段。

第 9 章　施工、验收与测试

数据中心制冷空调设计的合理性、有效性及先进性是保证数据中心有效运行的第一前提，而保证这一前提能实现的关键就是施工。施工是设计成果由设想到现实的实现过程，只有规范化、标准化的施工才能使设计成果完美体现。本章主要简述与制冷空调相关的施工技术、施工验收及系统调试等方面的内容。

9.1　施　工

9.1.1　施工范围及内容

数据中心制冷空调相关施工的主要范围及内容见表 9-1。

表 9-1　数据中心制冷空调相关的施工

范　围	施 工 内 容
通风系统 空调系统	风管、风管部件制作安装 消声器制作与安装 风机、空调设备安装 风管与设备防腐、绝热 系统调试
制冷系统	制冷机组安装，制冷剂管道及配件安装，制冷附属设备安装，管道与设备的防腐与绝热，系统调试
空调水系统	冷热水管道系统安装，冷却水管道系统安装，冷凝水管道系统安装，阀门及部件安装，水泵及附属设备安装，管道与设备的防腐与绝热，系统调试
监测与控制系统	线管与线槽安装及布线，现场监控仪表与设备安装，中央监控与管理系统安装

9.1.2　施工遵循的主要规范

《电子信息系统机房施工及验收规范》GB50462—2008
《通风与空调工程施工规范》 GB50738—2011
《通风与空调工程施工质量验收规范》GB50243—2002
《制冷设备、空气分离设备安装工程施工及验收规范》GB 50274—2010
《风机、压缩机、泵安装工程施工及验收规范》GB 50275—2010
《建筑电气工程施工质量验收规范》GB 50303—2002
《智能建筑工程质量验收规范》GB50339—2013

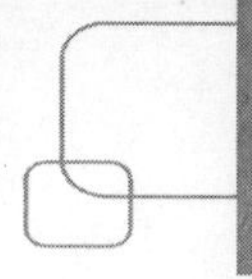

9.1.3　施工现场控制重点

施工现场是人力、物力、财力等汇聚的复杂场合，为了保证施工质量，施工现场控制重点如下：

- 审核施工图是否由具有法人资质证明的设计单位设计，确认施工图有效方可使用。
- 对于监测与自控系统的集成方案还需确认生产厂家的设备配置深化（细化）方案，落实规格型号、产地和厂家。原因是生产厂家的品牌不同、规格型号不同、产地不同，配制也不同。因此，最好使用一个生产厂家的产品进行设备配置，这样各系统之间接口问题也易于解决。
- 依据施工图，认真审阅，发现问题，列出问题的部位，提供给设计单位，组织设计交底，将提出的问题形成解决方案文件，进行会签确认，并及时办理设计变更洽商。
- 审核通风空调工程及监测与自控系统工程的施工组织设计，重点检查专业配合、机房做法、风道做法、管道及调试检验方法等。
- 技术质量交底应依据现行国家标准和规范，并符合施工图的要求与规定。
- 编制材料订货计划、设备加工订货计划、劳动力安排计划、施工进度计划，各项计划应保证跟进土建工程施工计划。关键是确定设备的规格型号、加工周期、到现场日期，保证设备安装顺利进行，不得延误竣工工期。
- 工程所使用的主要原材料、成品、半成品和设备的进场必须进行验收。验收应经监理工程师认可并应形成相应的质量记录。
- 隐蔽工程在隐蔽前必须经监理人员验收及认可签证。
- 水冷机组或风冷机组、冷却塔、大型风机、新风机组等设备在建筑物结构施工和砌筑内隔墙和板孔封堵时，应预留出大型设备搬运通道。
- 设备安装前，应对设备基础进行核实，确认无误才允许进行设备安装。
- 通风工程的风管及部件制作应考虑所用材质及现场条件，确定是现场加工还是向生产厂家订货。如向生产厂家订货，应将管道材质确定，并提供管道几何尺寸、管道部件规格尺寸、连接管道方式等，确定加工周期、到场日期。
- 认真检查预留孔洞的数量、几何尺寸、标高、坐标等是否符合施工图要求，不得遗漏。
- 认真检查套管的数量、管径、标高、坐标位置是否符合施工图要求，不得遗漏。套管歪斜应及时调整，走向应横平竖直。
- 走道吊顶内通常为各专业管道集中处，空调水管道、风道风口、照明灯具、感烟探头、强弱电线槽、给排水管道等经常相碰，在施工前为避免各专业之间管道相碰，应及时召开协调会，安排好各专业管道标高、位置错开。

9.1.4 施工现场配合要点

1. 与土建结构工程施工配合要点

- 预留风管和空调冷冻水管道的孔洞、预埋套管和铁件，配合土建施工进度，及时确定标高、坐标位置、孔洞几何尺寸。
- 监测与控制系统需配合土建结构施工暗敷管路至控制终端处，预留盒（箱）等。

- 应提前统计预留孔洞需做木盒（箱）的数量、规格尺寸，自行预制加工或委托土建协助加工制作。
- 配合土建墙体、楼板钢筋绑扎及时安装木盒（箱）、需要预留的孔洞应提前与土建技术负责人确定。由土建施工单位安装木盒（箱），通风空调单位负责检查木盒（箱）标高、坐标、几何尺寸等是否符合设计要求。经检验合格后通知土建可做混凝土浇灌施工。
- 结构钢筋不允许随意切割，需要切割时，应向上级技术负责人报告，经确定补救方案后再施工。
- 通风空调预留孔洞较大、较多，经常与给排水、消防喷淋、消火栓、强弱电管线与线槽等碰撞。应及时组织各专业协调会，提出施工图中标高、坐标位置、孔洞几何尺寸过大、管路平行敷设或垂直敷设过多、过密、碰撞问题，合理调整标高和坐标位置，并应及时办理设计变更洽商。
- 及时提出通风空调设备基础、监测控制系统机柜基础的几何尺寸和做法，提供给土建协助施工。
- 屋顶通风空调设备，如屋顶风机、冷却水塔等设备体积较大、载荷重，当建筑物结构封顶、土建拆塔吊之前，应将这些大型设备利用塔吊运到屋顶安装部位。
- 土建做屋面防水层之前，通风空调专业应把防排烟风机、冷却塔等屋面设备的基础位置图、做法提供给土建专业，由其负责施工。
- 屋面做防水之前，通风空调在屋面的设备电源管和控制管都应敷设在防水层下面的找平层内（隔热保温层内），电源、控制线防雷保护接地线同时接到位，风口到电动机或控制箱接口处。
- 将各种风口标高、坐标位置、几何尺寸、数量提供给土建施工。同时配合土建检查各种风口是否符合设计规定。

2. 与装修工程施工配合要点

- 检查冷冻机房、空调机房、风机房设备基础尺寸是否符合设计要求和规定，给排水管、电源线管和控制线管是否按设备工艺图施工接口到位，发现问题及时找相关施工单位解决。
- 检查通风和空调机组预留的新风进口的风口百叶、数量、规格尺寸、位置应符合设计要求规定。如果有出入，要及时调整加工订货。
- 通风管、静压箱、消声器等在吊顶中施工时，应及时与土建技术负责人落实屋顶至吊顶内侧面的间距、吊顶对地面的标高、做法。依据通风空调的施工图，同土建专业和其他各专业进行协调，确定风道以及其他设备的最佳位置及合理走向。
- 风管支管的风口位置与各种风口的位置是依据吊顶做法分格图进行布置的，土建吊顶龙骨未安装时，风道应先把保温层施工完。土建封吊顶、顶板时，配合土建施工将风口逐个调整顺直，然后用木框固定好风口。
- 在没有吊顶的部位管道需要保温时，需要等土建墙面、顶棚抹灰、油浆等湿作业施工完毕后，再安排保温施工，防止土建施工人员蹬踏管道、污染管道，影响保温质量。

- 在设有吊顶的部位，如果安装风道后影响装修人员的操作空间，可先将支架安装完毕，风道暂时不装，等装修施工完后再安装风道。
- 预留孔洞位置不准，标高过低或过高，位置偏移或歪斜，需剔凿修复。先检查统计数量，报告土建后再剔凿。遇到割钢筋时，需及时请示土建技术人员与设计准许，落实方案后施工。
- 当吊顶以上空间为静压箱时，则顶部和四壁均应抹灰，并刷不易脱落的涂料，其管道的饰面亦应选用不起尘的材料。
- 敷设活动地板应符合现行国家标准《计算机房用活动地板技术条件》的要求。敷设高度应按实际需要确定，宜为 200~350mm。活动地板下的地面和四壁装饰可采用水泥砂浆抹灰。地面材料应平整、耐磨。当活动地板下的空间为静压箱时，四壁及地面均选用不起尘、不易积灰、易于清洁的饰面材料。

9.1.5　金属风管、部件的加工制作与安装

在数据中心制冷空调设计中，通风空调系统中的风管基本上采用的都是金属风管，主要为镀锌薄钢板。金属风管、部件的加工制作与安装相关的施工技术要点及注意事项如下：

- 风管、部件加工制作前需进行现场复测。复测时，应注意通风管网经过的部位是否和建筑物或其他管道相碰，当有相碰的情况而不能按原设计施工时，应和有关单位联系，并提出处理意见，由设计单位决定如何修改。
- 根据图纸和复测所得的尺寸，将已确定的通风、空调设备和通风管网的正确坐标结合已有的板材规格、施工机械和现场的运输条件进行分析整理，就可绘制出正确的加工草图。绘制草图步骤如下：

a.　先根据施工图纸确定标高，如复测发现有变化时，可按实测值修正。

b.　确定干管及支管中心线离开墙壁或柱子的距离。此距离应尽量靠近墙壁和柱子，以求充分利用空间和增加美观，并可减小支架结构尺寸，便于安装，但必须注意保证干管和支管安装时有拧紧法兰螺栓所必需的距离。一般圆形风管的管边离墙为 100～150mm，矩形风管为 150～200mm。对于风管直接靠近墙壁安装的场合，可考虑采用内法兰连接。

c.　按《全国通用通风管道配件图表》要求及具体安装位置，确定三通、四通的高度及夹角。

d.　按现行国家标准《通风与空调工程施工质量验收规范》（GB 50243—2002）和《全国通用通风管道配件图表》要求及具体安装位置，确定弯头角度和弯头的曲率半径。

e.　按照支管之间的距离和确定的三通高度、夹角或弯头的曲率半径，算出直风管的长度。

f.　按图纸确定的风口等部件离地坪的高度和干管的标高，扣除三通和弯头的位置和尺寸，标出支管的长度。

g.　按照通风机、风帽的标高，标出排气竖管的长度。

h.　按照现行国家标准《通风及空调工程施工质量验收规范》（GB 50243—2002）和设计对施工的要求及施工现场情况，确定采用支架的形式、间距和安装的地点及安装的方法。

- 如设计图纸无特殊要求，制作风管的钢板厚度必须遵守现行国家标准《通风与空调

工程施工规范》（GB 50738—2011）4.1.6 条规定。

- 一般风管弯头的曲率半径小于 1.5 倍管径，三通的夹角大于 30°，大小头的长度小于风管大口和小口直径差的 5 倍，就会在系统中形成较大的局部阻力，严重时造成粉尘沉积堵塞风管，因此风管制作时尤其要注意。
- 风管的咬口形式应根据所使用的不同系统风管选用，具体可参照现行国家标准《通风与空调工程施工规范》（GB 50738—2011）4.2.6 条规定。矩形风管的咬口形式，除板材拼接采用单平咬口外，可采用按扣式咬口，联合角咬口及转角咬口，使咬口缝设在四角部位，以增大风管的刚度。
- 矩形风管法兰由四根角钢组焊而成。圆形风管法兰可选用扁钢或角钢，采用机械卷圆与手工调整的方式制作。法兰制作相关的型材、螺栓、铆钉规格及间距应符合现行国家标准《通风与空调工程施工规范》（GB 50738—2011）4.2.8 条规定。
- 矩形风管边长大于或等于 630mm 和保温风管边长大于或等于 800mm，其管段长度大于 1250mm 或低压风管单边面积大于 1.2m^2，中、高压风管单边面积大于 1.0m^2 时，均应采取加固措施。常用的加固方法有角钢框加固、角钢加固大边、风管壁板上滚槽加固。
- 矩形弯管导流叶片的迎风侧边缘应圆滑，固定应牢固。导流片的弧度应与弯管的角度相一致。导流片的分布应符合设计规定。当导流叶片的长度超过 1250mm 时，应有加强措施。
- 防火阀和排烟阀（排烟口）必须符合国家现行有关消防产品技术标准的规定，并具有相应的产品合格证明文件。
- 柔性短管的长度一般为 150~300mm。设于结构变形缝的柔性短管，其长度应为变形缝的宽度加 100mm。柔性短管不应作为找正、找平的异径连接管。
- 风管、管件和调节阀等按实测尺寸制作后，按建筑物和系统编号做好标记，防止运输和安装时发生差错，并按设计图纸或实测加工图纸对风管、管件等部件进行预组合，以便检查规格和数量是否相等，如发现有遗漏或质量不符合要求时，应返工补做。
- 设计无明确规定时，支架应固定在梁、楼板、墙、柱等可靠的建筑结构上。支架不能吊在顶棚的吊件上，除非设计有明确的规定。
- 支架的固定方式一般采用埋入墙内水泥砂浆锚固、在钢筋混凝土内预埋钢板上焊接锚固、膨胀螺栓锚固及射钉锚固等方式。支架的预埋件埋入结构部分应除锈、除油污，并不应涂漆，以保证预埋件与混凝土的连固能力。支架外露部分做防腐处理。
- 支、吊架的最大允许间距如设计无明确要求时，可按现行国家标准《通风与空调工程施工规范》（GB 50738—2011）7.3.4 条规定执行。
- 采用吊架的主、干风管长度超过 20m，应设置防止摆动的固定点，每个系统不应少于一个。
- 风管支、吊、托架不得设在风口、阀门、检视门及测定孔等部位，应适当错开一定的距离，距离不小于 200mm。不得直接吊在法兰上。风管吊杆离风管侧壁距离为：不保温 30mm，保温 100mm。风管托架安装标高：矩形风管按管底，圆形风管按中心线，因风管弯径时要相应提高。

- 边长（直径）大于或等于 630mm 的防火阀、消声弯头、边长（直径）大于 1250mm 的弯头及三通应设置独立的支、吊架。水平安装的边长（直径）大于 200mm 的风阀等部件与非金属风管连接时，应单独设置支、吊架。
- 为了防止风管和支、吊架安装方式不当出现“冷桥”，造成冷、热量的损失，矩形保温风管的支、吊、托架应设在保温层的外部，不得损坏保温层。使用托架的横担不能直接和风管底部接触，中间应垫以坚实的隔热材料，其厚度与保温层相同；吊杆不得与风管的侧面接触，而要离开与保温层厚度相同的距离。
- 风管连接接口处应加垫料，其法兰垫料厚度为 3～5mm。垫片不能突入风管内，否则将会增大空气流动的阻力，减小风管的有效截面，并形成涡流，增加风管内的积尘。法兰垫料的材质如设计无明确规定时，按现行国家标准《通风与空调工程施工规范》（GB 50738—2011）8.1.4 条规定执行。
- 风管安装时找正、找平可用吊架上的调节螺钉或托架上加垫的方法。风管安装后，可用拉线和吊线的方法进行检查。水平风管安装的允许偏差为水平度不大于 3mm/m，总偏差不大于 20mm；垂直风管安装后的允许偏差为垂直度不大于 2mm/m，总偏差不大于 20mm。
- 在风管穿过需要封闭的防火、防爆的墙体或楼板时，应设预埋管或防护套管，其钢板厚度不应小于 1.6mm。风管与防护套管之间应用不燃且对人体无危害的柔性材料封堵。为了使套管牢固地固定在墙壁和楼板中，套管应焊有肋板埋到结构中。钢套管的壁厚应根据套管截面积大小确定，一般套管壁厚不应小于 2mm，防止弯曲变形。
- 风管穿越屋面后，管身必须完整无损，不得有钻孔或其他损伤，以免雨水漏入室内。风管穿越屋面后，应在风管与屋面的交界处设置防雨罩，确保交界和穿越处不漏水、不渗水。风管上的法兰采用涂料、垫料等密闭措施进行密封，防止雨水沿管壁渗漏到室内。防雨罩应设置在建筑结构预制圈的外侧。
- 风管穿出屋面高度超过 1.5m 时，应设拉索固定，也可用固定支架或利用建筑结构固定。采用拉索牵固时，拉索不应少于 3 根。拉索不能直接固定在风管风帽上，应用抱箍固定在法兰的上侧，以防止下滑。应该注意的是，严格禁止将拉索的下端固定在避雷针或避雷网上。
- 风口与风管的连接应严密、牢固，与装饰面相紧贴；表面平整、不变形，调节灵活、可靠。明装无吊顶的风口，安装位置和标高偏差不应大于 10mm。风口水平安装，水平度的偏差不应大于 3/1000；风口垂直安装，垂直度的偏差不应大于 2/1000。
- 风管系统安装后，根据系统大小等具体情况可对总管和支干管进行分段或整个系统的严密性试验，待试验合格后再安装支管、风口等部件及进行风管的保温工作。
- 按系统类别进行严密性检验，漏风量应符合设计规定。低压系统采用抽检，抽检率为 5%，且不得少于一个系统。在加工工艺得到保证的前提下，采用漏光法检测。检测不合格时，应按规定的抽检率做漏风量测试。中压系统在漏光法检测合格后，对系统漏风量测试进行抽检，抽检率为 20%，且不得少于一个系统。高压系统全部进行漏风量测试。

9.1.6 通风与空调设备的安装

通风机、空气处理设备、消声器的安装要点如下：

- 空气处理设备的安装应满足设计和技术文件的要求。设备安装前应检查各功能段的设置是否符合设计要求，内部结构有无损坏。采用隔振器的设备，其隔振安装位置和数量应正确，各个隔振器的压缩量均匀一致，偏差不大于 2mm。
- 组合式空调机组的现场组装由供应商负责实施，组装完后进行漏风率试验。漏风量必须符合现行国家标准《组合式空调机组》(GB/T 14294）的规定。
- 风机开箱检查时，应根据设计图纸核对通风机的名称、型号、机号、传动方式、旋转方向和风口位置等六部分。通风机符合设计要求后，应对通风机再进行下列检查：

a. 根据设备装箱单核对叶轮、机壳和其他部位（如地脚螺栓孔中心距、进排风口法兰孔径和方位及中心距、轴的中心标高等）的主要尺寸是否符合设计要求。

b. 叶轮旋转方向应符合设备技术文件规定。

c. 进排风口应有盖板严密遮盖、防止尘土和杂物进入。

d. 检查风机外露部分各加工面的防锈情况及转子是否发生明显的变形或严重锈蚀、碰伤等。

e. 检查通风机叶轮和进气短管的间隙，用手盘动叶轮，旋转时叶轮不应和进气短管相碰。

- 风机支架安装前，应在同规格的减振器中挑选自由高度相同的减振器。各组减振器承受荷载的压缩量应均匀，不得偏心；安装减振器的地面应平整，减振器安装完毕，在使用前应采取保护措施，防止损坏。
- 风机安装结束后，应安装皮带安全罩或联轴器保护罩。进气口如不与风管或其他设备连接时，应安装网孔为 20~25mm 的入口保护网。
- 消声器在运输和吊装过程中，应力求避免振动，防止消声器的变形，影响消声效果。特别对于填充消声多孔材料的阻抗式消声器，应防止由于振动而损坏填充材料，不但降低消声效果，而且也会污染空调环境。

9.1.7 空调制冷设备的安装

冷冻水系统相关设备主要包括制冷机组、水泵、冷却塔、水处理设备等，其安装要求如下：

- 制冷机组机身纵横向水平度的允许偏差不得大于 1/1000，用水平仪检查。有公共底座的可在公共底座上检查，无公共底座的可在外露的主轴上或按设备的具体状况选择适当位置检查。
- 整体出厂的制冷机组或压缩机组在规定的防锈保证期内安装时，油封、气封良好且无锈蚀，其内部可不拆洗；当超过防锈保证期或有明显缺陷时，应按设备技术文件的要求对机组内部进行拆卸、清洗。
- 制冷机组上位前应根据底座螺孔及底座的外形尺寸检查基础的相应尺寸、基础抹面

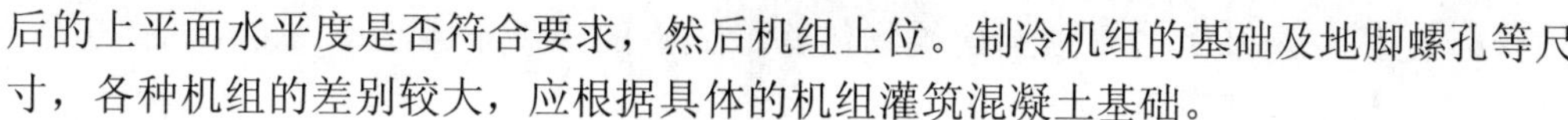

后的上平面水平度是否符合要求，然后机组上位。制冷机组的基础及地脚螺孔等尺寸，各种机组的差别较大，应根据具体的机组灌筑混凝土基础。

- 制冷机组吊装时应注意不使机组底座变形。如采用其他上位方法，应注意机组的重心，避免造成机组倾倒事故。
- 制冷机组上位后，其中心应与基础轴线重合，两台以上并列的机组，在同一基准标高线上允许偏差为±10mm。
- 制冷机组与管道连接应在管道冲（吹）洗合格后进行。机组与管道连接时设置软接头，压力表距阀门位置不小于 200mm。
- 水泵的进场检查：

a.　检查水泵名称、型号、规格是否符合设计要求，核对水泵铭牌的技术参数及水泵的主要安装尺寸是否与设计图纸相符。

b.　外观检查泵体有无锈蚀和损坏，泵进出口保护物是否完好，有无缺损和锈蚀。

c.　进场开箱检查时，泵的转动和滑动部件的防锈油不得清除，并不应做转动和滑动检查，此部分的检查应在泵安装前进行。

- 有隔振要求的水泵安装时，在水泵基座下装隔振垫、减振器等。常用的橡胶隔振垫减振安装适用于电动机功率小于 110kW、工作环境温度小于 42℃的卧式离心水泵。常用的减振器有弹簧减振器、剪切减振器。
- 水泵安装后允许的偏差为：整体安装的泵纵向水平偏差不应大于 0.1/1000，横向水平偏差不应大于 0.2/1000；解体安装的泵纵向、横向水平偏差均不应大于 0.05/1000。
- 水泵吸入口处应有不小于 2 倍管径的直管段，吸入口不应直接安装弯头。吸入管水平段应有沿水流方向连续上升的不小于 0.5%的坡度。水泵吸入管变径时，应做偏心变径管，管顶上平。水泵出水管变径应采用同心变径。
- 冷却塔的安装位置应符合设计要求，进风侧距建筑物应大于 1000mm。塔体立柱脚与基础预埋钢板直接连接或地脚螺栓连接。冷却塔的各连接部位的连接件均应采用热镀锌或不锈钢螺栓。
- 冷却塔的出水管口及喷嘴的方向、位置要正确。布水系统的水平管路安装应保持水平，连接喷嘴的支管要求垂直向下，喷嘴底盘应保持在同一水平面内。风机试运转正常以后，应该将电动机的接线盒用环氧树脂或其他防潮材料密封，以防止电动机受潮。
- 冷却塔安装后，单台冷却塔的水平度、垂直度允许 2/1000 的偏差。多台冷却塔水面高度应一致，其高差应不大于 30mm。
- 软化水装置的电控器上方或沿电控器开启方向应预留不小于 600mm 的检修空间。盐罐安装位置靠近树脂罐，并应尽量缩短吸盐管的长度。过滤型的软化水装置应按设备上的水流方向标识安装，不应装反；非过滤型的软化水装置安装时可根据实际情况选择进出口。
- 软化水装置进出水管道上应装有压力表和手动阀门，进出水管道之间应安装旁通阀，出水管道阀门前应安装取样阀。软化水装置的排水管道不应安装阀门，且不得直接与污水管道连接。

- 定压稳压装置的罐顶至建筑物结构最低点的距离不应小于 1.0m，罐与罐之间及罐壁与墙面的净距不小于 0.7m。

9.1.8　空调水系统管道与附件安装

空调水系统管道一般采用镀锌无缝钢管、镀锌焊接钢管等金属管道。管径小于或等于 DN32 时采用螺纹连接，管径大于 DN32 时采用焊接。管道与设备、阀门接口时，选用便于拆卸的连接方式。

- 空调水系统管道采用螺纹连接时，镀锌层破坏的表面及外露螺纹部分应进行防腐处理；采用焊接法兰连接时，对焊缝及热影响地区的表面应进行二次镀锌或防腐处理。
- 管道穿过地下室或地构筑物外墙时，应采取防水措施，并应符合设计要求。对有严格防水要求的建筑物，必须采用柔性防水套管。
- 管道穿楼板和墙体处应设置套管，并应符合下列规定：

a.　管道应设置在套管中心，套管不应作为管道支撑；管道接口不应设置在套管内，管道与套管之间应用不燃绝热材料填塞密实。

b.　管道的绝热层应连续不间断穿过套管，绝热层与套管之间应采用不燃材料填实，不应有空隙。

c.　套管如安装在非混凝土墙壁时应该在装套管处局部改用混凝土，而且必须将套管一次浇固于墙内。

- 支、吊架的最大允许间距如设计无明确要求时，可按现行国家标准《通风与空调工程施工规范》（GB 50738—2011）7.3.4 条规定执行。
- 支、吊架一般采用 Q235 碳钢制作。支、吊架在安装前要做除锈处理，一般在除锈后刷防锈漆两遍。
- 支架应固定在梁、楼板、墙、柱等可靠的建筑结构上。支、吊架的生根要牢固，一般采用预埋铁件、膨胀螺栓、顶板打透眼等方法。
- 空调水系统管道需做绝热，因此支吊架处必须设置木托，木托的厚度与绝热层厚度相同。
- 钢管弯制曲率半径：热弯时不应小于管道外径的 3.5 倍，冷弯时不应小于管道外径的 4 倍；焊接弯头不应小于管道外径的 1.5 倍；冲压弯头不应小于管道外径。镀锌焊接钢管不得采用热煨弯。
- 弯管的椭圆率：管径小于或等于 150mm 时，不得大于 8%；管径小于或等于 200mm 时，不得大于 6%；管壁减薄率不得超过原壁厚的 5%。
- 管道变径应满足气体排放及泄水要求；管道开三通时，应保证支路管道伸缩不影响主干管。
- 管道穿越结构变形缝处应设置金属柔性短管，金属柔性短管长度宜为 150～300mm，并应满足结构变形的要求，其保温性能应符合管道系统功能要求。
- 应根据系统大小采取分区、分层试压和系统试压相结合的方法，在绝热施工前进行管道的水压试验。提前隐蔽的管道应单独进行水压试验。水压试验时应将与设备连

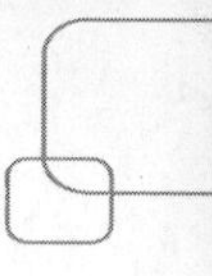

接的法兰拆除，或用盲板对设备进行隔断。

- 管道试压工作完成后，应该对系统进行冲洗，冲洗时应将管道系统中的阀门、设备、仪表等拆除，用短管代替，系统冲洗完毕后再将其复位。
- 主干管上起切断作用的阀门要逐个进行强度和严密性试验，合格后才可以安装。其余阀门可不单独试验，待系统试压时一起试验。
- 阀门安装进出口方向应正确。安装螺纹阀门时，严禁填料进入阀门内；安装法兰阀门时，应将阀门关闭，对称均匀地拧紧螺母。阀门法兰与管道法兰应平行。阀门前后应有直管段，严禁阀门直接与管件相连。水平管道上安装阀门时，不应将阀门手轮朝下安装。
- 机房内的阀门安装在成排的设备时，其安装高度、方向要整齐一致。在分、集水器上应把阀门手轮的中心或阀门下口装在一条水平线上。
- 换热器安装先要核对设备尺寸与基础尺寸一致，再进行吊装就位。设备就位后用薄垫铁找正水平。与换热器连接的管道在换热器接口前必须做好打压、冲洗，防止焊渣、杂质进入换热器内部。
- 过滤器应安装在设备的进水管道上，方向应正确且便于滤网的拆装和清洗；过滤器与管道连接应牢固、严密。
- 管道与设备连接应在设备安装完毕、外观检查合格且冲洗干净后进行。与水泵、空调机组、制冷机组的接管应采用可挠曲软接头连接，软接头一般为橡胶软接头，且公称压力应符合系统工作压力的要求。
- 制冷机组的冷冻水及冷却水管道上的水流开关应安装在水平直管段上。
- 仪表安装前应校验合格；仪表应安装在便于观察、不妨碍操作和检修的地方；压力表与管道连接时，应安装放气旋塞及防冲击表弯。

9.1.9　防腐与绝热

- 在通风空调工程中，绝大部分采用防腐与绝热施工前应具备下列施工条件：

a.　防腐与绝热材料符合环保及防火要求，进场检验合格；

b.　风管系统严密性试验合格；

c.　空调水系统管道水压试验合格。

- 防腐施工前应对金属表面进行除锈、清洁处理，可选用人工除锈或喷砂除锈的方法。
- 选用的防腐涂料应符合设计要求；配制及涂刷方法已明确，施工方案已批准。
- 防腐施工的环境温度一般控制在 5℃以上，相对湿度在 85%以下。
- 镀锌钢板风管绝热施工前应进行表面去油、清洁处理。冷轧板金属风管绝热施工前应进行表面除锈、清洁处理，并涂防腐层。
- 绝热层与风管、部件及设备应紧密贴合，无裂缝、空隙等缺陷，且纵横向的接缝应错开。绝热层材料厚度大于 80mm 时，应采用分层施工，同层的拼缝应错开，层间的拼缝应相压，搭接间距应不小于 130mm。
- 风管部件的绝热不应影响其操作功能。调节阀绝热要留出调节转轴或调节手柄的位置，并标明启闭位置，保证操作灵活方便。风管系统上经常拆卸的法兰、阀门、过滤器及检测点等应采用能单独拆卸的绝热结构，其绝热层的厚度应不小于风管绝热层厚度，与固定绝热层结构之间的连接应严密。

- 空调风管穿楼板和穿墙处套管内的绝热层应连续不间断，且空隙处应用不燃材料进行密封封堵。
- 空调水管道采用橡塑、聚乙烯等管壳做绝热层材料时，胶黏剂涂抹要均匀。除黏接外，根据情况可再用 16 号镀锌钢丝将其捆紧，钢丝间距一般为 300mm，每根管壳绑扎不少于两处，捆扎要松紧适度。
- 垂直管道绝热时，应隔一定间距设保温支撑环，用来支撑绝热材料，以防止材料下坠。支撑环一般间距为 3m，环下要留 25mm 左右间隙，填充导热系数相近的软质绝热材料。
- 阀门、法兰、管道端部等部位的绝热一般采用可拆卸式结构，以便维修和更换。
- 保护层采用铝板或镀锌钢板做保护壳时，要采用咬口连接，不准使用螺钉固定金属外壳，以免破坏防潮层。

9.1.10　监测与自动控制系统安装

- 监测与控制系统安装前应具备下列施工条件：

a.　施工方案已批准，采用的技术标准和质量控制措施文件齐全。

b.　材料、设备进场检验合格。

c.　监测和控制系统安装部位的管道系统等已安装完成，并预留监测和控制系统设备及管线的安装位置；监控室的土建部分已完成验收。

d.　施工机具已齐备，满足安装要求。

- 监测与控制系统的安装应符合设计要求及现行国家标准的有关规定。
- 监测与控制系统安装时，应采取避免电磁干扰的措施。
- 不同的监测与控制系统对接时，其接口协议应一致。
- 压力、压差传感器、压差开关安装：

a.　传感器应安装在便于维修的位置。

b.　传感器应安装在温湿度传感器的上游。

c.　风管型压力、压差传感器应在风管保温完成后进行安装。应安装在直线段上，如不能安装在直线段时，应避开风管内通风死角和蒸汽放空口的位置。

d.　水管型压力与压差传感器的安装应在工艺管道预制和安装的同时进行，其开孔与焊接工作必须在工艺管道的防腐、衬里、吹扫和压力试验前进行。不宜安装管道焊缝及其边缘上开孔及焊接处。当直管段大于管道口径 2/3 时，可安装在管道的顶部；小于管道口径 2/3 时，应安装在管道的侧面和底部水流流速稳定的位置，不宜选在阀门等阻力部件的附近、水流流速死角和振动较大的位置。

e.　安装风压压差开关时，宜将薄膜处于垂直于平面的位置。安装高度距地不应小于 0.5m，安装应在风管保温层完成，安装在便于调试、维修的地方，不应影响空调器本体的密封性，线路应通过软管与压差开关连接，并应避开蒸汽放空口。

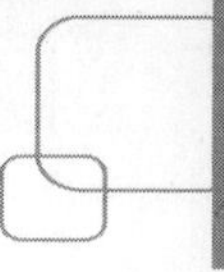

- 温湿度传感器的安装应符合下列规定：

a. 温、湿度传感器不应安装在阳光直射的位置，应远离有较强振动、电磁干扰的区域，其位置不能破坏建筑物外观的美观与完整性，室外设置的温湿度传感器应有防风雨防护罩。

b. 应远离门、窗和出风口的位置，如无法避开时，与之距离不得小于 2m。

- 风管型温湿度传感器安装：

a. 应安装在风速平稳、能反映风温的位置，并便于调试、维修的地方。

b. 传感器应在风管绝热施工完成后进行安装，并安装在风管直管段或避开风管死角的位置。传感器插入时应加密封圈，固定后应对接口周围用密封胶密封。

- 水管温度传感器安装：

a. 水管温度传感器安装应在工艺管道预制时与安装同时进行。

b. 开孔与焊接工作必须在工艺管道的防腐、衬里、吹扫和压力试验前进行。

c. 水管温度传感器的安装位置应在水流温度变化灵敏和具有代表性的地方，不宜选择在阀门等阻力件附近和水流流速死角及振动较大的位置。

d. 水管型温度传感器的感温段大于管道口径 1/2 时，可安装在管道的顶部；如感温段小于管口径 1/2 时，应安装在管道的侧面和底部。

e. 水管型温度传感器不宜安装在焊缝及其边缘开孔和焊接处，距管道焊缝的间距不应小于 100mm。

f. 传感器的探针应置于套管内，安装前应保证套管内导热硅胶充满。套管宜迎水流方向倾斜安装，且不应接触管道内壁。

- 水流开关安装：

a. 水流开关的安装应在工艺管道预制、安装的同时进行。不宜安装在焊缝及其边缘开孔和焊接处；应安装在水平管段上，不应安装在垂直管段上；应安装在便于调试、维修的地方。

b. 水流开关的开孔与焊接工作必须在工艺管道的防腐、衬里、吹扫和压力试验前进行。

- 电动调节阀的安装：

a. 检查电动调节阀的输入电压，输出信号和接线方式，应符合产品说明书的要求。

b. 电动调节阀安装时，应避免给调节阀带来附加压力，当调节阀安装在管道较长的地方时，应安装支架和采取避振措施。

c. 检查电动调节阀的型号、材质必须符合设计要求，其阀体强度、阀芯渗漏经试验必须满足产品说明书有关规定。

d. 电动调节阀体上箭头的指向应与水流方向一致。

e. 空调末端设备的电动调节阀应安装于空调回水管上。

- 电磁阀安装：

a. 电磁阀阀体上箭头的指向应与水流方向一致，空调器的电磁阀旁一般应装有旁通管路。

b. 电磁阀的口径与管道通径不一致时，应采用渐缩管件，同时电磁阀口径一般不应低于管道口径两个等级。

c. 执行机构应固定牢固，操作手轮应处于便于操作的位置，机械传动灵活，无松动或卡涩现象。

d. 有阀位指示装置的电动阀，阀位指示装置应面向便于观察的位置。

e. 电磁阀安装前应按安装使用说明书的规定检查线圈与阀体间的电阻。如条件许可，电磁阀在安装前宜进行模拟动作和试压试验。

f. 电磁阀一般安装在回水管口，在管道冲洗前，应完全打开。

- 电动风阀驱动器安装：

a. 风阀控制器上的开闭箭头的指向应与风门开闭方向一致；与风阀门轴的连接应固定牢；风阀的机械机构开闭应灵活，无松动或卡涩现象。

b. 风阀控制器安装后，风阀控制器的开闭指示位应与风阀实际状况一致，风阀控制器宜面向便于观察的位置。

c. 风阀控制器应与风阀门轴垂直安装，垂直角度不小于85°；安装前宜进行模拟动作。

d. 风阀控制器安装前应按使用说明书的规定检查线圈、阀体间的电阻、供电电压、控制输入等，其应符合设计和产品说明书的要求。

e. 风阀控制器输出力矩必须与风阀所需要的相配，符合设计要求。

f. 风阀控制器不能直接与风门挡板轴相连接时，可通过附件与挡板轴相连，但其附件装置必须保证风阀控制器旋转角度的调整范围。

- 流量传感器的安装应满足设计和产品技术文件要求，并应符合下列规定：

a. 流量传感器应安装在便于检修、不受曝晒、污染或冻结的管道上。当环境温度低于0℃时，应采取保温、防冻措施。

b. 流量传感器上箭头所指方向应与管道内介质流动方向一致。

c. 流量传感器的信号电缆应单独穿管敷设，当接地时，接地线宜采用总截面积大于或等于4mm^{2}的多股铜线，单独接地，其接地电阻小于4Ω。

- 电磁流量计安装：

a. 电磁流量计应安装在避免有较强的交直流磁场或剧烈振动的场所。

b. 流量计、被测介质及工艺管道三者之间应该连成等电位并应接地。

c. 电磁流量计应设置在流量调节阀的上游，流量计的上游应有一定的直管段，长度为L=10D（D为管径），下游管段应有L=4-5D的直管段。

d. 在垂直的工艺管道安装时，液体流向自下而上，以保证导管内充满被测液体或不致产生气泡；水平安装时，必须使电极处在水平方向，以保证测量精度。

- 涡轮式流量传感器安装：

a. 涡轮式流量传感器应安装在便于维修并避免振动、避免强磁场及热辐射的场所。

b. 涡轮式流量传感器安装时要水平，流体方向必须与传感器壳体上所示的流向标志一致。如果没有标志，判断流向的方法：流体的进口端导流器比较尖，中间有圆孔，而流体的出口端导流器不尖，中间没有圆孔。

c. 当可能产生逆流时，流量变送器后面装设逆止阀。流量变送器应装在测压点上游，距测压点3.5～5.5D的位置；测温度点设置在下游侧，距流量传感器6～8D的位置。

d. 流量传感器需要装在一定长度的直管上，以确保管道内流速平稳。流量传感器上游应留有10倍管径长度的直管，下游有5倍管径长度的直管。若传感器前后的管道中安装有

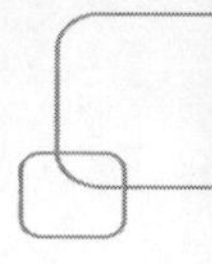

阀门和管道缩径、弯管等影响流量平稳的设备，则直管段的长度还需相应增加。

e.　信号的传输线宜采用有屏蔽和绝缘保护层的电缆，宜在控制器一侧接地。

- 落地式机柜安装可采用槽钢或混凝土基础，基础应平整。控制柜应与基础平面垂直，并应与基础固定牢固。控制柜接地应接入整个弱电系统接地网。
- 壁挂式机柜的安装应在墙面装修完成后进行，安装应平整，与墙面固定应牢固，并应可靠接地。挂墙安装时，机柜底边距地面高度宜为 1.5m，正面操作空间距离应大于 1.2m，靠近门轴的侧面空间距离应大于 0.5m。
- 线管与线槽安装及布线应符合现行国家标准《建筑电气工程施工质量验收规范》（GB 50303—2002）和《智能建筑质量验收规范》（GB 50339—2013）的有关规定。

9.1.11　系统试运行与调试

- 系统试运转、调试应具备的条件：

a.　通风空调工程及空调电气、空调自动控制等工程安装完毕并检查合格；施工现场清理干净，机房门窗齐全，可以进行封闭。

b.　试运转所需用的水、电、压缩空气等满足调试要求。

c.　测试仪器和仪表齐备，检定合格，并在有效期内；其量程范围、精度应能满足测试要求。

d.　调试方案已批准。调试人员已经过培训，掌握调试方法，熟悉调试内容。

- 通风与空调系统无生产负荷下的联合试运行与调试应在设备单机试运转与调试合格后进行。通风系统的连续试运行不应少于 2h，空调系统带冷源的连续试运行不应少于 8h。
- 试运转、调试的程序：

a.　首先检查通风、空调设备及附属设备（如风机、冷冻水泵、冷却水泵、空调机组等）的电气设备、主回路的性能，应符合有关规范的要求，达到供电可靠、控制灵敏，为设备试运转创造条件。

b.　按设备的技术文件、《通风与空调工程施工质量验收规范》（GB 50243—2002）及《机械设备安装工程施工及验收通用规范》（GB 50231—2009）的要求，分别对各种设备进行检查、清洗、调整，并连续一定时间运转。各项技术指标达到要求后，单体设备的试运转告一段落，即可转入下一阶段的工作。对于相互有牵连的设备，应注意单体设备试运转的先后程序。

c.　各单体通风、空调设备及附属设备试运转合格后，即可进行系统试运转。对于空调系统可按如下程序进行：

（1）空调系统风管上的风阀全部开启，使总送风阀的开度保持在风机电动机允许的运转电流范围内。

（2）运转冷冻水系统和冷却水系统，待正常后冷水机组才能投入。

（3）空调系统的送风、冷冻水系统、冷却水系统及冷水机组运转正常后，可将空调自控系统投入，以确定各类调节阀启闭方向的正确性，为系统的试验调整工作创造条件。

d. 系统的试验调整。对系统的各环节进行试验，并经过调整后使各工况参数达到设计要求，以满足工艺需要。试验调整的程序如下：

（1）风机性能和系统风量的测定和调整。

（2）空调器的性能测定和调整。

（3）自动调节和检测系统的检验和调整。

（4）空调房间气流组织的测定和调整。

（5）空调房间综合效果（温湿度）的检验和测定。

（6）空调房间及有关部位的噪声测定。

e. 设备单机试运转与调试的方法与要求可执行现行国家标准《通风与空调工程施工规范》（GB 50738—2011）中16.2条的相关标准。

f. 系统无生产负荷下的联合试运行与调试的要求可见现行国家标准《通风与空调工程施工规范》（GB 50738—2011）中16.3条的相关内容。

9.2 验收与测试

当数据中心建设完成之后，交付业主使用之前，需要进行制冷空调系统外观验收、性能测试、相应BA控制系统测试，验证各项功能与系统的可靠性。

9.2.1 外观验收

外观验收项如表9-2所示。

表9-2 外观验收项汇总

1	机房管道焊接状况是否良好，是否有漏水/进水隐患，是否安装漏水检测绳
2	内部地面/地板下/机柜表面/机柜顶面/桥架上无明显可见灰尘
3	主要孔洞封堵是否完成
4	设备外观无明显坑凹或漆面破裂损耗
5	设备平整度、直度满足目视要求
6	设备、线缆、管路、电动阀门标签明确
7	水管路有“在线维护”用分段阀门
8	电动阀门配置阀门箱，阀门箱上配置手动-自动切换
9	管道保温是否良好，表面应无结露
10	精密空调、水泵、冷却塔、冷机、蓄冷罐等重要设施技术规格参数核实
11	精密空调、水泵、冷却塔、冷机等重要设施的电气连接是否可靠

（续表）

12	BA 控制系统电源是否配置 UPS 电源
13	冷机主控和油槽加温是否由 UPS 供电
14	BA 控制系统是否具备手动-自动切换功能
15	冷冻水输送泵的控制器是否冗余
16	冷冻水输水侧的传感器是否冗余
17	冷冻水蓄冷罐、冷却水蓄水量是否满足要求
18	冷冻水系统的蓄冷罐需配置隔绝空气装置（开式蓄冷罐需要配置氮封）
19	冷冻水系统的水处理装置是否安装
20	冷却水系统是否配置沙滤及化学水处理系统
21	变频器/UPS 等辅助设施的制冷配套是否完善
22	末端空调是否采用 UPS 供电，UPS 放电时间是否满足 15min
23	精密空调技术参数是否可监控

9.2.2　性能测试

当系统建设完成后，系统是否能实现设计功能是需要做系统性能测试的，以故障场景测试为主，以典型的制冷空调系统为例，故障场景测试步骤举例如表 9-3 所示。

表 9-3　故障场景测试项

NO.	设备名称	测试项目	测 试 要 求	数据记录	测试工具	结	论	备　注
1	冷机	单台冷机故障，备用冷机（冷机单元）顺序启动	1.工作站告警，BA 系统自动启动备用冷机或者备用的整套冷机单元。 2.先启动备用冷机的冷却水泵、冷冻水泵、冷却塔、板换、最后启动冷机，此时观察冷却水泵、冷冻水泵、冷却塔、板换、冷机是否顺序处于确认状态（顺序启动运行起来并在 BA 系统内确认状态），如果状态顺序确认，则备用冷机或冷机单元启动成功。 3.如果延时 2min（可调）内，冷却水泵、冷冻水泵、冷却塔、板换、冷机状态没有顺序确认完毕，则轮询启动另外一套冷机或冷机单元		手动/目测	□Y	□N	此时需要冷冻水系统、冷却水系统充水完毕，至少两套冷机单元在运行，则随机抽取一台冷机，在工作站发出该冷机故障的信号，测试完毕将冷机信号复位

（续表）

NO.	设备名称	测试项目	测试要求	数据记录	测试工具	结论		备注
2	冷塔	单台冷塔故障，备用冷却塔顺序启动	1.工作站告警，BA系统自动启动备用冷却塔或备用整套冷机单元； 2. 如果需要启动备用冷却塔则观察冷却塔运行状态是否确认（启动运行起来并在BA系统内确认状态），确认后证明备用冷却塔启动成功，如果延时2min（可调）不确认，则轮询启动下一台冷却塔。 3. 如果需要启动备用冷机单元，则先启动备用冷机的冷却水泵、冷冻水泵、冷却塔、板换，最后启动冷机，此时观察冷却水泵、冷冻水泵、冷却塔、板换、冷机是否顺序处于确认状态（顺序启动运行起来并在BA系统内确认状态），如果状态顺序确认，则备用冷机或冷机单元启动成功 4. 如果延时2分钟（可调）内，冷却水泵、冷冻水泵、冷却塔、板换、冷机状态没有顺序确认完毕，则轮询启动另外一套冷机单元		手动/目测	□Y	□N	此时需要冷冻水系统、冷却水系统充水完毕，至少两套冷机单元在运行，随机抽取一台冷却塔，在工作站发出该冷却塔故障的信号，测试完毕将冷却塔信号复位
3	冷冻水一次泵	单台冷冻水一次泵故障，备用冷冻水一次泵（冷机单元）启动	1.工作站告警，BA系统自动启动备用冷冻水一次泵或备用冷机单元。 2. 如果需要启动备用冷冻水一次泵，则观察冷冻水一次泵的运行状态是否确认，确认后证明备用冷冻水一次泵启动成功，如果延时2min（可调）不确认，则轮询启动下一台冷冻水一次泵。 3.如果需要启动备用冷机单元，则先启动备用冷机的冷却水泵、冷冻水泵、冷却塔、板换，最后启动冷机，此时观察冷却水泵、冷冻水泵、冷却塔、板换、冷机是否顺序确认，如果状态顺序确认，则备用冷机或冷机单元启动成功。		手动/目测	□Y	□N	此时需要冷冻水系统、冷却水系统充水完毕，至少两套冷机单元在运行，随机抽取一台冷冻水一次泵，在工作站发出该冷冻水一次故障的信号，测试完毕将冷冻水一次泵信号复位

（续表）

NO.	设备名称	测试项目	测试要求	数据记录	测试工具	结论		备注
3	冷冻水一次泵	单台冷冻水一次泵故障，备用冷冻水一次泵（冷机单元）启动	4.如果延时 2min（可调）内，冷却水泵、冷冻水泵、冷却塔、板换、冷机状态没有顺序确认完毕，则轮询启动另外一套冷机单元。		手动/目测	□Y	□N	此时需要冷冻水系统、冷却水系统充水完毕，至少两套冷机单元在运行，随机抽取一台冷冻水一次泵，在工作站发出该冷冻水一次故障的信号，测试完毕将冷冻水一次泵信号复位
4	板换	单台板换故障，备用板换启用	1.工作站告警，BA 系统自动启动备用板换或备用冷机单元。 2.如果需要启动备用板换，则观察板换的运行状态是否确认，确认后证明备用板换启动成功，如果延时 2min（可调）不确认，则轮询启动下一台板换。 3.如果是启动备用冷机单元，则先启动备用冷机的冷却塔水泵、冷冻水泵、冷却塔、板换、最后启动冷机。 如果需要启动备用冷机单元，则先启动备用冷机的冷却水泵、冷冻水泵、冷却塔、板换，最后启动冷机，此时观察冷却水泵、冷冻水泵、冷却塔、板换、冷机是否顺序确认，如果状态顺序确认，则备用冷机或冷机单元启动成功。 4.如果延时 2min（可调）内，冷却水泵、冷冻水泵、冷却塔、板换、冷机状态没有顺序确认完毕，则轮询启动另外一套冷机单元		手动/目测	□Y	□N	此时需要冷冻水系统、冷却水系统充水完毕，至少两套冷机单元在运行，随机抽取一台板换，在工作站发出该板换故障的信号，测试完毕将板换信号复位
5	二次泵	单台二次泵故障，备用二次泵启用	1.工作站告警，BA 系统自动启动备用二次泵。 2.观察新启动二次泵的运行状态是否确认（启动运行起来并在 BA 系统内确认状态），确认后证明备用二次泵启动成功，如果延时 1min（可调）不确认，则轮询启动下一台二次泵		手动/目测	□Y	□N	此时需要冷冻水系统、冷却水系统充水完毕，至少两套冷机单元在运行，随机抽取一台二次泵，在工作站发出该二次泵故障的信号，测试完毕将二次泵信号复位

（续表）

NO.	设备名称	测试项目	测试要求	数据记录	测试工具	结论		备注
6	冷却水补水系统	单套冷却水补水系统故障，备用冷却水补水系统启用	1.工作站告警，BA 系统自动启动备用冷却水补水系统。 2.观察备用冷却水补水系统的运行状态是否确认（启动运行起来并在 BA 系统内确认状态），确认后证明备用冷却水补水系统启动成功，如果延时 1min（可调）不确认，则观察 BA 系统是否告警		手动/目测	□Y	□N	此时需要冷冻水系统、冷却水系统充水完毕，至少两套冷机单元在运行，在工作站发出单套冷却水补水系统的故障信号，测试完毕将冷却水补水系统信号复位
7	蓄冷罐	蓄冷罐故障	1.工作站告警，BA 系统自动切断蓄冷罐的隔离电动阀。 2.观察隔离阀的关闭状态是否确认，确认后证明蓄冷罐隔离成功，如果延时 1min（可调）隔离阀关闭状态不确认，则观察 BA 系统是否告警		手动/目测	□Y	□N	此时需要冷冻水系统、冷却水系统充水完毕，至少两套冷机单元在运行，在工作站发出蓄冷罐故障信号，测试完毕将蓄冷罐信号复位
8		蓄冷罐温度传感器故障，蓄冷罐温跃层是否正常监控	1.工作站告警，观察 BA 系统是否告警。 2.观察蓄冷罐温度传感器是否每隔 0.6m 一个，当某一个蓄冷罐温度传感器故障时，相邻的传感器要正常远传信号，单个蓄冷罐温度传感器故障不影响温跃层的监测。		手动/目测	□Y	□N	此时需要冷冻水系统、冷却水系统充水完毕，至少两套冷机单元在运行，BA 系统投入运行，在工作站或令控制器发出单个蓄冷罐传感器故障的信号，测试完毕将信号复位
9		蓄冷罐放冷完毕快速充冷	1.将蓄冷罐靠近底部三分之一位置的温度传感器读数设定为冷冻水回水温度。 2.观察 BA 系统是否告警，并启动另外一套冷机单元。 3.先启动另一套冷机的冷却水泵、冷冻水泵、冷却塔、板换，最后启动冷机，此时观察冷却水泵、冷冻水泵、冷却塔、板换、冷机是否顺序确认（顺序启动运行起来并在 BA 系统内确认），如果状态顺序确认，则另一套冷机单元启动成功； 4. 如果延时 2min（可调）内，冷却水泵、冷冻水泵、冷却塔、板换、冷机状态没有顺序确认完毕，则轮询启动另外一套冷机或冷机单元。		手动/目测	□Y	□N	此时需要冷冻水系统、冷却水系统充水完毕，至少两套冷机单元在运行，BA 系统投入运行，在工作站或蓄冷罐控制器上将蓄冷罐靠近底部三分之一位置的温度传感器读数设定为冷冻水回水温度，测试完毕将信号复位

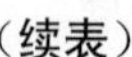

（续表）

NO.	设备名称	测试项目	测试要求	数据记录	测试工具	结论		备注
10		蓄冷罐充入侧流量计读数反向，蓄冷罐反向流测试	1.工作站告警，观察 BA 系统是否告警。 2.观察当反向流超过 1min 时，BA 系统是否告警，当反向流超过 3min 时，BA 系统是否自动启动一套冷机单元。 3.先启动另一套冷机的冷却水泵、冷冻水泵、冷却塔、板换、最后启动冷机，此时观察冷却水泵、冷冻水泵、冷却塔、板换、冷机是否顺序确认（顺序启动运行起来并在 BA 系统内确认状态），如果状态顺序确认，则另一套冷机单元启动成功。 4.如果延时 2min（可调）内，冷却水泵、冷冻水泵、冷却塔、板换、冷机状态没有顺序确认完毕，则轮询启动另外一套冷机或冷机单元		手动/目测	□Y	□N	此时需要冷冻水系统、冷却水系统充水完毕，至少两套冷机单元在运行，BA 系统投入运行，在工作站或令控制器发出蓄冷罐充入侧流量计反向的信号，测试完毕将信号复位
11		冷站正常运行时蓄冷罐充冷	观察并记录蓄冷罐充入侧流量计读数及流向读数		手动/目测	□Y	□N	此时需要冷冻水系统、冷却水系统充水完毕，至少两套冷机单元在运行，BA 系统投入运行
12		市电故障时蓄冷罐放冷	1.工作站告警，观察 BA 系统是否告警。 2.观察 BA 系统是否将阻碍放冷的电动阀门关闭，观察阀门是否关闭，是否在 BA 系统确认关闭状态。 3.观察二次泵或者放冷泵是否无缝由 UPS 供电，观察蓄冷罐是否放冷，即观察蓄冷罐的温跃层是否有变化，观察 BA 系统的蓄冷罐温度传感器读数是否有变化，并观察蓄冷罐流量计的流向读数。 4.观察放冷过程中冷冻水供水温度是否波动，即观察冷冻水供水温度传感器读数，并观察机房模块冷通道服务器进风温度传感器读数是否波动		手动/目测	□Y	□N	此时需要冷冻水系统、冷却水系统充水完毕，至少两套冷机单元在运行，BA 系统投入运行，在工作站或关闭所有冷机，测试完毕将冷机信号复位

（续表）

NO.	设备名称	测试项目	测试要求	数据记录	测试工具	结论		备注
13	冷冻水补水定压系统	备用冷冻水补水系统启用	1.工作站告警，BA系统自动切换到另一套冷冻水补水定压系统； 2.观察隔离阀的关闭状态是否确认（检查阀门是否关闭并在BA系统内确认），确认后证明蓄冷罐隔离成功，如果延时1min（可调）隔离阀关闭状态不确认，则观察BA系统是否告警，并需要排除BA系统故障		手动/目测	□Y	□N	此时需要冷冻水系统、冷却水系统充水完毕，至少两套冷机单元在运行，在工作站发出单套冷冻水补水定压故障信号，测试完毕将冷冻水补水定压故障信号复位
14	精密空调	单台精密空调故障，备用精密空调风机提速	1.工作站告警，BA系统自动令剩余的精密空调风机提速运行，以达到送风温度设定点。 2.观察精密空调的风机频率是否提速，确认后证明剩余精密空调加速成功，如果延时1min（可调）剩余精密空调加速状态不确认（启动运行起来并在BA系统内确认状态），则观察BA系统是否告警，并需要排除BA系统故障		手动/目测	□Y	□N	此时需要冷冻水系统、冷却水系统充水完毕，随机抽取一个机房模块，在工作站或令控制器发出单台精密空调故障的信号，测试完毕将精密空调信号复位
15	新风机组	单台新风机组故障，备用新风机组启用	1.工作站告警，BA系统自动启动备用新风机组。 2.观察新风机频率是否提速，确认后（启动运行起来并在BA系统内确认）证明剩余精密空调加速成功，如果延时1min（可调）剩余精密空调加速状态不确认，则观察BA系统是否告警，并需要排除BA系统故障		手动/目测	□Y	□N	此时需要两套新风机组同时运行，在工作站或令控制器发出单台新风机组故障的信号，测试完毕将精密空调信号复位
16	冷却塔电加热、液位控制系统	单台冷却塔底盘电加热及液位控制故障，备用冷却塔启用或备用冷机单元启用	1.工作站告警，BA系统自动启动备用冷却塔或备用冷机单元，同时检查电加热棒故障和BA系统故障。 2.如果需要启动备用冷却塔，则观察冷却塔运行状态是否确认，确认后证明备用冷却塔启动成功，如果延时2min（可调）不确认，则轮询启动下一台冷却塔并检查底盘电加热及液位控制状态。		手动/目测	□Y	□N	此时需要冷冻水系统、冷却水系统充水完毕，在工作站或令控制器发出电加热器、液位控制故障的信号，测试完毕将信号复位

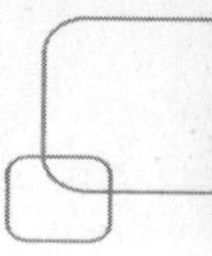

（续表）

NO.	设备名称	测试项目	测试要求	数据记录	测试工具	结论		备注
16	冷却塔电加热、液位控制系统	单台冷却塔底盘电加热及液位控制故障，备用冷却塔启用或备用冷机单元启用	3.如果需要启动备用冷机单元，则先启动备用冷机的冷却水泵、冷冻水泵、冷却塔、板换、最后启动冷机，此时观察冷却水泵、冷冻水泵、冷却塔、板换、冷机是否顺序确认，如果状态顺序确认（顺序启动运行起来并在 BA 系统内确认），则备用冷机或冷机单元启动成功，并检查底盘电加热及液位控制状态。 4.如果延时 2min（可调）内冷却水泵、冷冻水泵、冷却塔、板换、冷机状态没有顺序确认完毕，则轮询启动另外一套冷机单元		手动/目测	□Y	□N	此时需要冷冻水系统、冷却水系统充水完毕，在工作站或令控制器发出电加热器、液位控制故障的信号，测试完毕将信号复位

9.2.3 控制（BA）系统测试

制冷与制冷空调系统的可靠运行与自控（BA）系统密不可分，与上述空调配合的自控（BA）系统测试举例如表 9-4 所示。

表 9-4　自控（BA）系统测试项

NO.	设备名称	测试项目	测试要求	数据记录	测试工具	结论		备注
1	传感器	传感器故障，备用传感器启用	1.工作站告警，观察 BA 系统是否自动启动备用传感器。 2.观察主传感器故障状态，备用传感器投入状态，并检查备用传感器信号是否在 BA 系统确认		手动/目测	□Y	□N	此时需要冷冻水系统、冷却水系统充水完毕，至少两套冷机单元在运行，BA 系统投入运行，在工作站或令控制器发出单个传感器故障的信号，测试完毕将信号复位
2	冷机单元控制器	冷机单元控制器故障，备用控制器及相关设备（冷机单元）启用	1.观察单元控制器故障后 BA 系统是否报警。 2.观察 BA 系统是否启用备用单元控制器及相关设备（冷机单元）。		手动/目测	□Y	□N	此时需要冷冻水系统、冷却水系统充水完毕，至少两套冷机单元在运行，BA 系统投入运行，模拟单元控制器故障（关闭某单元控制器或令某个控制器死机），测试完毕将控制器复位

（续表）

NO.	设备名称	测试项目	测试要求	数据记录	测试工具	结论		备注
2	冷机单元控制器	冷机单元控制器故障，备用控制器及相关设备（冷机单元）启用	3.先启动另一套冷机的冷却水泵、冷冻水泵、冷却塔、板换、最后启动冷机，此时观察冷却水泵、冷冻水泵、冷却塔、板换、冷机是否顺序确认（顺序启动运行起来并在 BA 系统内确认），如果状态顺序确认，则另一套冷机单元启动成功。 4.如果延时 2 min（可调）内，冷却水泵、冷冻水泵、冷却塔、板换、冷机状态没有顺序确认完毕，则轮询启动另外一套冷机或冷机单元		手动/目测	□Y	□N	此时需要冷冻水系统、冷却水系统充水完毕，至少两套冷机单元在运行，BA 系统投入运行，模拟单元控制器故障（关闭某单元控制器或令某个控制器死机），测试完毕将控制器复位
3	群控控制器	群控控制器故障，备用群控控制器投入运行或所有冷机单元全负荷运行	1.观察群控控制器故障后BA系统是否告警。 2.观察 BA 系统是否启用备用群控控制器。 3.如果 BA 系统并未设置群控控制器，则观察所有冷机单元是否全负荷运行（观察冷机控制器的冷机负载率）。		手动/目测	□Y	□N	此时需要冷冻水系统、冷却水系统充水完毕，至少两套冷机单元在运行，BA 系统投入运行，模拟群控控制器故障（关闭群控控制器或令群控控制器死机），测试完毕将控制器复位
4	通信路由	通信路由故障，启用备用路由或制冷系统全负荷运行	1.观察通信路由故障后BA系统是否告警。 2.如果有备用通信路由，则观察 BA 系统是否启动备用通信路由，如果没有备用通信路由，则观察 BA 系统是否将所有冷水机组（板换）全负荷运行		手动/目测	□Y	□N	此时需要冷冻水系统、冷却水系统充水完毕，至少两套冷机单元在运行，BA 系统投入运行，拔掉通信网线，模拟通信路由故障

（续表）

NO.	设备名称	测试项目	测试要求	数据记录	测试工具	结论		备注
5	BA 交换机	交换机故障，启用备用交换机	1.观察单台交换机故障后BA系统是否告警。 2.观察 BA 系统是否启用备用交换机，如果没有备用交换机，则观察 BA 系统是否将所有冷水机组（板换）全负荷运行		手动/目测	□Y	□N	此时需要冷冻水系统、冷却水系统充水完毕，至少两套冷机单元在运行，BA 系统投入运行，拔掉交换机网线，模拟交换机故障
6	BA 服务器	服务器故障，启用备用服务器	1.观察单台服务器故障后BA系统是否告警。 2.观察 BA 系统是否启用备用服务器，如果没有备用服务器，则观察 BA 系统是否将所有冷水机组（板换）全负荷运行		手动/目测	□Y	□N	此时需要冷冻水系统、冷却水系统充水完毕，至少两套冷机单元在运行，BA 系统投入运行，拔掉服务器网线，模拟服务器故障
7	温湿度传感器	温度报警	1.随机挑选 2~3 个温度传感器，手动触发温度报警； 2.观察并记录监控系统能否显示温度告警（应在 10s 内告警），记录触发至告警时间；		手动/目测	□Y	□N	
8		湿度报警	1.随机挑选 2～3 个湿度传感器，手动触发湿度报警。 2.观察并记录监控系统能否显示湿度告警（应在 10s 内告警），记录触发至告警时间		手动/目测	□Y	□N	
9	漏水报警绳	漏水报警	1.随机挑选 2～3 处安装有漏水报警绳的机房（如 IT 机房空调间、UPS 间），用水打湿漏水报警绳。 2.观察并记录监控系统能否显示漏水告警（应在 10s 内告警），同时记录触发至告警时间		手动/目测	□Y	□N	

当以上测试完成后，系统及机房可以交付业主使用，进入初期运营阶段。

第 10 章　运行维护

针对数据中心场地基础设施各个不同系统的设备进行的主动式维护，是保证各系统可靠运行的最重要的手段。通过定期的主动式维护，可以有效地降低设备故障率，提升数据中心的可用性。本章给出了基于各种行业标准、业内公认的方法和业内的最佳实践，各个系统在每周、每月、每季度、每半年、每年应当进行的主动式维护任务。

10.1　主动式运行维护

10.1.1　HVAC 闭式系统的主动式维护

HVAC 闭式系统的主动式维护内容见表 10-1。

表 10-1　HVAC 闭式系统的主动式维护

	每　周	每　月	每季度	每半年	每　年
HVAC 闭式系统维护“最佳实践”：针对盘管、过滤器和滤网应用压差报警装置，以便及时检测故障现象	目测泄漏情况和隔热层完整性	所有每周维护项目	所有每月维护项目	所有每季度维护项目	所有每半年维护项目
	检查泵能否正常工作，以及是否存在填料泄漏	检查确保阀门位于适当的位置，并且执行器能够自动运行	检查确保管道过滤器干净并且能够正常工作	如果配置有蓄冷罐，检查是否存在泄漏、出口处是否有障碍物，以及隔热层是否完整	执行每年一次的冷却器维护操作时，清洗管道，重新灌满并调节水处理剂
	检查泵联轴器	检查确保操作顺序方面的所有变更均记录在案	测试旁路阀门和冗余性（如果采用了相关配置）	检查确保 BMS 系统中的 HVAC 报警装置能够正常工作	
	参照站点的水处理规范检查水质			在天气变冷之前，检查风阀、温度传感器校准装置和再加热盘管的工作情况	
	检查确保 BMS 能够正确地监控所有指定点		检查电动机运行电流并记录在案，用于分析性能趋势		

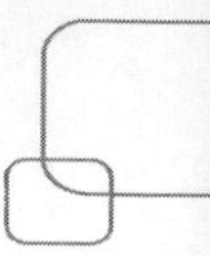

（续表）

	每　　周	每　　月	每 季 度	每 半 年	每　　年
HVAC 闭式系统维护“最佳实践”：针对盘管、过滤器和滤网应用压差报警装置，以便及时检测故障现象	检查确保补水阀可正常工作		目测电动机启动器和断开开关，确保它们干净且能够正常工作		
	检查量表能否正常工作及是否存在泄漏				
	检查确保温差和压力符合系统要求				

10.1.2　HVAC 开式系统的主动式维护

HVAC 开式系统的主动式维护内容见表 10-2。

表 10-2　HVAC 开式系统的主动式维护

	每　　周	每　　月	每 季 度	每 半 年	每　　年
HVAC 开式系统维护“最佳实践”：在 BMS 报警系统中集成一个游离余氯数量传感器，以预防生物污染。	目测是否存在泄漏	所有每周维护项目	所有每月维护项目	所有每季度维护项目	所有每半年维护项目
	检查确保冷却塔水位正确，且补水阀能够正常工作	验证隔热层的完整性	检查确保与风扇相连的电力传输元件（传动带、齿轮驱动等）能够正常工作	在天气变冷之前，检查确保集水池加热器能够正常工作	执行每年一次的冷却器维护操作时，清洗管道，重新灌满并调节水处理剂
	检查确保水处理级别符合站点规范	检查确保用于调整风扇转速的 VFD（如果有）能够正常工作	检查确保管道过滤器干净并且能够正常工作	检查冷却塔温度传感器的校准情况	
	检查确保 BMS 冷却塔水位传感器和报警装置可正常工作	如果是多塔系统，检查确保塔冗余性能够正常发挥作用	测试旁路阀门和冗余性（如果采用了相关配置）	如果冷却塔配有风扇反向装置以实现冰冻防污作用，应在天气变冷前检查确保该装置可正常工作	
	检查确保所有量表均能正常工作，枢轴处没有泄漏	在多塔系统中，如果采用顺序运行模式，让每个塔轮流担任“主”塔	检查电机运行电流并记录在案，用于分析性能趋势	排空并清洁所有冷却塔	

（续表）

	每　周	每　月	每季度	每半年	每　年
HVAC 开式系统维护“最佳实践”：在 BMS 报警系统中集成一个游离余氯数量传感器，以预防生物污染。	目测泵的密封和填料情况，确保没有泄漏	检查气流通道，确保没有任何障碍物	检查确保电机控件和断开装置可正常工作		
	目测泵联轴器，确保能够正常工作	检查确保自动阀门执行器可正常工作	参照站点要求润滑所有机械组件		
	检查确保温差和压力符合系统要求				

10.1.3　冷水机组的主动式维护

冷水机组的主动式维护内容见表 10-3。

表 10-3　冷水机组的主动式维护

	每　周	每　月	每季度	每半年	每　年
冷水机组的维护“最佳实践”：至少每三年对冷却器管束执行一次涡流检测，记录信息并分析性能趋势	目测是否存在泄漏，要特别着重检查端板和柔性接头法兰垫片所处的位置	所有每周维护项目	所有每月维护项目	所有每季度维护项目	所有每半年维护项目
	检查电动机联轴器和/或驱动传动装置是否存可不正常的加热和振动	检查确保冷水机组和相关管道上的隔热层完整无缺	检查确保电力传输元件（从电动机到压缩机）能够正常工作	检查确保冷却器能够在所有模式下按照操作顺序正常运转，包括自然冷却（如果有）	隔离并排空冷水机组，拆除端板，清洁管束内部，更新垫圈，更换端板，重新注满
	检查确保水处理级别符合站点规范	检查确保 VFD（如果有）和电机控件能够正常运转	检查确保管道过滤器干净并且能够正常工作	检查冷却器温度传感器的校准情况	重新启动之前，检查确保水处理级别准确无误
	检查确保压差和温差均在规定范围内	如果是多冷却器系统，检查确保冷却器冗余性能够正常发挥作用	测试旁路阀门和冗余性（如果采用了相关配置）	检查确保 BMS 控件和报警点能够全面正常运转	重新启动前对系统进行压力测试，检查是否存在泄漏
	检查确保所有量表均能正常工作，枢轴处没有泄漏	在多冷却器系统中，如果采用顺序运行模式，让每个冷却器轮流担任“超前”塔	检查电动机运行电流并记录在案，用于分析性能趋势		依据制造商的建议，执行专门针对冷却器的更多主动式维护操作

（续表）

	每　周	每　月	每季度	每半年	每　年
冷水机组的维护“最佳实践”：至少每三年对冷却器管束执行一次涡流检测，记录信息并分析性能趋势	检查确保冷却器能够按照操作顺序响应 BMS 命令	观察并验证冷却器上的自动执行器可正常工作	检查确保制冷剂没有被污染		
	检查确保制冷剂液位符合制造商提供的规范	检查确保油加热器元件（如果有）能够正常工作	检查爆破片和制冷剂排出系统		
		参照站点要求润滑所有机械组件			

10.1.4　CRAC/CRAH 的主动式维护

CRAC/CRAH 的主动式维护内容见表 10-4。

表 10-4　CRAC/CRAH 的主动式维护

	每　周	每　月	每季度	每半年	每　年
机房空调设备（CRAC/CRAH）主动式维护“最佳实践”：为过滤器安装压差传感器，借以推动过滤器更换	目测是否存在泄漏，要特别着重检查冷凝和加湿系统	所有每周维护项目	所有每月维护项目	所有每季度维护项目	所有每半年维护项目
	目测传动带、轴承和滑轮，检查是否存在不正常磨损和噪音	检查确保加湿系统的水供给系统包括过滤器能够正常运转	根据站点环境和制造商的建议更换过滤器	如果安装有压缩机组，参照制造商的建议执行系统检查	每年更换一次传送带，或者按照制造商的指示进行更换
	检查确保供风和回风口处没有障碍物	如果采用了“超前/滞后”系统排列方式，循环或轮换序列位置	检查确保关闭和重启功能可正常工作	检查确保 BMS 控件和报警点能够全面正常运转	检查确保滑轮、滑轮固定螺钉和螺栓经过适当的扭矩处理
	检查与 BMS 监视和控制系统的交互状态	检查确保温度传感器已经过校准	如果系统配有“冷备用”设备，拆除备用设备，检查确保系统可正常启动	检查确保电气接头经过适当的扭矩处理	检查键槽是否存在不正常磨损
	检查确保冷凝液排放系统可正常工作	检查确保所有模拟量表均能正常工作	检查电机运行电流并记录在案，用于分析性能趋势	如果安装有压缩机组，参照制造商的建议更换油	根据制造商提供的规范更换加湿组件，如湿膜
	如果设备离线处于备用模式，检查确保所有电力供应断路器全部关闭	检查确保所有设备全部以相同的加湿模式运转	按照制造商的指示润滑机械组件		

（续表）

	每　周	每　月	每季度	每半年	每　年
机房空调设备（CRAC/CRAH）主动式维护“最佳实践”：为过滤器安装压差传感器，借以推动过滤器更换	检查确保冷冻水供水和回水温度符合规范要求		清洁加湿组件		
	检查确保供风和回风温度符合规范要求				

10.1.5 建筑物外部设施的主动式维护

建筑物外部设施的主动式维护内容见表 10-5。

表 10-5 建筑物外部设施的主动式维护

	每　周	每　月	每季度	每半年	每　年
建筑物外部设施维护“最佳实践”：每三年，执行建筑物接地系统测试，确保系统可正常工作	目测建筑物外部，观察是否存在损坏、泄漏、渗水和排水问题	所有每周维护项目	所有每月维护项目	所有每季度维护项目	所有每半年维护项目
	检查确保物理安保系统（栅栏、电线、闸道、护柱等）完好无缺	检查确保室外照明时钟的设置正确无误	检查房顶的物理完整性，观察是否存在泄漏、排水问题和损坏	检查隔气层，注意寻找不合格、潮湿和渗透迹象	对建筑物外部进行红外线检查，查找过热或漏风处
	检查室外照明系统的工作情况和覆盖范围	检查走廊和室外楼梯、裂缝、老化、密封和排泄问题	检查确保避雷针/避雷器的完整性，观察是否存在损坏	检查进气和排气系统（与烟囱）的风阀功能、阻塞和使用情况	检查确保门和窗玻璃周围不受天气影响的密封
	检查周围的植物和树木是否会为数据中心运营带来潜在危险	检查停车区域的标记和标牌，观察是否存在损坏和老化现象，检查雨水导排系统中是否有障碍物	检查确保电气设备接地点的完整性，观察是否存在损坏以及明显的松动现象	在天气变冷之前，检查确保为铲雪车画出路面标记并标出消防栓的位置	检查预装墙板周围的密封状态、砖内的砂浆完整性、通气出口和防水板
	检查确保电梯、门和锁能正常工作且经过适当调整	查看废物处理区域/系统是否有害虫和啮齿动物出没，检查损坏和工作情况	检查确保供水系统、燃油系统的计量表是否完整无缺，没有任何损坏	在天气变冷之前，检查确保外部管道经过隔热处理或者排空	检查建筑物外部装饰是否存在损坏或老化现象

10.1.6 建筑物内部的主动式维护

建筑物内部的主动式维护内容见表 10-6。

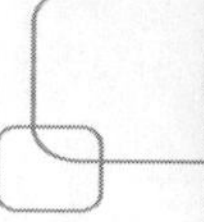

表 10-6 建筑物内部的主动式维护

	每周	每月	每季度	每半年	每年
建筑物内部建筑物内部维护“最佳实践”：在经常运输设备和耗材的地方安装墙壁保护系统	目测建筑物内部，观察是否存在损坏、泄漏、渗水和排水问题	所有每周维护项目	所有每月维护项目	所有每季度维护项目	所有每半年维护项目
	检查地板、天花板和墙面装饰是否存在异常磨损和裂痕	检查确保中央时钟系统的设置准确无误	检查确保窗户和窗饰完好无缺且可正常工作	检查隔气层，注意寻找不合格、潮湿和渗透迹象	检查门和窗玻璃周围所有不受天气影响的密封性
	检查确保将物品存放在适当区域，并及时清理废弃物	检查通道和楼梯，查看是否存在障碍物、损坏和明显的磕绊危险	检查确保无障碍通道特征和坡道完好无缺且没有障碍物	检查所有管道装置的泄漏、工作和损坏情况	检查是否存在害虫和啮齿动物以及由它们造成的损坏
	检查确保已竖立适当的标牌和警告，强调潜在的数据中心危险（如数据中心内不得存放食物和饮料）	检查确保活动地板瓷砖、穿孔地板砖和支架安装在适当的位置，并且完好无缺	检查确保吊顶（假）天花板和支架、通风孔及灯具位于正确的位置且完好无缺	检查空气质量，确保适当地补给新鲜空气和进行通风	检查确保所有站点文档均经过更新，并且可在需要时立即提交以供审查
	检查确保电梯、门和锁能正常工作且经过适当调整	检查确保应急疏散指示和照明装置完好无缺且可正常工作	检查确保浴室和公用设施空间的排泄装置干净且可正常工作	根据周围环境条件检查并验证室内温度调节器的校准情况和范围设置	
	检查照明系统是否存在缺失或烧坏的灯具，以及开关和镇流器是否有问题	检查照明控制器的时钟、手动控制装置和传感器			更换具备热老化迹象或长时间使用问题（变暗或灯管上有黑点等）的灯泡和灯具

10.1.7 自动控制系统的主动式维护

自动控制系统的主动式维护内容见表 10-7。

表 10-7 自动控制系统的主动式维护

	每周	每月	每季度	每半年	每年
自动控制系统维护“最佳实践”：保留并维护一份所有建筑自动控制系统文件的异地备份拷贝，每周或每次修改系统后更新一次	备份所有访问文件，添加标签并存放在安全区域	所有每周维护项目	执行每月一次的维护项目	所有每季度维护项目	所有每半年维护项目
	检查所有远程接口点的安全级别保护和功能状况	检查确保授予所有用户的访问级别均符合他们的职责范围	在对主要设备执行日常维护操作时，检查确保设备硬件的接口能够正常工作	与制造商沟通，检查确保固件级别正确无误	检查并清洁电脑硬件和外设

（续表）

	每　周	每　月	每季度	每半年	每　年
自动控制系统维护“最佳实践”：保留并维护一份所有建筑自动控制系统文件的异地备份拷贝，每周或每次修改系统后更新一次	检查确保 BMS 中的关键监控点读数与设备上的读数相符	如果 BMS 配有故障切换冗余电脑，使用冗余设备替换主 BMS 电脑来源	检查确保制造商软件版本经过全面更新，且系统备份磁盘也已更新并存放在安全区域	校准系统级传感器并验证读数（外部空气温度和回风/供风空气温度等）	检查专用 BMS UPS 系统中的电池，根据需要进行更换
	审查访问历史，确保系统得到适当使用	检查确保 BMS 系统响应提示中的紧急报警信息准确无误	更换所有主要系统密码		
	检查确保 BMS 电脑和系统与独立的 UPS 电源相连，且该电源能够正常工作				

控制器的检查如表 10-8 所示。

表 10-8　控制器的检查

每年功能测试	控 制 器	温度探测器	电 磁 阀	电　源
年度控制器核查清单	目测是否存在损坏，检查喷淋间隔和控制设置，正确地设置温度探测器，以便准确地读取环境温度值	目测是否存在损坏和错误连接，参考外部温度测试温度探测器	目测是否存在损坏，通过温度控制器的优先功能和线缆连接进行测试	目测是否存在损坏，测试电源回路以发现是否有任何接地故障现象，查看整体电源状况

10.2　运行维护人员的培训体系

为了方便运行维护人员熟悉数据中心的系统架构及设备参数，全面的培训计划如下所述。

A. 新员工培训计划——介绍数据中心的系统、性能、可靠性和运行维护要求。

B. 运行维护人员培训计划——针对数据中心场地内执行工作的所有人员，进行以下培训：

a. 为运行维护人员讲解数据中心相关的公司管理层和运营组织机构。

b. 设备供应商提供产品的数据，包括技术数据、尺寸、性能、运行特性、电气特性、材料、安装指导和启动说明，并在验证阶段和系统初始运行阶段对运行维护人员进行操作培训，所有设备安装、运行、维护、服务、测试及培训文档需以纸介质和电子版的形式提交给业主。

c. 系统培训计划，如制冷空调系统、制冷空调自动控制系统（BMS）等的操作流程、设备手册、供应商名单等。

d. 建立一个培训资料室，存放数据中心规划、建设、运行维护过程中积累的所有资料，包括视频培训资料。

e. 针对各项培训建立跟踪系统，全面掌握培训进度，以确保所有参加培训的人员能够获得所需的培训，并对培训内容的理解和掌握程度进行检验。

第 11 章　场地设施管理系统与制冷空调系统

11.1　场地设施管理的意义

数据中心的场地设施指的是为电子信息设备提供合理运行的物理环境的工程设施，是用于保证数据中心正常运行的公共服务系统，包括电力供应系统、电力输配系统、弱电系统、制冷空调系统、送排风（烟）系统、给排水系统、消防系统、自动控制系统、安防系统、火警系统等。数据中心场地设施的功能应满足数据中心的 IT 业务需求。通常，场地设施可分为关键设施和非关键设施。

场地设施系统中用于支持数据处理设备正常运行的必要设施称为数据中心的关键设施。关键设施的故障将直接导致数据处理设备的宕机或故障。关键设施包括但不限于以下子系统：支持 IT 环境的制冷系统、电气系统、弱电系统，必要的连续制冷系统、与柴油发电及系统配套的柴油供应系统。

数据中心场地设施中的辅助系统称为非关键设施。非关键设施的故障不会直接导致数据处理设备的宕机或故障，非关键设施包括但不限于以下子系统：维持正压的新风系统、加湿系统、旁滤系统、加药系统、柴油过滤系统、自然冷却系统、支持区的舒适性空调系统、电池间的通风系统。

对于数据中心的运行而言，无论是关键设施还是非关键设施，一旦建设完成，都需要全年连续运行。这些设施包含柴油机、市电、UPS 不间断电源、冷源、空调、通风、安防、消防、火灾报警、电力监控、环境监控等多个子系统，设备种类繁多、功能各异。在设计和建设过程中这些子系统往往由不同的供应商完成，各个子系统之间缺乏信息的互联互通。在数据中心的运营管理中，经常会碰到如下的场景和问题。

（1）空调水泵的变频器发生故障，这样的故障可能会直接影响到冷机运行，但由于某些设计会把报警信息显示在电力监控系统界面上，而电力监控系统通常不对空调运行维护人员开放，这可能导致空调运行维护人员不能在第一时间得到通知，因此无法做出快速的应急响应。如果存在一个统一的平台，能够把电力和制冷系统的控制结合到一个平台上，报警信息就可以出现在大平台上，提请相关人员第一时间开始处理故障，从而减少故障历时，避免事件升级。

（2）当一次市电故障导致冷机断电时，场地设施可以通过连续制冷系统（如蓄冷罐）放冷来维持数据中心的散热，同时启动柴油发电机，由柴油发电机带载冷机来维持数据中心的制冷。当市电复电时，电力监控系统将会提示可以选择将柴油机退出，一旦执行此项操作，即供电系统重新切回市电，这种场景有可能马上又发生市电的第二次中断，而此时蓄冷罐的冷量已经在第一次失电时耗尽，数据中心的制冷将承受重大风险。显然，延长柴油机的运行时间，待蓄冷罐充冷完成后再切回市电是更安全的运行策略。那么，柴油机究竟需要带载冷机多长时间方允许切换回市电？运行维护人员应该凭借什么信息判断可以切换回市电？这就需要电力监控和冷源自控两个系统实现通信关联，在条件具备时及时传递信号，从而做出正确的决策并执行。

（3）为了监控数据中心的机房环境，确保机房不出现局部热点，往往需要布置大量的传感器。随着科技的进步，很多数据处理设备内部自带监控装置，可以显示进风温度，用电量、风扇频率等参数。如果搭建统一平台，数据共享，环控系统就可以大大减少传感器的安装数量，为客户节约资金。

事实上，一个没有良好场地设施管理系统的数据中心，则存在以下问题。

（1）数据中心需要大量运行维护人员，数据中心的运行效率和事故应对能力将依赖于运行维护人员的业务水平、管理协调能力。一方面会增加人力成本，另一方面也会加大运行风险。国外数据中心的运行维护经验表明，超过 50%以上的故障原因直接与人为活动或者人力运行维护行动相关。

（2）电力系统和空调系统的可靠性及数据中心整体的可靠性大打折扣。正如前面举例的场景中，由于各子系统会发生相互影响，但缺乏可以沟通的平台，造成交流障碍，导致故障处理效率下降，从而影响系统的可靠性。

（3）后期扩展会影响到数据中心的运行维护。数据中心的生命周期超过 10 年，建设也是分期投入、分期实施的。在后期扩展过程中，既要保障已经运行机房模块能够不受干扰，也要保障扩展模块的施工需要，这更需要多个子系统的协调配合。

（4）运行维护策略难以优化。在真实的运行维护中，我们经常会发现，日常巡检、定期维护不一定能满足实际运行维护需要。但没有足够的数据，会缺乏依据，无法做出调整决策。比如场地设施管理系统可以对一段时间内所有故障进行分析和统计，当数据分析显示某一阶段空调水泵变频器的故障率有所提高，而水泵的例行保养时间尚未到达时，就应该组织分析一下故障是否属于同一批次产品的共同错误，是否需要提前保养，同时需要提醒运行维护人员格外关注暂时没有故障的水泵的运行，甚至提前检查水泵电动机、变频器接线等设施，做到优化运行维护策略，实现事故预判断。

（5）节能策略难以优化。一个数据中心的实际运行维护状态和设计参数往往有很多差异化，设计的参数、运行条件和切换时机可以根据实际的运行维护经验进行调整，从而达到提高效率、节约能源的目的。但由于各子系统的分布式管理，很难对运行维护数据做出正确的分析，不利于正确决策。

鉴于此，数据中心场地设施的各个子系统迫切需要信息的互联互通，数据中心的运行维护也迫切需要一套集成化的场地设施智能化管理平台，对各子系统、子环节进行监视和控制，有了这样的一个大平台，可以避免一种数据多次采集的不必要投资，可以对一段时期的运行数据进行保存和分析，帮助运行维护人员实现智能化。通过多个关联子系统关联协调，可以获得更多的综合数据，用来分析故障概率、评判运行维护、预见问题、提前改造，警示重要事件等，从而降低运行维护管理的难度，减少运行维护对人的依赖程度，方便管理层获取综合信息，做出正确决策。

关键系统需要完善的运行维护管理，确保 IT 环境不中断，非关键设施同样也需要有效的运行维护管理，才能形成有机的整体。有时电梯的状况、照明的状况，新风系统的状况都可能对 IT 运行维护和机房环境造成一定干扰，如果纳入统一的管理平台，就能对提升运行维护管控水平有明显帮助。

总之，数据中心的场地设施管理系统是帮助运行维护人员实现“运筹帷幄”的必要平台，对提升运行维护管理水平、提高运行维护效率、降低运行维护成本、降低故障发生概率有重要意义。

11.2　场地设施管理系统的功能与特点

数据中心场地设施管理平台是整个数据中心场地设施的神经中枢，如图 11-1 所示。“管理”的含义分为“管”和“理”，“理”是手段，“管”是目的。“理”的功能为数据处理，即对各个子系统的反馈数据进行收集、整理、运算、分析。“管”的功能为根据“理”的数据分析结果进行运行维护操作、运行维护评判、预见故障、远期决策。

管理平台使用传感器、电控装置、智能仪表、控制器、执行机构和网络通信技术，对场地设施的子系统和设施进行监测和控制，全面感知各子系统的运行状况、分析各子系统的关联、预见或及时感知直接故障和间接故障，提前决策，提高场地设施运行的稳定性、安全性、可靠性。

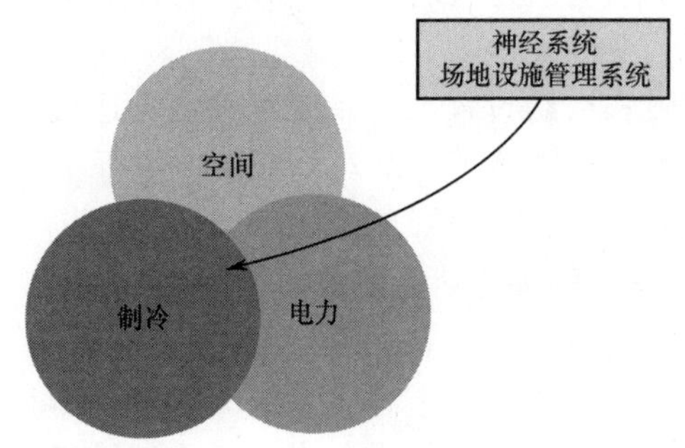

图 11-1　数据中心场地设施管理平台与各系统的关系

场地设施管理平台中“理”的部分功能需求如下所述。

1）各子系统实时数据采集

数据的采集是场地设施管理系统的基础，数据来源包括电力监控子系统、制冷 BA 子系统、安全防范子系统、消防火警子系统、建筑辅助设施子系统等，数据处理要求如下：

- 能直观显示各子系统的实时数据；
- 能动态刷新各子系统的实时测量参数，如温度、压力、水流量、冷负荷、电压、电流、功率、频率等；显示数据时需与各子系统的测量装置编号、位置相对应。

2）数据统计与分析

系统可对采集到的数据进行过滤、计算、分析等，并提供数据动向报表及分析报告，报表可为运行维护人员提供数据分析结果，如日、月、季、年的数据统计、对比，并提供数据查询界面，即包括以下内容：

- 可查询各测量的平均值、最大值、最小值。
- 可实现数据连续显示和动向分析，如冷负荷数据显示及动向曲线、电负荷数据显示及动向曲线、电压等测量数据显示及动向曲线。
- 可显示并打印可选时间，各子系统的日、月运行数据报表。
- 可分班次显示、打印数据报表。
- 可对历史数据库中两年内的数据进行回顾显示和打印，可设定历史数据库的记录周期，如每15min（可调）保存一次全部测量值。
- 可查询并显示重要事故的历史数据和操作记录，数据可转存至光碟长期保存。

3）数据显示和模拟仿真功能

- 可显示各子系统整体架构、运行状态等。
- 可实现模拟仿真，即可在运行图形界面上进行工况模拟、培训，模拟仿真可提供人机界面，方便运行维护人员体验操作管理。
- 可实现远程 Web 浏览功能，即各子系统的动态参数可通过广域网进行浏览。

4）报警功能

- 管理平台监视、过滤、分级报警信息并将信息发送至操作终端，自动关联相似告警信息，进行数据汇总、分析。
- 可将所有告警信息写入历史数据库，供操作人员查询。

5）各子系统数据互联、共享

- 管理系统需提供各子系统的开放通信接口，实现各子系统信息互联、共享。

6）系统访问安全管理

- 系统软件可进行权限和密级设置，为系统管理员、运行维护工程师、值班人员等提供多级密码，实现不同权限管理，并对所有操作进行带时标记录。
- 人员管理：包括账号管理、权限管理等。

场地设施管理平台中“理”的部分功能需求如下所述。

1）数据分析结果判断和应急策略提示

- 根据“理”的数据分析结果，判断各子系统的运行是否良好、是否存在潜在运行风险，从而进行风险预警、有计划的设备维护、系统维护，以便运行维护人员提前、有效排除潜在风险，避免故障。

2）实现同平台管理各个子系统

- 可实现各子系统同平台协同工作，即电力、制冷、安防等跨系统信息共享，各子系统数根据综合分析判断，并对于历史故障数据进行分析，预警跨系统的潜在风险，避免连续故障。

数据中心场地设施管理系统应具备如下特点，方能实现管理目标。

2） 通信协议标准开放

- 系统应遵循国标、行标，并参考国际标准。
- 各子系统的数据库须提供标准的、开放的通信、访问接口。
- 图形系统应遵循国际标准的三维图形标准 OpenGL，可在 Windows、UNIX、Linux

等操作系统下运行。

- 网络通信采用 TCP/IP，HTTP 等标准协议。
- 系统可使用微机、服务器、工作站等，当系统需扩容时，可另行将工作站 / 服务器接入网络，不影响现有系统的运行。
- 系统可在线扩容并允许用户进行二次开发。
- 在网络环境下，系统可实现数据共享。
- 系统应用软件可按功能分配到网络上的服务器和工作站，所有功能模块既可集中在一个节点上运行，也可分散到不同的节点上运行，以保证负荷均衡、最小化网络负荷，防止功能分配不当引起通信瓶颈。
- 系统软件需成熟可靠，可维护性强、操作简便。

2）可靠性、可维护性和安全性

- 系统中重要传感器、控制器、服务器等采用冗余配置。
- 系统可隔离局部故障。
- 系统应为经过加固的专用系统，或安装了正版网络安全产品的通用系统，以达到有效杜绝病毒和黑客的侵入。
- 系统中的设备需符合现代工业标准，监控网络的通信路径冗余，网络任一点有故障时，不可影响监控系统的功能。

3）实时性

- 系统具有进程之间的快速通信功能。
- 系统具有优先调度功能，多任务时不仅可分时调度任务，还可按优先级实时调度任务。
- 系统监视时钟同步。
- 数据量不断增加时，系统各性能指标需保持稳定。

11.3　场地设施管理系统与制冷空调系统的优化运行

场地设施管理平台的管控范围主要包括制冷空调的自动化系统、电力监控系统、消防报警系统、门禁系统、视频监控系统、会议音频系统等。

场地设施管理系统的管控范围及实现的颗粒度与数据中心的功能要求、资金状况、企业发展策略、运行维护管理水平等多因素相关，数据中心的场地设施管理系统可以一次性配备所有需要的功能，也可以选择部分功能，并预留一部分扩展空间，根据运行维护需要调整。其中制冷系统和电气系统是关键设施的重要组成，需要优先纳入场地设施管理系统。以下着重介绍场地设施管理系统与制冷空调系统的关联互动。

对于制冷系统而言，绝大多数数据中心已经拥有一套制冷的自控系统，该系统需要根据负荷情况选择合适的设备运行，需要根据气象参数选择冷源的节能运行模式，需要根据故障场景自动告警并选择相应的设备状态、阀门状态等，需要蓄冷罐应急放冷，需要监测环境温湿度、漏水、湿膜加湿器、新风设备、风阀等。

场地设施管理系统一方面在监测自控系统，另外一方面可以对数据进行分析和整理，并以此为依据对制冷的自控系统和运行维护管理方法提出优化策略，具体功能举例如下：

（1）制冷控制系统可根据内部、室外气象条件、设备运行情况，严格控制服务器的空间环境。系统可根据服务器对环境的要求，监视服务器的进风温度、相对湿度，并以服务器的进风温度控制精密空调的水阀开度，以送/回风温差、地板下静压或者其他信号输入为依据，控制精密空调 EC 风机的转速。当进风温度、相对湿度数值异常时，管理系统告警。

场地设施管理系统则可以对运行参数进行统计分析，判断制冷控制系统的控制阈值是否合理，并依据数据分析的资料，导出调整策略，达到优化空调运行的目的。比如，制冷控制系统最初的空调送风温度设定值为 18°C，运行一段时间后，系统观测到机房冷通道的温度普遍低于 22°C，就可以尝试提高送风温度设定值，如果空调送风温度提高到 20°C，冷通道环境温度依然满足 18%～27°C 的运行参数，就证明水阀控制点是可以提高的，甚至冷水机组的出水温度都可以尝试提高。而提高水温可以提高冷水机组的制冷效率（水温每提高 1°C，冷机效率将提升 2%～3%。）、可以延长自然冷却的运行时间，从而达到节约能源的目的。

（2）制冷控制系统能够按事先编写的程序顺序加机、减机，断电后，市政电网或柴油发电恢复供电，系统能按照预设的顺序启动制冷设备；加载时，管理系统应能按照预设的顺序启动相应的制冷设备，减载时，管理系统也应能按照预设的顺序关闭相应的制冷设备。

场地设施管理系统则可以根据每次加减机的时机对数据进行分析，对照实际运行的冷机参数，判断是否会出现冷机低效运行的区域，并对加减机的时机提出调整策略，制冷控制系统调整后，还可以对比调整前后的运行数据，再次判断调整的必要性和正确性。当然，这些对比分析必须依赖电力监控系统的数据，包括调整前后用电量对比数据，才能得出正确结论。

（3）制冷控制系统自动加载减载。制冷控制系统可以监视末端冷负荷，并根据末端负荷加载、减载制冷设备的运行，实现产冷量与需冷量的匹配，避免过度制冷或制冷不足。

场地设施管理系统则可以根据数据处理设备的监控系统和制冷控制系统的监测数据，对数据处理设备用电量和制冷系统产冷量进行对比分析，寻找运行维护漏洞，发掘节能潜力。

（4）制冷控制系统可以自动替换故障组件和故障系统：制冷管理系统可以针对故障组件告警，并选取备用机组投入运行，以减少运行维护人员的失误。比如，当冷水机组故障时，管理系统应能自动启动备用冷机；当精密空调有故障时，管理系统应能自动启动备用精密空调；当控制器有故障时，管理系统应能自动切换至备用控制器；当管理系统发生灾难性故障时，系统应能维持住控制器的最后一个命令、维持住制冷设备的运行状态，同时声光告警提示运行维护人员将制冷系统调整至满负荷运行状态。

数据中心的重要性要求发生故障时必须及时处理，以减少事故历时，降低故障带来的损失和风险。对故障数据进行分析、统计、整理无疑对提高运行维护水平影响重大。场地设施管理系统就是要做好故障期间的数据记录，寻找故障发生的诱因和共性，探讨缩短故障历时的途径，力争总结规律，减少故障次数，甚至对某些故障做出预判断、提前维修可能发生故障的组件。比如在运行维护过程中，连续发现某种设备的传动皮带出现故障，而皮带运行时间远未达到上一批次的平均无故障时间，就有可能是本批次皮带的产品质量、安装方式或其他因素出现了问题，运行维护管理系统应该组织资源对该类产品进行分析排查，提前替换不合格产品，确保制冷系统运行安全。

（5）系统需平滑切换运行模式。自然冷却是数据中心制冷常用的节能措施，即当室外温度和湿度条件满足时，充分利用室外空气自然冷量满足制冷需求，无须开启机械制冷。运用自然冷却需在制冷空调系统中增设节能器，分为水侧自然冷却器和风侧节能器，如前面章节详述。

无论制冷系统采用何种节能器，都需要制冷管理系统根据室外气象参数及制冷系统设备、管路状况准确、平稳地切换系统的运行模式，最大限度地节能，并在切换的过程中保障系统可靠运行。

制冷系统模式切换需要遵循设计要求，而运行的实际参数可能和设计参数有较大出入，比如，原设计 IT 负荷为 5000kW，实现自然冷却的参数点为室外湿球温度 2°C。实际运行时，前期 IT 负荷只有 2000kW，冷却塔的能力完全可以实现室外湿球温度 4°C 时就开始自然冷却。这样就可以延长自然冷却时间，达到节约能源、降低运行维护费用的目的。场地设施管理系统就是要分析这些数据，及时给出运行参数更新的建议，并由运行维护人员调整制冷控制系统，优化运行策略。

（6）为了保障制冷连续，数据中心的制冷系统常常配置应急冷源（如蓄冷罐），以确保市电断电、冷机重新启动时间，冷量可持续供给。制冷控制系统需实现应急冷源（如水蓄冷罐）的充冷、放冷及快速充冷：应能响应紧急情况，自动控制应急冷源运行状态，实现应急冷源运行状态的平稳切换。BMS 需要准确感知冷机的市电供给状况，并在冷机掉电或其他紧急工况时，平稳切换至应急冷源供冷，保障服务器的冷量持续供应；在蓄冷系统放冷完毕时，制冷控制系统应自动切换至再次充冷的运行状态。

（7）场地设施管理系统必须整合冷源和电力的监控系统，确保电力故障引起的冷机重启时，应急冷源和备用电源及时投入、适时退出，以免冷源控制系统和电力监控系统自成体系时，执行自控系统命令时影响其他系统的安全运行，从而影响整个 IT 环境的可靠性。

目前，已经运营的数据中心有很多，其制冷控制系统尚有很大提高空间，场地设施管理系统更是谈得多用得少。但是可以看到，越来越多的从业人员开始重视运行维护管理、重视资源整合和数据分析。通过管理平台对场地设施的管理，减少事故发生、缩短事故历时、优化运行维护模式、降低运行维护成本、提升运行维护效率、节约能源消耗是完全可行的。

第12章　工 程 实 例

12.1　阿里巴巴千岛湖数据中心

千岛湖数据中心坐落于杭州市淳安县千岛湖畔，是全国首个采用湖水直接自然冷却技术的大型数据中心。数据中心融合当地开发区供水需求，取千岛湖水为数据中心降温，实现数据中心年均 PUE 低于 1.3，是目前国内 PUE 最低的数据中心之一。该数据中心采用了湖水直接自然冷却、按需供冷、综合监控等多项国内外领先的技术，本章重点介绍千岛湖数据中心的制冷空调系统，特别是湖水直接自然冷却系统。

千岛湖数据中心设计方案之初，将数据中心冷却用水的需求与当地政府引水至开发区的供水需求巧妙融合，确定采用湖水自然冷却。设计方案初步确定为借用常年稳定的深层湖水为数据中心制冷。

项目首先对湖水的水位和水温进行了调查和勘测。千岛湖新安江水库建于 1960 年，属大型多功能水库，以发电为主，水库设计正常水位为 108.0m（坝前水位，黄海高程，下同），其相应库容为 $178\times10^8m^3$，为多年调节水库。水库多年平均入库水量为 $94.5\times10^8m^3$，水库主坝高为 115m，新安江水库设计水位主要指标如表 12-1 所示。

表 12-1　新安江水库设计水位主要指标

最低水位（设计确定水位）/m	一般年份高水位/m	防洪限制水位/m	正常最高水位/m	5%洪水位/m	1%洪水位/m	1‰洪水位/m
86.0	102.0	106.5	108.0	108.8	109.6	111.0

新安江水库一般年份水位变化幅度 16m，一天最大水位变化为 1.3m。1980 年以前由于非正常运行，水位曾低于 86m，达到 80.71m（1979 年 3 月）。1980 年以后水库正常运行，尽量保持在 90m 以上水位发电。水库历年最高、最低水位资料如表 12-2 所示。

表 12-2　水库历年最高、最低水位

年　份	最高水位/m	月　份	最低水位/m	月　份
1980	106.51	9	88.54	2
1981	101.87	4	98.57	10
1982	101.43	8	96.15	2
1983	107.04	7	93.06	3
1984	103.12	7	98.61	3
1985	102.15	4	95.87	12
1986	98.64	7	91.68	12

（续表）

年　份	最高水位/m	月　份	最低水位/m	月　份
1987	102.15	8	89.53	2
1988	101.41	7	95.55	2
1989	101.94	9	92.97	3
1990	105.21	7	96.55	2
1991	105.61	7	97.15	12
1992	102.95	7	93.67	2
1993	106.33	8	91.93	3
1994	105.06	7	98.91	12
1995	106.70	7	97.82	3
1996	106.76	7	93.85	2
1997	101.32	12	94.39	6
1998	104.28	8	98.62	6
1999	106.64	7	95.87	3
2000	98.39	1	93.63	5
2001	100.11	8	94.01	4
2002	103.22	7	97.77	3
2003	100.58	7	94.80	12
2004	100.41	7	93.80	4
2005	100.21	3	97.36	12
2006	102.53	7	97.06	3
2007	102.37	7	96.55	3
2008	104.28	7	96.43	3
2009	102.29	8	98.86	6
2010	104.77	3	99.61	1
2011	105.20	7	97.98	5
平均	103.17		95.54	

项目向当地水资源部门和环保部门调取了数据，对于湖表面水温数据有比较详细的测量和记录，但是对于项目希望使用的深层湖水，数据都比较概括。实地调研后得到的数据是在30m 以下，常年水温在 7～11℃。为了得到更加准确的数据，项目对计划取水点进行了为期一年的水下水温/水质监测，得到了详尽可靠的水温和水质参数，为项目方案选择提供基础数据。

经过对水位、水温和水质数据分析，得到如下几个结论：

- 历年来千岛湖水位均高于项目设计取水点的水位，从调研数据分析，理论上项目不存在无水可用的状况。
- 水面 30m 以下水温不会超过 14℃。
- 水质监测分析了藻类、微生物和硬度，结论是满足直接自然冷却的水质要求。

因此，千岛湖深层湖水可作为稳定的自然冷却用冷源；水质可作为直接自然冷却用水源；同时数据中心可靠性等级要求为国标 A 级，任何水质、水温、水位意外都可能造成制冷中断，所以必须另外设计后备冷源。

项目采用的湖水直接自然冷却是将湖水直接送入数据中心精密空调冷盘管，数据中心的精密空调采用双盘管，其中一套盘管的冷水来自深层湖水，另一套盘管的冷冻水来自后备冷水机组。在湖水可用时由湖水为数据中心制冷，在湖水不可用时由冷水机组为数据中心制冷，当湖水可用但冷量不足时，可两种制冷模式同时运行，冷水机组为湖水补冷。设计还特别考虑了冬季湖水不可用时采用冷却塔和板换为数据中心供冷的节能运行模式。整体方案如图 12-1 所示。

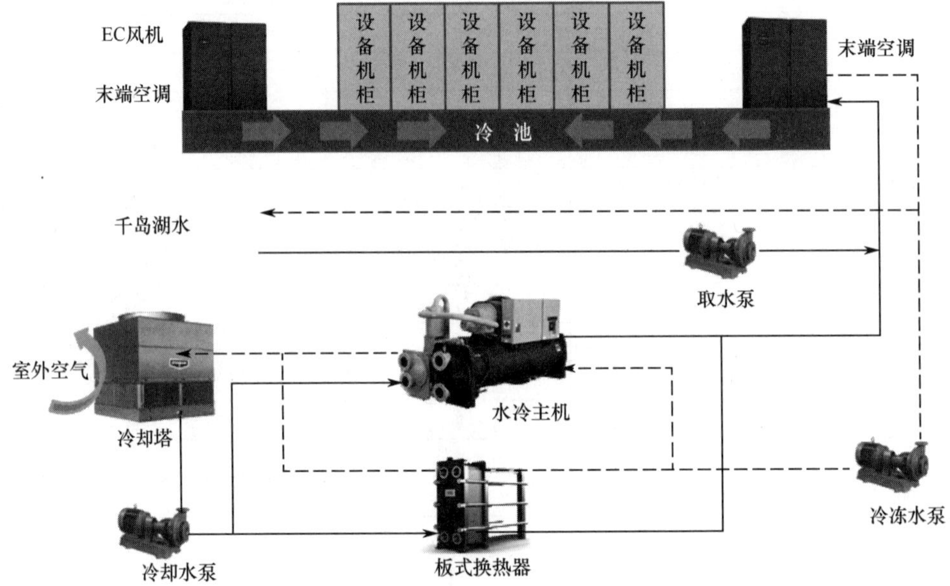

图 12-1　湖水直接自然冷却方案原理图

经过数据中心精密空调后的湖水与从千岛湖抽取的湖水水量完全相同，经过供水管网进入淳安青溪新城珍珠半岛中轴溪，为整个青溪新城景观绿化使用，成为整个青溪新城不可或缺的水源。青溪新城的青溪来源于中轴溪，长度约 2.5Km，数据中心使用后的湖水排水经过中轴溪，流过整个珍珠半岛后重新进入千岛湖，与千岛湖表层水混合，整个过程未经任何化学加药，不对湖水造成任何污染。

千岛湖数据中心制冷系统自建成到现在，运行状况良好，年均 PUE 低于 1.3，实现了设计意图与节能运行。

12.2　阿里巴巴张北数据中心

12.2.1　选址依据

图 12-2 中标记为阿里巴巴张北县数据中心所在的位置。

图 12-2　阿里巴巴张北县数据中心位置

张北数据中心位于河北省张家口市张北县，内蒙古高原南缘的坝上地区，距离北京约 270km，是离京津地区最近的高原地区。

在电力能源方面，张北县境内常年平均风速 6m/s，属优质风能资源区域，现已被列为国家百万级风能建设基地。先后引进了长城风电、北京国投、北京中人，山东鲁能、天津博德等 5 家企业。目前，张北已完成风电装机 228×10^4kW，签约光伏开发总规模 883×10^4kW，是中国名副其实的“风电之都”。

在水资源方面，张北县现年用水量约 $6561\times10^4m^3$，其中地下水约 $6028\times10^4m^3$，地表水约 $226\times10^4m^3$；张北县预计 2020 年可供水量约 9176 m^3，其中地下水约 $6561\times10^4m^3$，地表水约 $1520\times10^4m^3$，污水回用约 $1095\times10^4m^3$。显然张北地区水资源并不丰富，属于缺水地区。

12.2.2　张北气象分析及制冷空调方案选择

张北的气象条件以湿球温度为基准，得到典型气象年的参数，统计如表 12-3 所示。

从表 12-5 的数据可以看出，水侧自然冷却适合应用在张北地区。

张北的气象条件，以干球温度为基准，典型气象年的参数统计如表 12-4 所示。

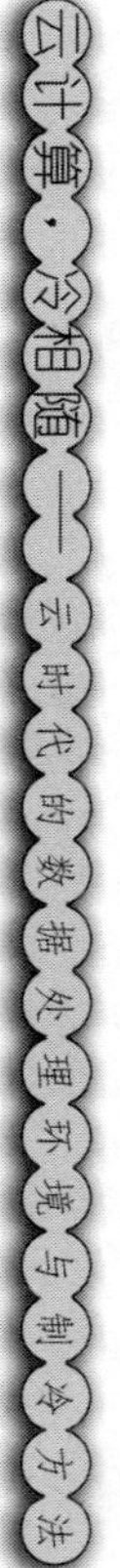

表 12-3　张北典型气象年的湿球温度参数

中国张北（海拔 1393m）	湿球温度/℃	−18～−17	−17～−16	−16～−14	−14～−13	−13～−12	−12～−11	−11～−10	−10～−9	−9～−8	−8～−7	−7～−6	−6～−4
	小时数	633	188	203	218	236	274	339	257	292	269	223	259
	湿球温度/℃	−4～−3	−3～−2	−2～−1	−1～0	0～1	1～2	2～3	3～4	4～6	6～7	7～8	8～9
	小时数	291	240	240	190	204	241	232	241	278	270	283	232
	湿球温度/℃	9～10	10～11	11～12	12～13	13～14	14～16	16～17	17～18	18～19	19～20	20～21	合计
	小时数	234	292	305	326	320	332	291	193	90	38	6	8760

表 12-4　张北典型气象年的干球温度参数

中国张北（海拔 1393m）	干球温度/℃	−26～−25	−24～−23	−23～−22	−22～−21	−21～−20	−20～−19	−19～−18	−18～−17	−17～−16	−16～−14	−14～−13	−13～−12	
	时间	5	13	11	34	67	95	117	148	160	175	157	168	
	干球温度/℃	−12～−11	−11～−10	−10～−9	−9～−8	−8～−7	−7～−6	−6～−4	−4～−3	−3～−2	−2～−1	−1～0	0～1	
	时间	218	239	215	238	257	251	179	215	187	212	158	186	
	干球温度/℃	1～2	2～3	3～4	4～6	6～7	7～8	8～9	9～10	10～11	11～12	12～13	13～14	
	时间	192	210	208	228	213	188	236	218	259	258	290	317	
	干球温度/℃	14～16	16～17	17～18	18～19	19～20	20～21	21～22	22～23	23～24	24～26	26～27	27～28	合计
	时间	305	366	294	264	201	192	172	177	162	81	22	2	8760

表 12-5　张北空气质量及相关污染物统计参数举例

序号	日期/时间	空 气 质 量				SO_2	CO	NO_2	O3	PM10	PM2.5
		等级	类别	AQI 指数	首要污染物	浓度/（mg/Nm^3）	浓度/（mg/Nm^3）	浓度/（mg/Nm^3）	浓度/（mg/Nm^3）	浓度/（mg/Nm^3）	浓度/（mg/Nm^3）
1	2014-08-01	二级	轻度污染	101	PM10	1	0.753	12	176	151	50
2	2014-08-02	二级	良	85	PM10	5	0.432	11	124	120	50
3	2014-08-03	二级	良	69	PM2.5	3	0.171	13	83	58	50
4	2014-08-04	一级	优	47	PM2.5	4	0.217	16	70	32	32
5	2014-08-05	一级	优	50	03	5	0.090	15	59	37	30
6	2014-08-06	一级	优	45	03	5	0.119	6	60	32	24
7	2014-08-07	一级	良	102	03	7	0.275	6	101	48	21
8	2014-08-08	二级	良	100	03	13	0.554	2	139	75	37
9	2014-08-09	二级	良	82	PM2.5	11	0.491	6	106	86	60
10	2014-08-10	一级	优	46	03	6	0.163	5	60	35	24
11	2014-08-11	一级	优	37	03	5	0.162	6	48	33	17
12	2014-08-12	一级	优	38	PM10	5	0.264	10	44	37	21
13	2014-08-13	一级	优	40	03	9	0.243	4	52	35	26
14	2014-08-14	一级	优	41	03	5	0.198	9	52	32	18
15	2014-08-15	一级	优	39	03	6	0.187	7	48	32	17
16	2014-08-16	二级	良	52	03	10	0.263	14	59	47	23
17	2014-08-17	二级	良	66	03	6	0.416	7	95	55	34
18	2014-08-18	二级	良	75	03	8	0.356	7	96	51	34
19	2014-08-19	二级	良	75	PM2.5	19	0.501	17	90	85	54
20	2014-08-20	二级	良	62	03	9	0.349	14	90	71	42
21	2014-08-21	二级	良	81	03	6	0.292	20	78	65	30
22	2014-08-22	二级	良	94	PM2.5	8	0.598	1	82	98	70
23	2014-08-23	二级	良	54	PM2.5	8	0.233	4	69	52	38
24	2014-08-24	一级	优	34	03	6	0.081	3	50	24	14
25	2014-08-25	一级	优	43	PM10	5	0.163	14	38	43	18
26	2014-08-26	二级	良	52	PM10	7	0.228	15	58	52	20
27	2014-08-27	二级	良	81	03	12	0.258	5	102	63	30

从以上表格数据可以看出，风侧自然冷却同样适合应用在张北地区。

根据气象局的资料，张北地区空气质量及相关污染物统计参数，截取部分如表 12-5 所示。

从以上表格数据及统计可以看出，张北地区空气质量为轻度污染（国标三级）的天数占比约为 11%，空气质量为中度污染（国标四级）的天数占比约为 1.5%，因此室外空气允许引入普通服务器所在机房，即直接风侧自然冷却适合应用在张北地区。

根据张北数据中心业务类型，其可靠性等级按照《电子信息系统机房设计规范》（GB50174—2008）确定为 A 级，按照 Uptime Institute 确定为 Tier3 级。

根据美国采暖、制冷与空调工程师协会最新标准及国标《电子信息系统机房设计规范》（GB50174—2008）的推荐值，服务器送风温度设定点采用 27℃，冷冻水供/回水温度采用 17℃/23℃，服务器进/出风温度采用 24℃/37℃，回风相对湿度设定点采用 25%。

根据张北的气象参数、电力资源、水资源情况等，制冷空调及制冷系统可选用三种类型的系统：风冷式冷水机组加直接风侧节能器（应用直接风侧自然冷却）；水冷式冷水机组串联水侧自然冷却器（应用水侧自然冷却）加精密空调末端；风冷式冷水机组串联干冷器（应用节水型水侧自然冷却）加精密空调末端。经逐时计算，三种系统的制冷空调部分 PUE 如表 12-6 所示。

表 12-6　三种系统的制冷空调部分 PUE

系　统	PUE
风冷式冷水机组+直接风侧节能器	0.10
水冷式冷水机组串联水侧自然冷却器+精密空调	0.18
风冷式冷水机组串联干冷器+精密空调	0.31

经计算，三种系统制冷空调部分 WUE 如表 12-7 所示。

表 12-7　三种系统制冷空调部分 WUE

系　统	WUE
风冷式冷水机组+直接风侧节能器	1.6
水冷式冷水机组串联水侧自然冷却器+精密空调	3
风冷式冷水机组串联干冷器+精密空调	0

经成本估算，三种系统的制冷空调部分初投资如表 12-8 所示。

表 12-8　三种系统制冷空调部分初投资

系　统	初投资/（RMB/kW）
风冷式冷水机组+直接风侧节能器	4900
水冷式冷水机组串联水侧自然冷却器+精密空调	4500
风冷式冷水机组串联干冷器+精密空调	5000

综合以上因素进行全面分析与比较，本数据中心冷源部分拟采用水冷式冷水机组串联水

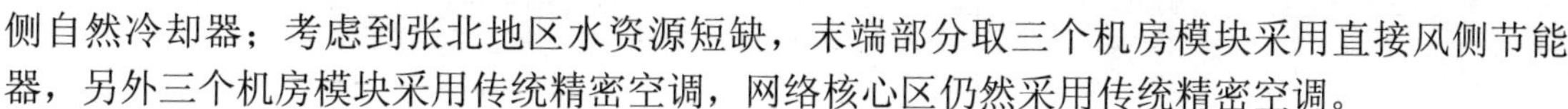

侧自然冷却器；考虑到张北地区水资源短缺，末端部分取三个机房模块采用直接风侧节能器，另外三个机房模块采用传统精密空调，网络核心区仍然采用传统精密空调。

12.2.3　张北制冷空调系统详解

张北地区极端气象参数如表 12-9 所示。

表 12-9　张北地区极端气象参数

参　数	数　值
极端湿球温度（最高）/℃	26
极端干球温度（最高，20 年）/℃	37.8
极端干球温度（最低，20 年）/℃	-23.0

除了考虑极端气象参数，张北地区的空调制冷设计还需考虑海拔高度及常年大气压，其海拔高度为 1393.3m，常年大气压为 85993Pa。

考虑整机架服务器交付，机房区不予采用架空地板下送风、吊顶回风的气流组织方式，而采用机房区无架空地板、空调侧送风、热通道封闭吊顶回风的气流组织方式。以下讲述侧送上回气流组织方式的计算机模拟结果，并无局部热点。

冷源部分冷冻水系统原理如图 12-3 所示，冷却水系统原理如图 12-4 所示。

传统精密空调机房区侧送风原理如图 12-5 所示，AHU 风墙机房区侧送风原理如图 12-6 所示。

项目初期规划阶段，对侧送上回气流组织方式进行了计算机模拟，如下所述。

精密空调所在模块机房区的物理模型如图 12-7 所示，机柜平均进风温度分布如图 12-8 所示。

服务器机柜和精密空调的气流如图 12-9 所示，机房内所有风口的温度分布如图 12-10 所示。

AHU 风墙所在模块机房区的物理模型如图 12-11 所示，H=0.5m 处温度分布如图 12-12 所示。

H=2.5m 处温度分布如图 12-13 所示。

从以上气流模拟可以看出，侧送上回的气流组织方式适用于项目，不会产生局部热点。

本数据中心“在线维护”的要求既是针对冷却系统而言，也是针对冷却系统的控制系统而言的。一直以来，在数据中心行业的冷源控制系统中，经常使用 1～2 个控制器完成整个冷源的监控与自动运行。在末端冷却系统中，全循环风冷却的方式占据行业主流；在数据中心行业的末端冷却设备中，精密空调占压倒性的优势，因为精密空调的技术特点（冷量系列、外形尺寸、控制器配置、控制软件等）匹配全循环风冷却的方式。但是，当采用直接风侧自然冷却系统时，因为精密空调的冷量大小、外形尺寸存在种种限制，精密空调的控制软件可读、不可写，控制器性能、系统架构存在可靠性不足的缺陷，使得精密空调不再适用于直接风侧自然冷却的系统。直接风侧自然冷却系统需要定制化 AHU，根据服务器机房区的热负荷、室外新风的参数、机房区的送风参数、机房区

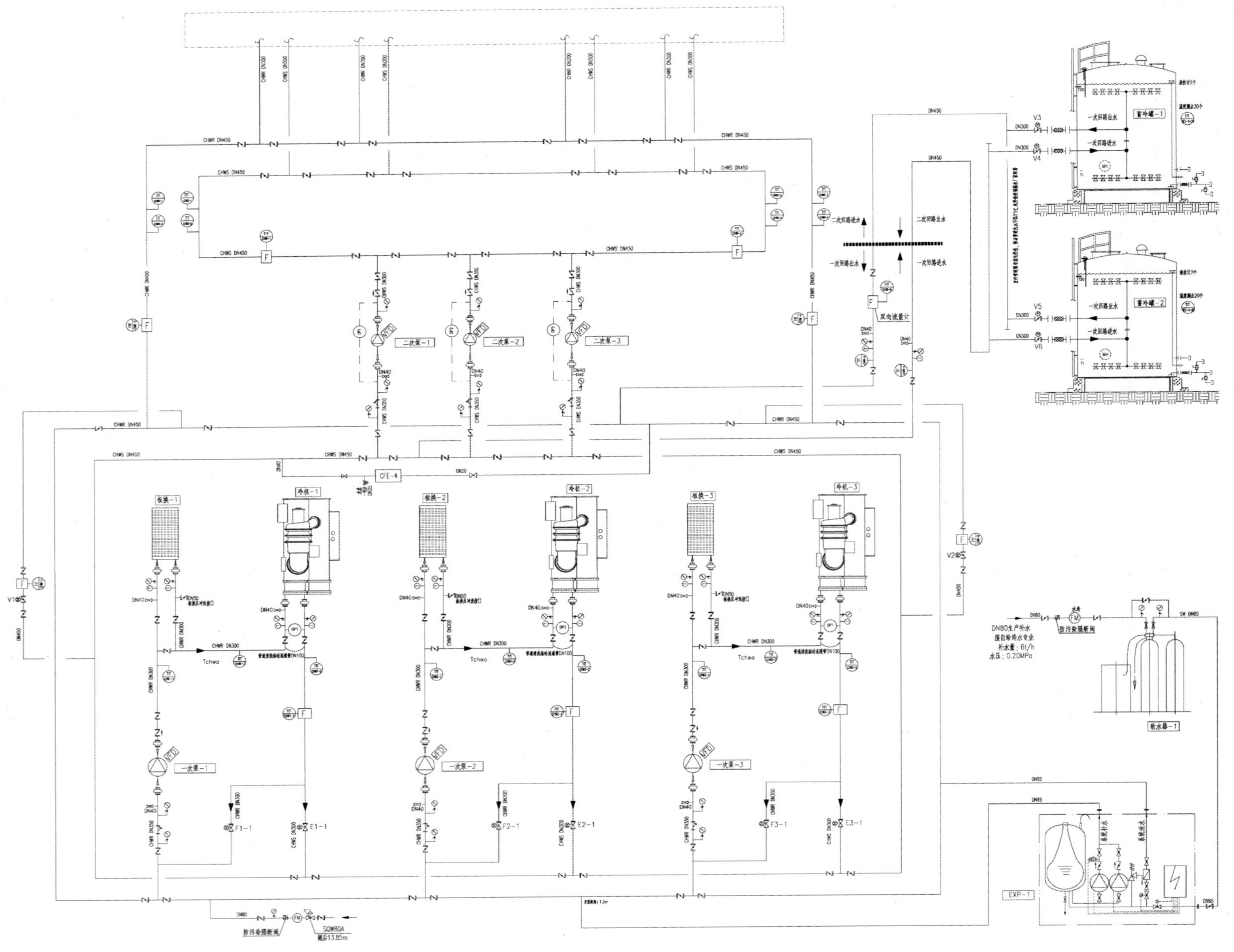

图 12.3 冷源冷冻水系统原理图

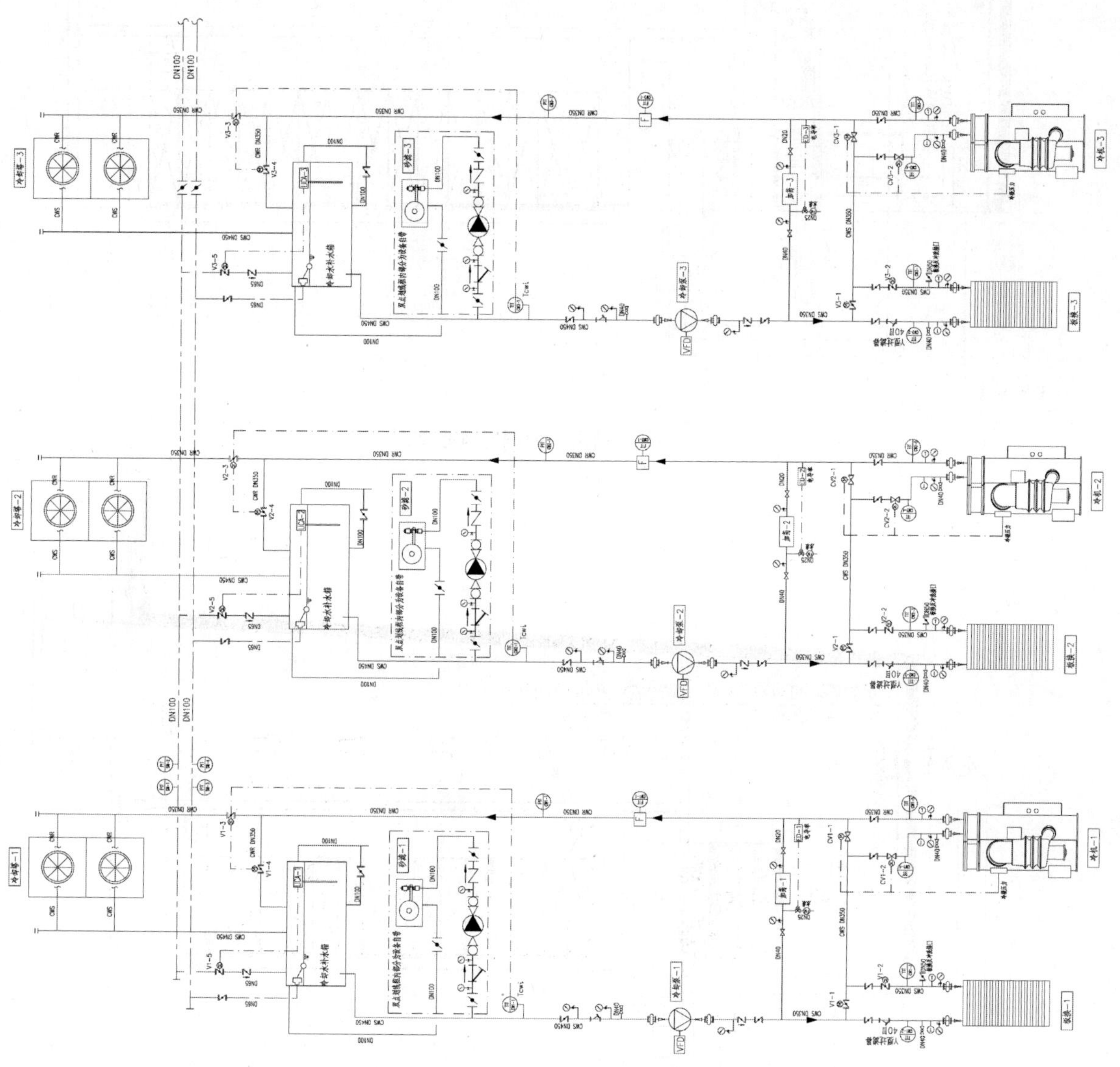

图 12-4　冷源冷却水系统原理图

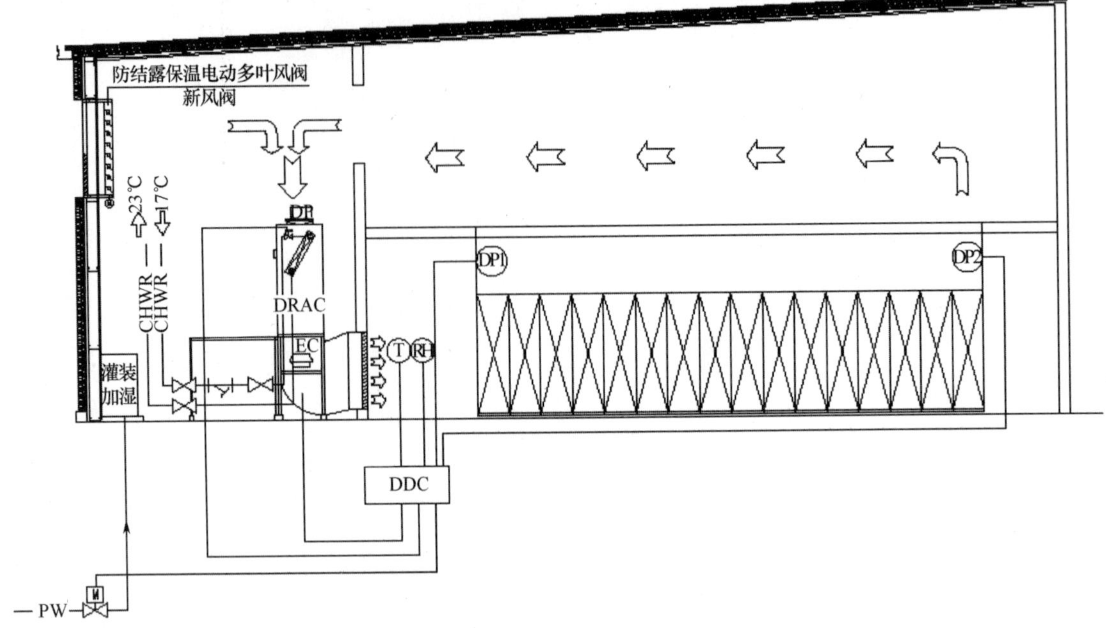

图 12-5　精密空调侧送风原理图

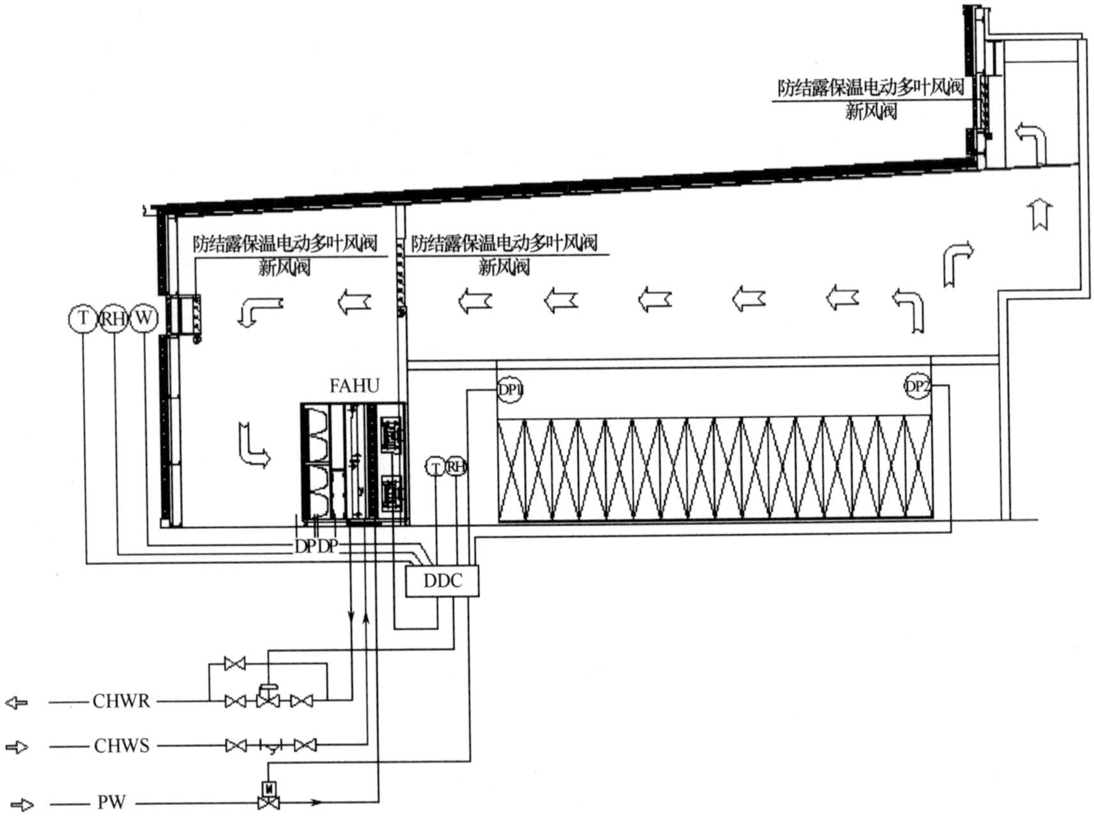

图 12-6　AHU 风墙侧送风原理图

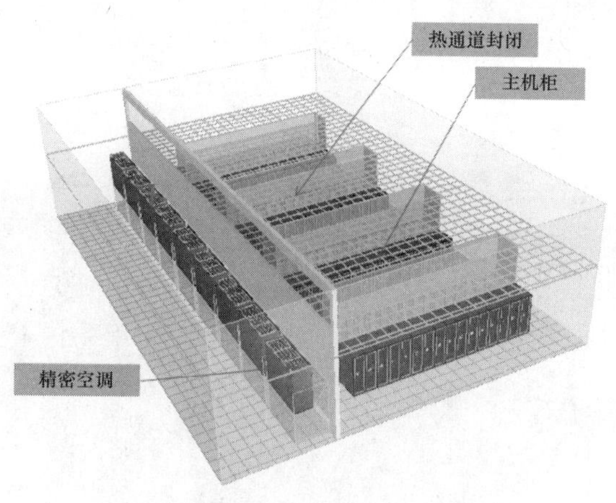

图 12-7　精密空调所在机房区的物理模型

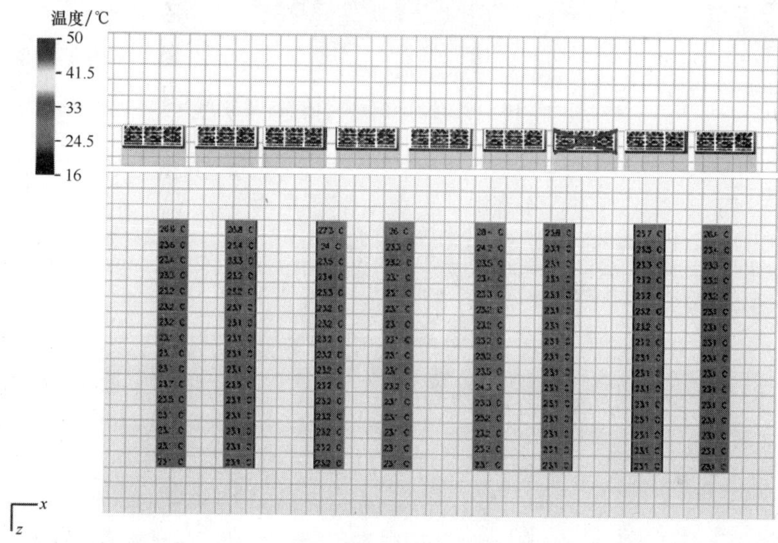

图 12-8　机柜平均进风温度分布

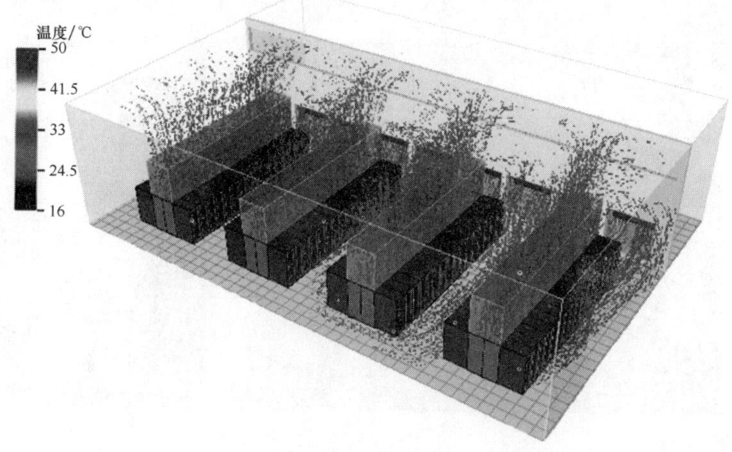

图 12-9　服务器机柜和精密空调的气流

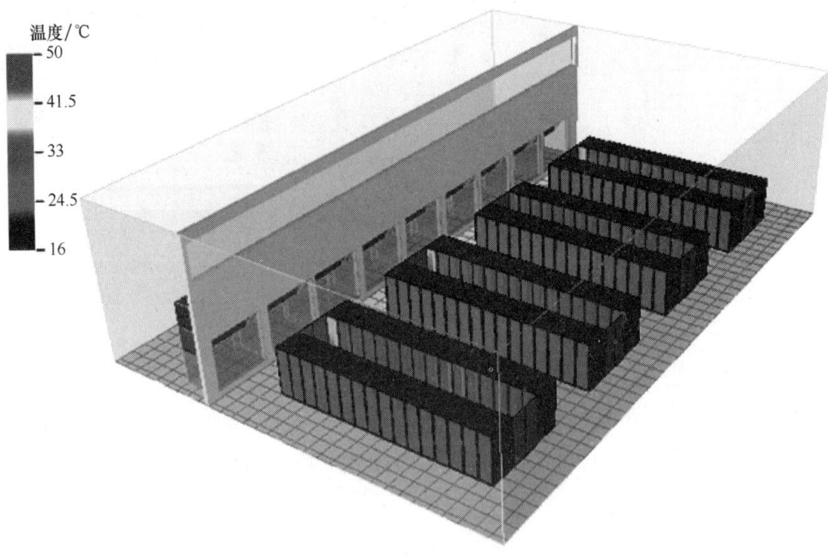

图 12-10　机房内所有风口的温度分布

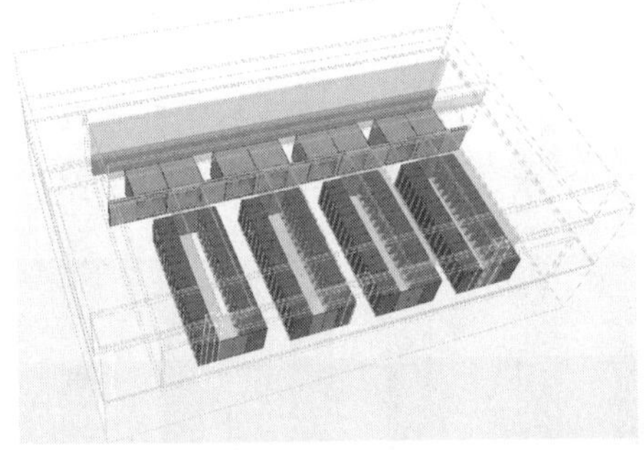

图 12-11　AHU 风墙所在模块区的物理模型

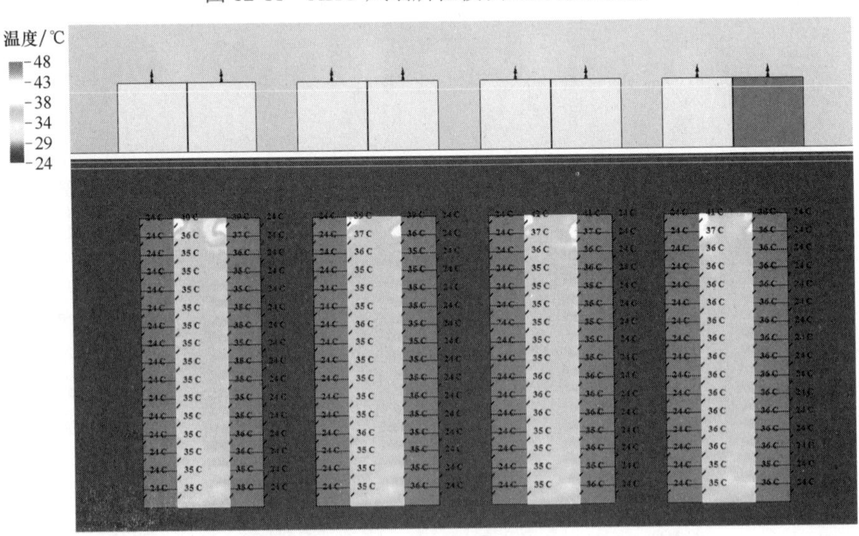

图 12-12　*H*=0.5m 处温度分布

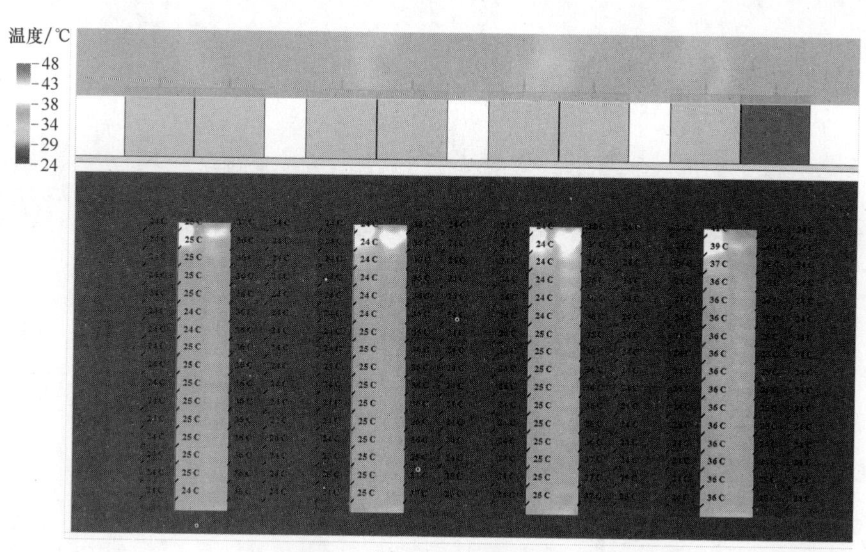

图 12-13　H=2.5m 温度分布

的回风参数等定制 AHU 的过滤段、表冷段、送风段等，定制化的 AHU 解决了机械冷却部分，另外尚需要重点解决的是 AHU 设备及末端冷却系统的控制，即控制系统的架构、控制软件的编制逻辑、控制系统的可靠性等问题。本数据中心采用直接风侧自然冷却系统、定制化 AHU 末端冷却设备，采用在线维护的冷源系统，也重点解决了 BA 控制系统的在线维护。冷源的 BA 控制系统原理如图 12-14 所示，空调末端的 BA 控制系统原理如图 12-15 所示。

软件编制逻辑也是保证控制系统可靠性的重要因素之一，软件逻辑如下：

当室外空气质量达到 G2 级别及以上、温度在-10～18℃之间，房间 AHU 风墙管理器发送混风命令至 AHU 风墙单元控制器，AHU 风墙单元控制器以对应冷通道温度设定值为目标，调节对应 AHU 风墙新风风阀、回风风阀、排风风阀的开度，房间 AHU 风墙管理器根据冷、热通道压差设定值调整 EC 风机转速。同时房间 AHU 风墙管理器根据房间冷池湿度设定值判断是否需要加湿，当相对湿度低于设定值需要加湿时，房间 AHU 风墙管理器发送加湿命令至 AHU 风墙单元控制器，当湿度达到设定值不需要加湿时，房间 AHU 风墙管理器撤销加湿命令。当任一 AHU 风墙单元控制器发生故障，该 AHU 风墙的 EC 风机维持默认运行状态。当房间 AHU 风墙管理器发生故障时，由 AHU 风墙单元控制器关闭新风风阀、排风风阀，打开回风风阀，进入全回风模式，AHU 风墙单元控制器以对应冷通道温度设定值为目标调节冷冻水的水阀开度，以对应冷、热通道压差设定值为目标调节 EC 风机转速。混风模式的气流组织如图 12-16 所示。

当室外空气质量达到 G2 级别及以上、温度在 18～25℃之间，且室外空气相对湿度小于等于 80%时，房间 AHU 风墙管理器发送全新风命令至 AHU 风墙单元控制器，AHU 风墙进入全新风运行模式，此时新风风阀、排风风阀完全打开，回风风阀完全关闭，房间 AHU 风墙管理器根据冷、热通道压差设定值调整 EC 风机转速，同时房间 AHU 风墙管理器根据房间冷池湿度设定值判断是否需要加湿，当相对湿度低于设定值需要加湿时，房间 AHU 风墙

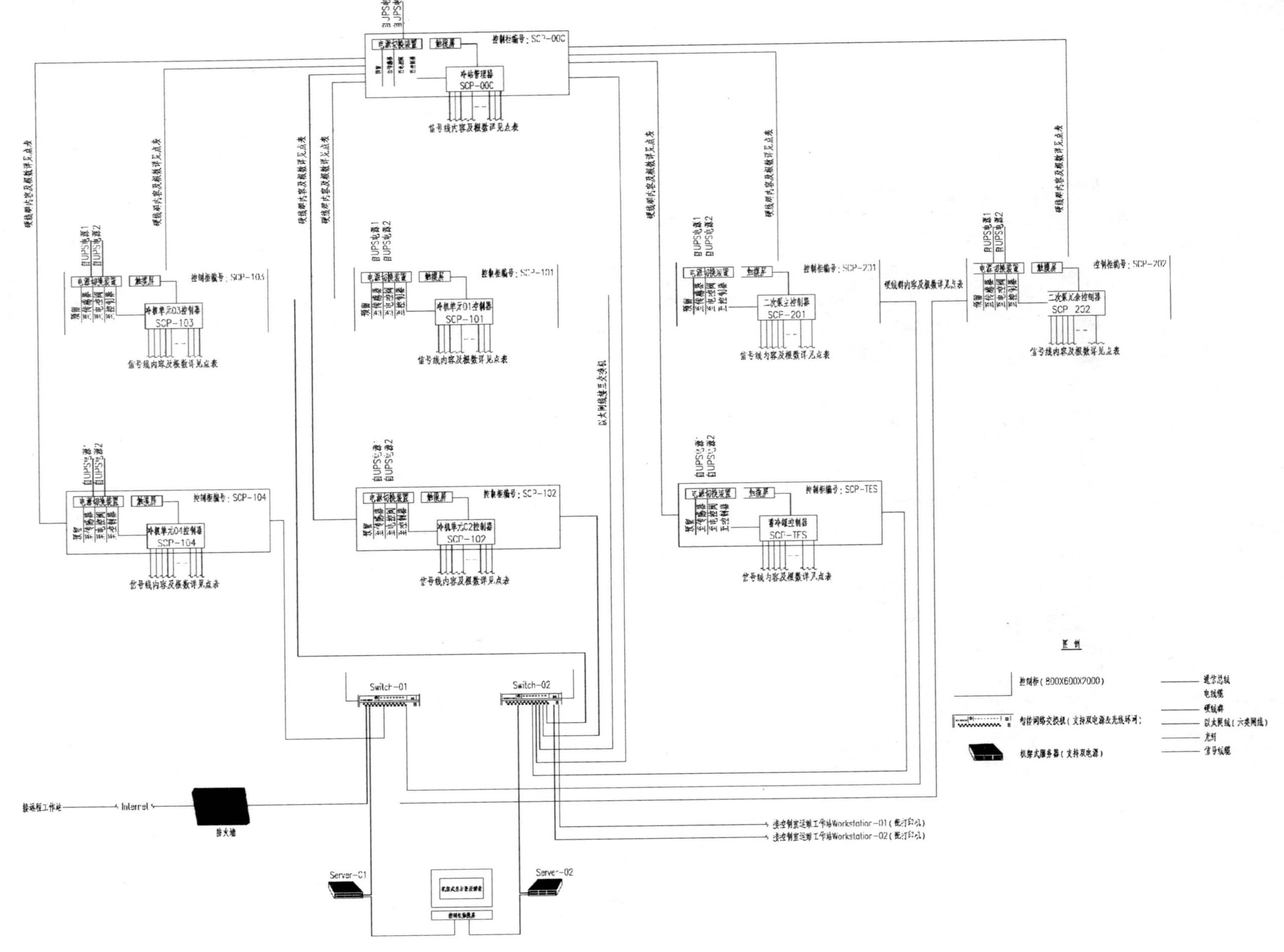

图 12-14　冷源的 BA 控制系统原理

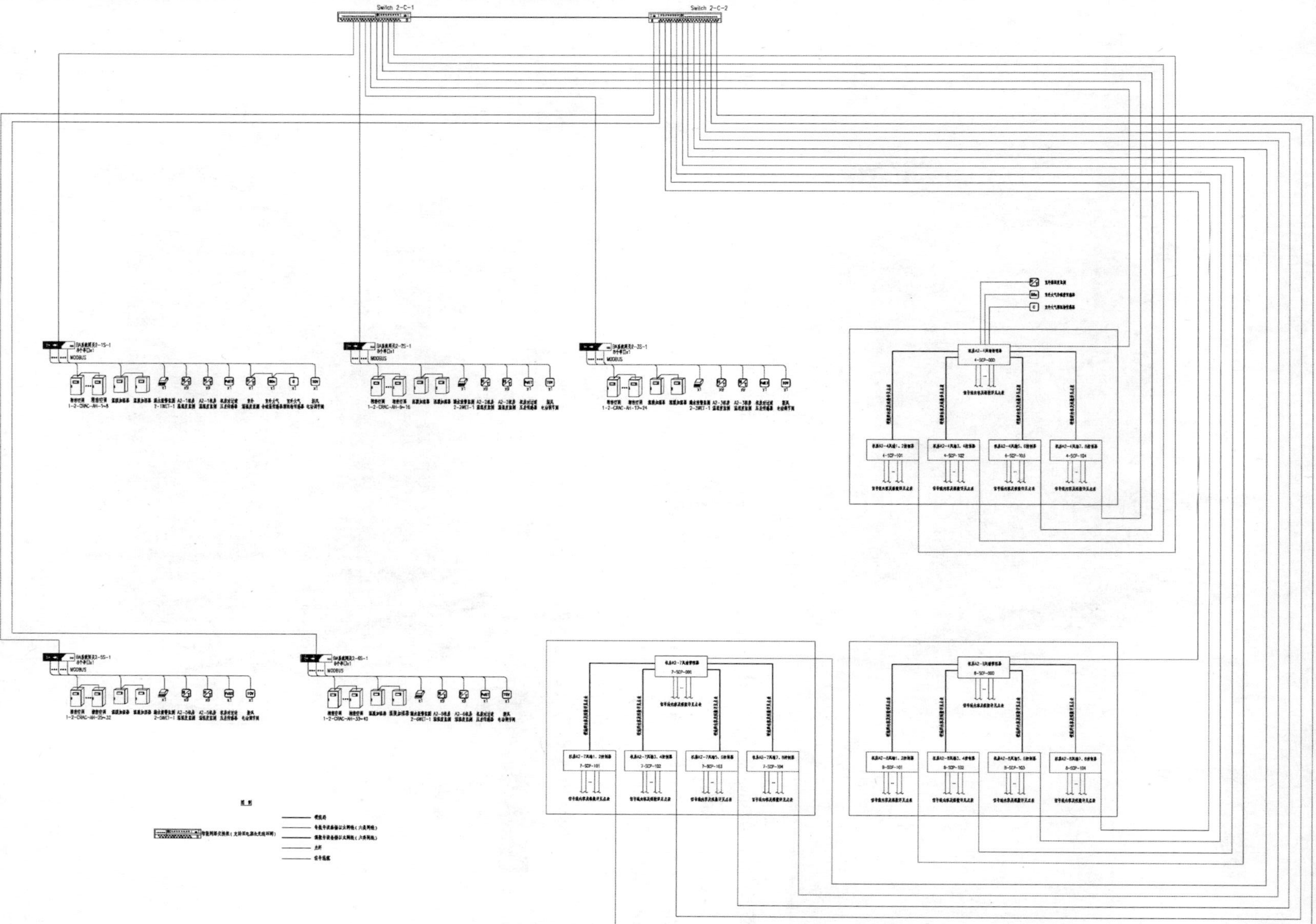

图 12-15　空调末端的 BA 控制系统原理

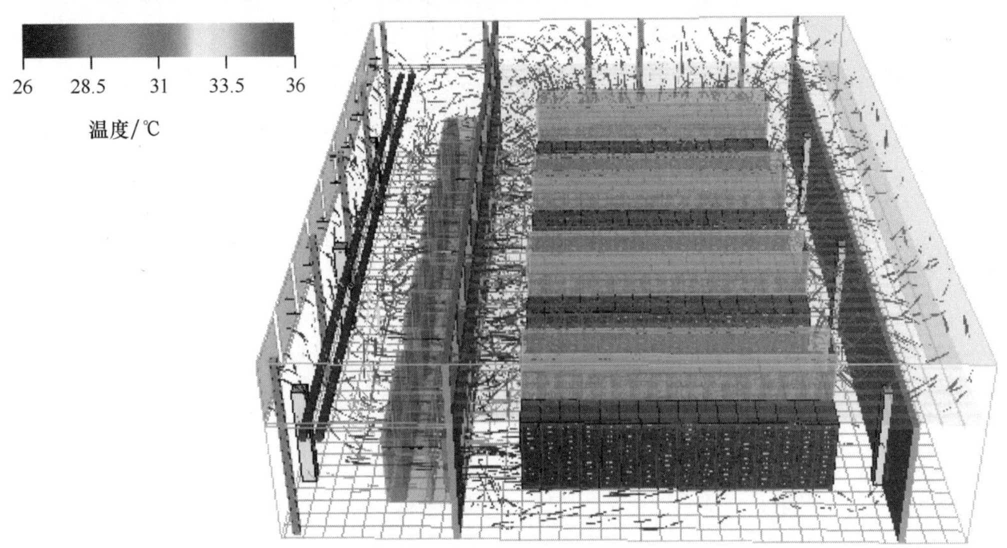

图 12-16　混风模式的气流组织

管理器发送加湿命令至 AHU 风墙单元控制器，当湿度达到设定值不需要加湿时，房间 AHU 风墙管理器撤销加湿命令。当任一 AHU 风墙单元控制器发生故障，该 AHU 风墙的 EC 风机维持默认运行状态。当房间 AHU 风墙管理器发生故障时，由 AHU 风墙单元控制器关闭新风风阀、排风风阀，打开回风风阀，进入全回风模式，AHU 风墙单元控制器以对应冷通道温度设定值为目标调节冷冻水的水阀开度，以对应冷、热通道压差设定值为目标调节 EC 风机转速。全新风模式的气流组织如图 12-17 所示。

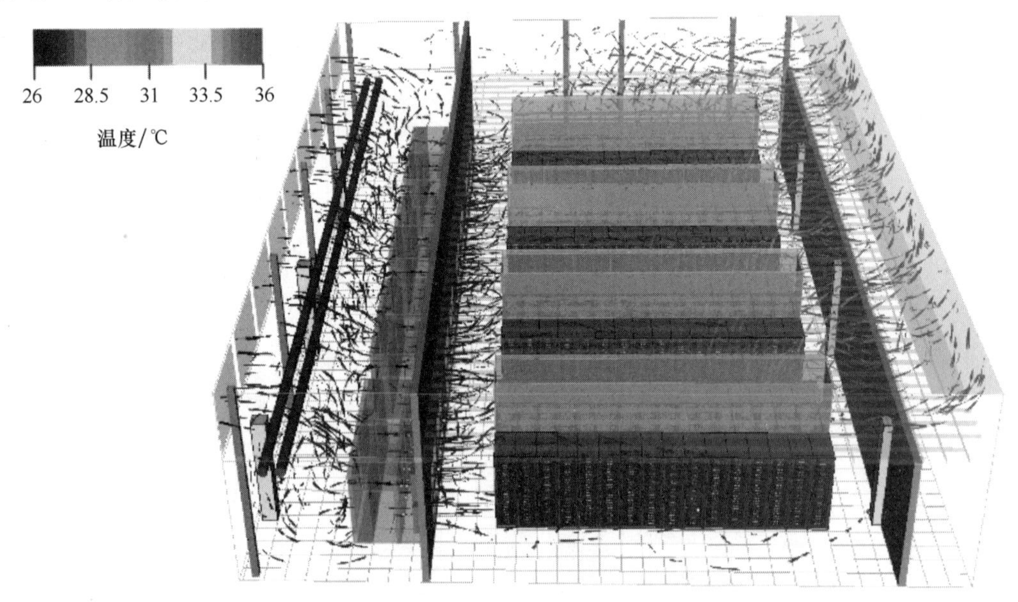

图 12-17　全新风模式的气流组织

当室外空气质量达到 G2 级别及以上，温度大于 25℃，且室外空气焓值小于热通道吊顶回风焓值时，房间 AHU 风墙管理器发送混风命令至 AHU 风墙单元控制器，AHU 风墙单元控制器以对应冷通道温度设定值为目标，调节对应 AHU 风墙新风风阀、回风风阀、排风风阀、冷冻水供水阀、冷冻水回水阀的开度，房间 AHU 风墙管理器根据冷、热通道压差压差设定值调整 EC 风机转速。同时房间 AHU 风墙管理器根据房间冷池湿度设定值判断是否需要加湿，当相对湿度低于设定值需要加湿时，房间 AHU 风墙管理器发送加湿命令至 AHU 风墙单元控制器，当湿度达到设定值不需要加湿时，房间 AHU 风墙管理器撤销加湿命令。当任一 AHU 风墙单元控制器发生故障，该 AHU 风墙的 EC 风机维持默认运行状态，水阀保持全开。当房间 AHU 风墙管理器发生故障时，由 AHU 风墙单元控制器关闭新风风阀、排风风阀，打开回风风阀，进入全回风模式，AHU 风墙单元控制器以对应冷通道温度设定值为目标调节冷冻水的水阀开度，以对应冷、热通道压差设定值为目标调节 EC 风机转速。

当室外空气质量达不到 G2 等级，或出现暴雨、沙尘暴，或相对湿度高于 80%，或温度低于-10℃，或室外空气焓值高于回风焓值时，房间 AHU 风墙管理器发送全回风命令至 AHU 风墙单元控制器，AHU 风墙单元控制器以对应冷通道温度设定值为目标调节冷冻水的水阀开度，以对应冷、热通道压差设定值为目标调节 EC 风机转速。同时房间 AHU 风墙管理器根据房间冷池湿度设定值判断是否需要加湿，当相对湿度低于设定值需要加湿时，房间 AHU 风墙管理器发送加湿命令至 AHU 风墙单元控制器，当湿度达到设定值不需要加湿时，房间 AHU 风墙管理器撤销加湿命令。当任一 AHU 风墙单元控制器发生故障，该 AHU 风墙的 EC 风机维持默认运行状态，水阀保持全开。当房间 AHU 风墙管理器发生故障时，AHU 风墙单元控制器以对应冷通道温度设定值为目标调节冷冻水的水阀开度，以对应冷、热通道压差设定值为目标调节 EC 风机转速。全回风模式的气流组织如图 12-18 所示。

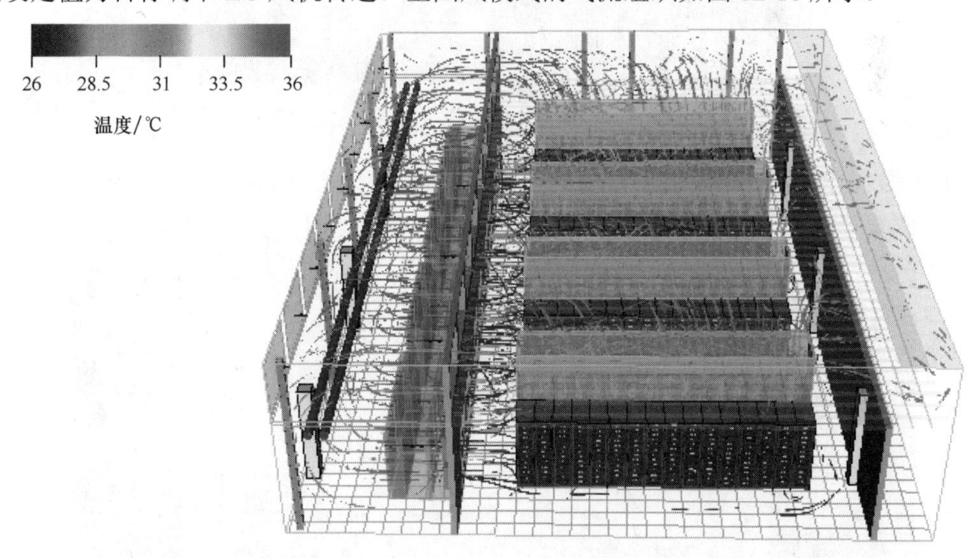

图 12-18　全回风模式的气流组织

12.2.4 张北数据中心效果图

张北数据中心一的侧视效果图如图 12-19 所示，俯视效果图如图 12-20 所示。

图 12-19 数据中心一的侧视效果图

图 12-20 数据中心一的俯视效果图

张北数据中心二的侧视效果图如图 12-21 所示，俯视效果图如图 12-22 所示。

图 12-21 数据中心二的侧视效果图

图 12-22　数据中心二的俯视效果图

附录A　数据中心空调制冷系统常见问题

1．是不是所有数据中心规划为T4等级或者国标A级就足够可靠了？

数据中心的可靠性等级应与业务可靠性要求相匹配，没有必要盲目追高，而且T4等级或国标A级的数据中心会引起初投资激增，数据中心规划应在可靠性、能效比、总成本之间寻求平衡。详见书中制冷空调系统选择一章的分析。

2．数据中心选址是不是越冷越好？

数据中心选址在满足业务需求的前提下，气象条件是重要的参考条件，寒冷地区比炎热地区的自然冷却时间长，节能潜力大，但也不是越冷越好。室外空气温度低，意味着自然冷却的冷量足，自然冷却的时间长，但是室外空气温度过低，就需要考虑室外散热设备的防冻问题；当采用水侧自然冷却时，需要考虑冷冻水过冷导致室内环境温度过低易结露的问题，当采用风侧自然冷却时，需要考虑室内空气易过冷导致的结露问题，系统的复杂度和控制系统难度会上升。具体详见书中气象区与制冷空调系统一章的分析。

3．数据中心制冷空调设备配置容量的输入气象参数是什么？

传统工程的气象参数设置是技术经济因素综合平衡的结果，允许有一定的不保障时间。但数据中心工程与传统工程不一样，制冷空调系统是数据中心的关键设施，制冷中断或短时制冷量不足，都可能引起IT设备周围环境的局部热点，导致服务器故障或宕机。因此，数据中心制冷空调设备的容量配置应考虑极端气象参数，原因详见书中制冷空调设备一章的分析。Uptime Institute系列白皮书的规定为20年极端干球温度及有气象纪录以来的极端湿球温度。

4．闭式冷却塔比开式冷却塔省水吗？数据中心制冷空调系统应选用开式冷却塔还是闭式冷却塔？

同一个制冷空调系统，散热量相同，则闭式冷却塔与开式冷却塔的蒸发水量是相同的；闭式冷却塔的飘散水量与排污水量比开式冷却塔低，而飘散水量与排污水量对总用水量的影响是有限的，因此，闭式冷却塔比开式冷却塔即使省水，也非常有限，不构成选用开式塔和闭式塔的决定性因素。开式冷却塔与闭式冷却塔各有各的特点和应用场景，具体选用开式还是闭式，需要根据具体项目具体分析。

5．一二次泵冷冻水系统与一次泵变频哪种更适用于数据中心？为什么？

一二次泵冷冻水系统与一次泵变频系统各有各的特点、应用场景和成功案例，从实际工程的角度，国外大规模数据中心更多采用一二次泵系统，国内相当数量的大规模数据中心也采用了一二次泵冷冻水系统，原因是综合考虑了系统设置、维护、控制难易等多重因素。当系统需要连续制冷并设置了蓄冷罐时，一二次泵冷冻水系统比一次泵变频系统更适用于数据中心；当系统不需要连续制冷并未设置蓄冷罐时，一次泵变频系统更适用，原因详见书中冷冻水系统的分析。

6．数据中心需要连续制冷吗？为什么？

数据中心是否需要连续制冷，与数据中心承载的业务可靠性等级有关，与数据中心内单机柜的热密度也相关，T4 级与国标 A 级的数据中心必须采取连续制冷措施；T1~T3 级数据中心与国标 B 级和 C 级数据中心是否需要连续制冷，取决于单机柜的热密度。原因详见书中连续制冷章节的分析。

7．数据中心高可靠的制冷空调系统需要高可靠的自动化控制系统吗？为什么？

自动化控制系统对制冷空调系统的重要程度取决于数据中心的可靠性等级，当数据中心的可靠性等级为 T1 或 T2 时，可以不必设置自动化控制系统，当数据中心的可靠性等级为 T3 或 T4 时，必须设置自动化控制系统。

即使是 T1 和 T2 的数据中心，尽管制冷空调系统的运行理论上不需要自动化控制系统，实际上缺乏自动化控制系统的制冷空调系统运行和运行维护的难度都会相应提高；相反，自动化程度越高，自控系统可靠性高，则制冷空调系统的故障发生率低，故障历时短，面临的风险就越小，具体详见书中控制系统章节的分析。

8．数据中心所在地的气象参数影响 PUE 吗？如何影响？

在自然冷却被广泛应用的数据中心，气象条件直接影响了自然冷却的时间，是对制冷空调系统 PUE 影响最大的因素，具体影响详见气象区章节的分析。

9．冷却塔与冷机一对一以及冷却塔母管制，究竟哪种系统更适合数据中心？

冷却塔与冷机一对一以及冷却塔母管制各有各的特点与应用场景，冷却塔与冷机一对一的优点是控制简单，缺点是冷却塔无法联合运行，冷却塔与冷机的匹配关系不够灵活；冷却塔母管制优点是冷却塔可联合运行，与冷机的匹配关系更为灵活，缺点是控制复杂。控制系统的实施往往是众多数据中心项目的难点，而控制系统又关乎系统的日常运行，因此在控制系统不够强大时，宜采用冷却塔与冷机一对一设置，在控制系统足够强大时，可采用冷却塔母管制。

10．制冷空调系统中传感器或自控仪表需要冗余设置吗？是否所有的传感器或自控仪表都需要冗余设置？

制冷空调系统中传感器或自控仪表是否需要冗余设置取决于系统的可靠性要求与系统配置方法，当系统的可靠性要求不高时（例如 T1、T2 的制冷空调系统），传感器或自控仪表不需要冗余设置。当系统的可靠性要求较高时（例如 T3、T4 的制冷空调系统），传感器或自控仪表与制冷单元配套、而制冷单元已经冗余设置的情况下，传感器或自控仪表不需要另行冗余设置；传感器或自控仪表不与制冷单元配套的情况下，则需要设置冗余。

总之，传感器或自控仪表是否冗余设置取决于系统对传感器或自控仪表故障的承受能力，即取决于系统的可靠性。

11．服务器所在环境温度的要求推荐为 18~27℃，那么送风温度到底应选 18℃还是27℃？

ASHRAE 推荐的 18～27℃指的是 IT 设备进风温度，推荐该温度范围综合考虑了当前主流服务器产品的故障率、能耗与噪声，当进风温度超过 27℃时，服务器风机能耗增加、噪声增大、故障率增加；当进风温度低于 18℃并高于露点温度时，服务器风机能耗、噪声及可靠性固然可接受，但制冷空调系统的能耗过高，不符合环保节能的宗旨。因此 18~27℃是综合权衡了服务器能耗、噪声、可靠性和制冷空调系统能耗之后的推荐温度范围。

当 IT 设备的电力没有中断，仅制冷中断时，IT 设备会持续运行，直至故障或宕机，那么 IT 设备的初始进风温度设置越低，则制冷中断到宕机的时延越长，IT 设备的初始进风温度设置越高，则制冷中断到宕机的时延越短。因此，可靠性要求高的数据中心，建议 IT 设备的进风温度就低不就高；可靠性要求低的数据中心，建议 IT 设备的进风温度可适当提高。

IT 设备的进风温度与空调的送风温度并不是一回事，当采用列间空调、水冷背板等近端冷却设备时，空调的送风温度可以只比 IT 设备的进风温度低 1~2℃，当采用房间级空调时，空调的送风温度比 IT 设备的进风温度低 3~5℃（取决于架空地板的漏风率、送风方式、送风管路的阻力、风机温升等）。

12．PUE 是否越低越好？

在其他因素相同时，PUE 越低证明计算能力耗费的电能越低越节能，但 PUE 的降低往往意味着建设过程中节能措施增加，初投资的增加。因此数据中心规划、设计、建设不能只考虑 PUE，还需要考虑数据中心全生命周期的 TCO、业务连续性、业务可靠性、弹性部署的可能性、分期建设的灵活性等其他因素，需要在众多影响因素中做出平衡决策。

附录B 术语解释

ASHRAE：American Society of Heating, Refrigerating and Air-Conditioning Engineers，美国采暖、制冷与空调工程师学会。

EPMS：Electrical Power Monitoring System 电力监控系统。

BMS：Building Management System 本书特指制冷空调监控系统。

BA：Building Automation 本书特指制冷空调监控系统。

OPC：全称是 Object Linking and Embedding（OLE） for Process Control，为基于 Windows 的应用程序和现场过程控制应用的一种接口协议。

BaCnet：A Data Communication Protocol for Building Automation and Control Networks，简称 BACnet 协议，是楼宇自动控制网络数据通信协议，由美国采暖、制冷与空调工程师学会 (ASHRAE) 组织的标准项目委员会 135P (Stand Project Committee 即 SPC 135P)历经 8.5 年开发。

PDU：Power Distribution Unit 电力分配单元。

AHU：Air Handling Unit 空气处理单元。

直接风侧自然冷却：采用直接引入室外新风的方式进行冷却。

全循环风冷却：完全采用循环风冷却的方式。

EC 风机：Electrical Commutation 风机，风机的电动机为三相交流永磁同步电动机。

DDC：Direct Digital Control，直接数字式控制。

PLC：Programmable Logic Controller，可编程逻辑控制器。

Uptime Institute：全球数据中心行业 Tier 级别认证权威机构。

在线维护：系统的任一组件均可在不影响系统运行的情况下进行更换或维护。

Tier：Uptime Institute 对数据中心分级的度量单位。

SCP：Stand-Alone Control Panel 独立控制器。

SAT：Supply Air Temperature 送风温度。

VFD：Variable Frequency Drive。

AO：Analog Output，模拟量输出。

AI：Analog Input，模拟量输入。

DO：Digit Output，数字量输出。

DI：Digit Input，数字量输入。

CHWS：Chilled Water Supply，冷冻水供水。

CHWR：Chilled Water Return，冷冻水回水。

CWS：Cooling Water Supply，冷却水供水。

CWR：Cooling Water Return，冷却水回水。

CHWP：Chilled Water Pump，冷冻水泵。

CWP：Cooling Water Pump，冷却水泵。
RO：Reverses Osmosis，反渗透处理。
RD：Return Damper，回风风阀。
OD：Outair Damper，新风风阀。
ED：Exhaust Damper，排风风阀。
硬线：电信号线，非通信线。
Chiller：冷机。
HX：Heat Exchanger，换热器。
CT：Cooling Tower，冷却塔。
Pump：水泵。
TES：Thermal Storage Tank，蓄冷罐。
DXA：Direct Expansion Air-Cooled，直接膨胀风冷式。
DXW：Direct Expansion Water-Cooled，直接膨胀水冷式。
HVAC&R：Heating, Ventilation and Air-Conditioning&Refrigeration，制冷空调与制冷。
PUE：Power Usage Effectiveness，电能使用效率。
TCO：Total Cost of Ownership，总体拥有成本。
DCIM：Datacenter Infrastructure Management，数据中心基础设施管理。

参考文献

[1] Telecommunications Infrastructure Standard for Data Centers（TIA/EIA-942-2014）.TELECOMMUNICATIONS INDUSTRY ASSOCIATION,TIA TELE COMMUNICAT IONS INDUSTRY ASSOCIATION STANDARDSAND ENGINEERING PUBLICATIONS.USA,2014.

[2] 2011 Thermal Guidelines for Data Processing Environments-Expanded Data Center Classes and Usage Guidance，Whitepaper prepared by ASHRAE Technical Committee (TC) 9.9Mission Critical Facilities, Technology Spaces, and Electronic Equipment. ASHRAE Technical Committee. American Society of Heating, Refrigerating and Air-Conditioning Engineers,Inc.USA,2011.

[3] Data Center Site Infrastructure Tier Standard: Topology （UPTIME INSTITUTE, LLC）.UPTIME Institute,UPTIME INSTITUTE PUBLICATION.USA,2010.

[4] 电子信息系统机房设计规范（GB50174—2008）.娄宇，钟景华，等.北京：中国计划出版社，2009.

[5] 电力电子设备常用散热方式的散热能力分析.余小玲，冯全科.变频器世界.2009,07:76—78.

[6] 机械设备安装工程施工及验收（GB 50231—2009）.

[7] 通风与空调工程施工质量验收规范（GB 50243—2002）.

[8] What Five 9's Really Means and Managing Expectations, Peter Gross PE and Robert Schuerger PE, Chief Technical Officer and Principal, EYP Mission Critical Facilities, Inc.

后　记

本书经过三年的编撰终于完成。云计算与大数据方兴未艾，数据中心的建设如火如荼，其中机电设施尤为引人关注，数据中心电气设施相关的书籍汗牛充栋，而关于数据中心制冷空调的书籍却寥寥无几。笔者怀着一名数据中心规划建设者所具有的使命感与责任感，通过执着而不懈的努力，撰写本书。本书的完成，便是笔者最大的安慰，希望本书可以令大家耳目一新，从中得到启发。如有可能，笔者会继续修订本书，因为仍然有许多言犹未尽之处。

写数据处理环境的制冷与空调并不是单纯描述数据中心采用的制冷系统与空调设备，而是从处理数据的电子设备对环境的要求着手，从电子设备承载的业务运营出发，探讨业务可靠性对制冷系统规划设计的特殊要求，从业务长期可靠运营的节能诉求推导制冷系统的节能运行，从实现节能运行的措施提出制冷空调控制一体化的理念。本书提供了一个 IT 与制冷空调结合的视角，如何从 IT 设备与业务需求出发规划与建设制冷空调系统，这始终是一个值得思考的问题。现实中，数据中心的可靠运营、节能运行都与制冷空调系统息息相关，这就更不能低估制冷空调系统的作用。

这几年，笔者有幸结识了许多杰出的 IT 界人士与制冷空调界的学者，在与他们的工作交流与学术沟通中，开阔了眼界，增进了学识，活跃了思想，激发了活力。特别要感谢曾就职于 IBM 的资深架构师安真女士，曾就职于惠普的制冷空调工程师郝海仙女士、阿里巴巴集团高级专家韩玉先生，电气专家刘水旺先生，IT 界专家沈烨烨先生，中国电子工程设计院崔红实女士，感谢惠普资深控制专家 Dan Sullivan 赠予我许多控制相关的论著，感谢中国电子工程设计院数据中心研究所总工钟景华先生为本书作序，感谢阿里巴巴集团王倩女士、赵小舟先生、张蓉女士给予的支持。

总之，本书是在大家的关怀与帮助下完成的，希望书中错误与不当之处得到 IT 界与数据中心制冷空调界同仁的指正，笔者将吸取大家的宝贵意见再次修订本书，期待本书再版时更加完整、严谨、丰富。

任华华

2016 年 11 月于北京通惠